JN240187

Biology for Health Professions

メディカルスタッフのための

生物学

道上 達男　著

裳華房

Biology for Health Professions

by

Tatsuo MICHIUE

SHOKABO
TOKYO

まえがき
―医療従事者にとっての生物学とは―

　2020年から始まった新型コロナ感染症（COVID-19）の拡大では、人類がこれまでに出会ったことのない感染症に対応する必要に迫られた。その時に何が必要だったかを振り返りたい。「〇〇をすれば治癒する」という方法は誰にもわからなかった。もちろん研究者はウイルスの特徴を調べ、その対応策を考えた。mRNAワクチンは、COVID-19が拡大する前から研究が進んでいた手法であり、この進歩があったからこそわずか1年で新薬として承認され、さまざまな問題点が指摘されながらも大きな効果を発揮した。一方、病院には日々多くの患者が受診した。治療法が確定していない中、医師はおそらくこれまでの知識と経験を総動員し、その時にできる最善の方法を「自分で考えて」伝えただろう。ただその前に、マスクをする、手を洗うといったことは、患者である私たち自身が知っていたことである。おなかが痛いのでマスクをするという人はあまりいない。それは、マスクが「何を」防いでいるかを知っているからである。でも、感染拡大が始まって数年もたつのに、山奥でのハイキングでマスクをする人を見かけるにつけ、マスクをつける意味を理解している人がどれだけいるのか、と思わざるを得ない。本書の読者であろう医療・看護系の学生には、医師が診断するというほどではないにしろ、「こういうときは〇〇すべき」といったことを理解し、それを患者に伝えることができるような人になってほしいと考える。

　『メディカルスタッフのための生物学』というタイトルのとおり、本書は医療・看護系の学生が、基本的な生物学の知識を効率的に学ぶことができるように配慮している。内容も、人間の体の構造の基本と、それを理解するための、大学・専門学校での教養課程で履修するレベルの基礎知識を記載した。またコラムも随所に配置した。コラムには本文をより詳しく説明する内容もあるが、本文に関連する病気などの紹介も含めたつもりである。インターネットやスマートフォンの普及によって世の中に情報があふれる中、結局大事なのは、それぞれの人が情報という名の素材をいかにうまく料理するかだと思う。そしてそれはメディカルスタッフにより強く求められるだろう。そのことをスキルとして身につける上で、本書がいくばくかでも役に立つことを願う。

　2024年9月

道上　達男

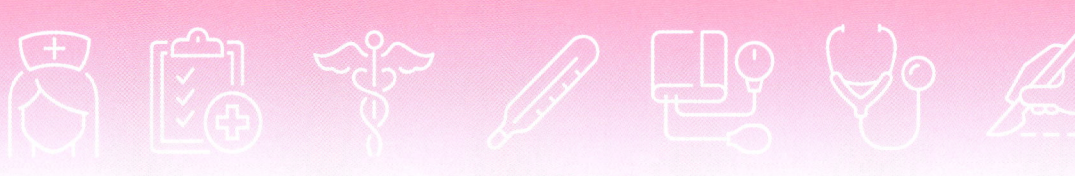

CONTENTS

第Ⅰ部　「人間を知る」ための基礎知識

1章　細胞とその機能　2

1・1　細胞の基本構造 …………………… 2
1・2　細胞をとりまく構造 …………… 4
　1・2・1　細胞骨格 …………………… 4
　1・2・2　モータータンパク質 ………… 5
　1・2・3　細胞外マトリックス ………… 5
1・2・4　細胞接着 ……………………… 6
1・3　細胞分裂と増殖 ………………… 7
　1・3・1　細胞周期 …………………… 7
　1・3・2　細胞周期のコントロール …… 8
1章のまとめ ………………………… 9

2章　遺伝子とDNA　10

2・1　遺伝情報の階層 ………………… 10
2・2　DNAと複製 …………………… 12
2・3　DNAとタンパク質 …………… 15
2・4　ヒストンとクロマチン ………… 20
2・5　遺伝子の発現制御 ……………… 20
2章のまとめ ………………………… 22

3章　タンパク質と代謝　23

3・1　タンパク質の構造 ……………… 23
3・2　タンパク質の機能に関する基本知識 25
　3・2・1　タンパク質の「ドメイン」… 25
　3・2・2　タンパク質が機能する場所による
　　　　　分類 ……………………… 26
　3・2・3　タンパク質の修飾 ………… 27
3・3　タンパク質の実例①：酵素 ……… 28
3・4　タンパク質の実例②：細胞内シグナル
　　　伝達に関わるタンパク質 ………… 30
3・5　代謝①：細胞呼吸によるATPの合成 30
3・6　代謝②：脂質・タンパク質の代謝 33
3・7　代謝③：光合成による炭水化物の合成 34
3章のまとめ ………………………… 36

第Ⅱ部　人間を知る

4章　体の構造と機能の基礎　38

4・1　体の構築と階層性 ……………… 38
4・2　組　　織 ………………………… 39
　4・2・1　上皮組織 …………………… 40
　4・2・2　結合組織①：疎性結合組織・密性
　　　　　結合組織・脂肪組織 ………… 41
4・2・3　結合組織②：硬骨・軟骨 …… 43
4・2・4　結合組織③：血液 ………… 45
4・3　ホメオスタシスの概要 ………… 45
4・4　体の形とサイズについて ……… 48
4章のまとめ ………………………… 49

5章　消化器系　50

5・1　取り入れるべき栄養 ……………… 50

5・2　口と食道：食物の破砕と運搬 …… 51

　5・2・1　歯と舌 …………………… 51

　5・2・2　唾液 ……………………… 52

　5・2・3　食道と声門 ……………… 52

5・3　胃と十二指腸：食物の消化 ……… 53

　5・3・1　胃の構造 ………………… 53

　5・3・2　胃液：胃酸と消化酵素ペプシン 54

　5・3・3　胃の運動 ………………… 55

　5・3・4　ヒト以外の胃 …………… 55

5・4　膵臓・胆嚢・十二指腸：

　　　知られざる消化の主役 ………… 56

　5・4・1　十二指腸 ………………… 56

5・4・2　膵臓 ……………………… 57

5・4・3　胆嚢、胆汁 ……………… 57

5・4・4　ホルモンによる消化の制御 … 58

5・5　小腸：栄養の吸収 ……………… 58

　5・5・1　小腸の構造 ……………… 58

　5・5・2　糖、アミノ酸、脂肪の吸収メカニズム

　　　　　……………………………… 59

5・6　大腸：水分の再吸収と腸内細菌 … 60

5・7　肝臓：栄養の貯蔵 ……………… 63

　5・7・1　肝臓の構造 ……………… 63

　5・7・2　肝臓の機能 ……………… 64

5章のまとめ ……………………………… 64

6章　呼吸器系・循環器系　65

6・1　ガスの交換 ………………………… 65

6・2　肺の構造と機能 …………………… 67

6・3　血管と循環系 ……………………… 71

　6・3・1　循環系の意義 …………… 71

　6・3・2　血管の構造 ……………… 71

　6・3・3　血管ネットワーク ……… 72

6・4　心臓 ………………………………… 73

　6・4・1　心臓の構造 ……………… 73

6・4・2　心臓の拍動 ……………… 74

6・4・3　血圧 ……………………… 75

6・5　血液 ………………………………… 76

　6・5・1　呼吸色素 ………………… 77

　6・5・2　ヘモグロビンと酸素運搬 …… 78

　6・5・3　血液による二酸化炭素の運搬 79

　6・5・4　血液凝固 ………………… 80

6章のまとめ ……………………………… 81

7章　泌尿器系　82

7・1　体内の水分量・塩分コントロール 82

7・2　尿の成分 …………………………… 85

7・3　さまざまな動物の泌尿器系 ……… 86

7・4　ヒトの腎臓 ………………………… 87

7章のまとめ ……………………………… 91

8章　筋肉・骨格系　92

8・1　筋肉組織の分類 …………………… 92

8・2　骨格筋 ……………………………… 92

　8・2・1　骨格筋の構造 …………… 92

　8・2・2　骨格筋の収縮の仕組み …… 94

8・3　心筋 ………………………………… 96

8・4　平滑筋 ……………………………… 97

8・5　骨格筋の働き ……………………… 98

8・6　関節と靱帯 ………………………… 100

8・7　骨格系 ……………………………… 102

8章のまとめ ……………………………… 103

9章　免 疫 系　104

9·1　生体防御の三つの段階 …………… 104
9·2　物理的・化学的な生体防御 ……… 104
9·3　自然免疫 …………………………… 105
9·4　獲得免疫①　細胞性免疫 ………… 107
　9·4·1　獲得免疫の概要 …………… 107
　9·4·2　細胞性免疫 ………………… 108
9·5　獲得免疫②　体液性免疫 ………… 109

9·6　免疫記憶 …………………………… 112
9·7　アレルギー ………………………… 113
9·8　免疫の応用と問題点 ……………… 114
　9·8·1　ワクチン ……………………… 114
　9·8·2　免疫のデメリット：自己免疫疾患
　　　　　と移植の免疫拒絶 …………… 115
9章のまとめ …………………………… 116

10章　内 分 泌 系　117

10·1　ホルモンの必要性 ……………… 117
10·2　ホルモンの種類 ………………… 118
10·3　下　垂　体 ……………………… 119
10·4　副　　腎 ………………………… 120
10·5　生　殖　腺 ……………………… 122

10·6　そのほかのホルモン …………… 123
　10·6·1　膵臓から分泌されるホルモン 123
　10·6·2　消化器から分泌されるホルモン 124
10章のまとめ ………………………… 125

11章　神経と感覚器　126

11·1　神　　経……………………………… 126
　11·1·1　神経組織の構成 …………… 126
　11·1·2　神経の情報伝達 …………… 127
11·2　中枢神経と末梢神経 …………… 130
　11·2·1　中枢神経 ………………… 130
　11·2·2　末梢神経 ………………… 131
11·3　感　覚　器 ……………………… 133
　11·3·1　感覚器の概要 ……………… 133

　11·3·2　皮膚感覚 ………………… 133
　11·3·3　嗅　覚 …………………… 134
　11·3·4　味　覚 …………………… 135
　11·3·5　聴　覚 …………………… 136
　11·3·6　体性感覚 ………………… 137
　11·3·7　視　覚 …………………… 138
11章のまとめ ………………………… 139

12章　生殖と発生　140

12·1　生殖の様式 ……………………… 140
12·2　配偶子形成 ……………………… 141
　12·2·1　卵　形　成 ……………… 141
　12·2·2　精子形成 ………………… 144
12·3　受　　精……………………………… 145

12·4　胚　発　生 ……………………… 146
　12·4·1　卵割と初期発生 …………… 146
　12·4·2　細胞運動と形態形成 ……… 148
　12·4·3　細胞分化 ………………… 148
12章のまとめ ………………………… 150

第Ⅲ部　人間と社会

13章　バイオテクノロジー　152

13・1　DNA の操作 …………………… 152

13・1・1　DNA の調製と可視化 ……… 152

13・1・2　DNA の切り貼り ………… 154

13・1・3　塩基配列を調べる ……… 155

13・2　遺伝子の人為的な発現と可視化 157

13・2・1　遺伝子の人為的な発現 …… 157

13・2・2　遺伝子発現の可視化 ……… 157

13・3　ゲノムの改変技術 …………… 159

13・4　タンパク質を研究する手法 …… 160

13・4・1　タンパク質の精製 ………… 160

13・4・2　タンパク質の可視化と抗体　161

13・4・3　タンパク質の活性測定 …… 163

13 章のまとめ …………………………… 163

14章　薬学・医学　164

14・1　創薬と生命科学 …………… 164

14・2　さまざまな疾患とその治療 …… 166

14・3　細菌・ウイルスがもたらす感染症 167

14・4　が　ん …………………… 168

14・5　幹細胞と再生医療 …………… 170

14・5・1　移植治療 ………………… 170

14・5・2　幹細胞と再生医療 ………… 171

14 章のまとめ …………………………… 173

15章　生物多様性と生態学 ―自然と人間の関わり―　174

15・1　生物の多様性 …………… 174

15・1・1　生物の分類 ……………… 174

15・1・2　動物の分類①：
　　無脊椎動物の分類 ………… 175

15・1・3　動物の分類②：
　　哺乳類を除く脊椎動物の分類 176

15・1・4　動物の分類③：哺乳類の分類　177

15・2　種の多様性の維持 …………… 177

15・3　人間生活と生態系への影響 …… 178

15・4　生態系の保全 ……………… 180

15 章のまとめ …………………………… 182

参 考 書 ……………………………………………… 183

索　引…………………………………………………… 184

Column	**コラム**

遺伝子と DNA の関係が明らかになった歴史 ……………… 11

DNA の損傷と修復 ……………………………………… 15

塩基配列の変異と疾患 …………………………………… 19

遺伝情報の利用と問題点 ………………………………… 19

さまざまな膜タンパク質 ………………………………… 27

発　酵 …………………………………………………… 34

組織を見分けるための方法 ……………………………… 39

骨に関わる病気 …………………………………………… 45

ピロリ菌と胃潰瘍 ………………………………………… 55

コレステロールとキロミクロン ………………………… 61

腸内細菌 …………………………………………………… 62

便 …………………………………………………………… 62

COVID-19 と肺胞上皮細胞 ……………………………… 68

心電図と血圧測定 ………………………………………… 75

心臓・血管系の疾患 ……………………………………… 76

血液の疾患 ………………………………………………… 80

人工透析 …………………………………………………… 90

ヘンレのループの長さと生育環境 ……………………… 91

心筋梗塞 …………………………………………………… 97

靱帯・半月板の損傷 ……………………………………… 102

mRNA ワクチン ………………………………………… 114

ホルモンとドーピング …………………………………… 123

糖　尿　病 ………………………………………………… 124

静止膜電位 ………………………………………………… 128

麻薬・覚醒剤・大麻 ……………………………………… 129

神　経　毒 ………………………………………………… 130

幹細胞と細胞分化 ………………………………………… 149

DNA の塩基配列決定の変遷 …………………………… 156

iPS 細胞の実用化における問題点 ……………………… 172

第 I 部
「人間を知る」ための基礎知識

1章　細胞とその機能
2章　遺伝子と DNA
3章　タンパク質と代謝

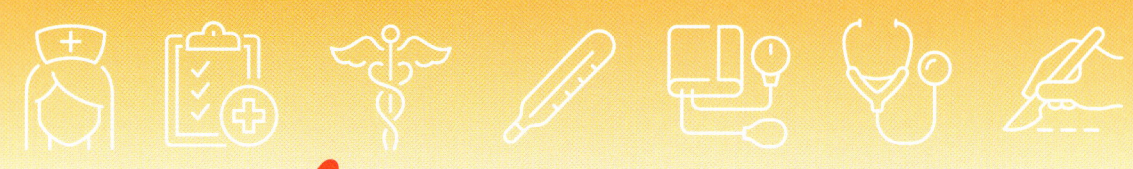

1章 細胞とその機能

まずこの章では、細胞の基本構造に加え、細胞を取りまくさまざまな構造とその機能について簡単に説明する。高校の生物で十分に学習した内容もあるが、本書を読み進める上で重要な、大学で初めて勉強するような内容も多く含んでいるので、しっかり理解してほしい。

1・1 細胞の基本構造

細胞の中に含まれる細胞小器官は高校で学習済みだと思われるので、ここでは動物細胞（真核生物）について、概要を改めてごく簡単に説明する（図1・1）。

①**細胞膜**にまずふれる。細胞膜は言葉のとおり、細胞を囲む膜である。細胞にはさまざまな膜構造がある。その基本構造は脂質二重膜であり、構成成分は**リン脂質**という分子である（図1・2a）。リン脂質は親水性の頭部と疎水性の尾部からなる。リン脂質は尾部を互いに内側に向け、二列でずらっと横に並ぶ（図1・2b）。そのため、ビニールの膜とは違い、**流動性**がある。3章で触れるように、膜にはコレステロールやタンパク質など、さまざまな生体分子が埋まるように存在する。脂質二重膜は細胞膜以外にも見られ（以下に述べる**細胞小器官**の膜も）、それらの総称を**生体膜**とよぶ。逆にいうと、細胞膜は生体膜の一部である。

②細胞の内側を満たしているのが**細胞質基質**である。細胞質基質は細胞の内部、真核生物の場合は核と細胞小器官以外の部分を占めている。一般的にはそれなりに粘性のある液体であるが、近年の研究では、細胞の中での粘性は一様ではなく、その違いが生体機能の違いを生み出すことがわかっている。なお、細胞膜で囲まれた内部のうち、核を除く場所を一般に**細胞質**とい

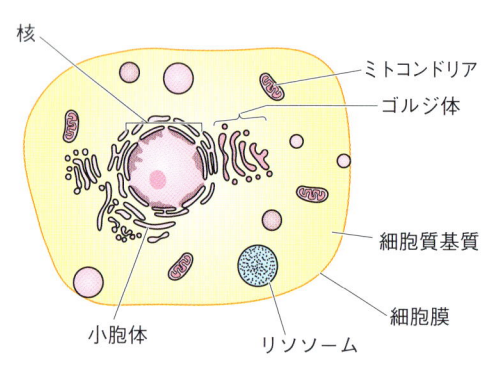

図1・1　動物細胞の概略

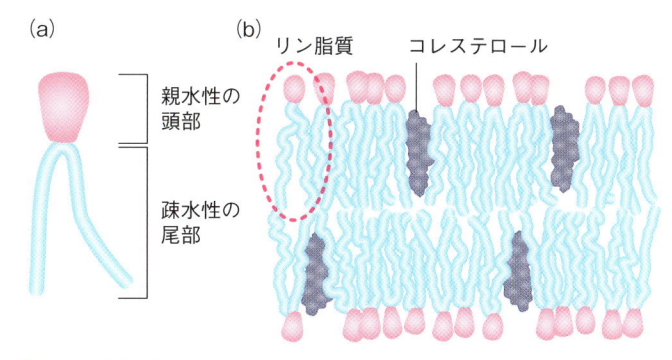

図 1·2 細胞膜
(a) リン脂質の構造。親水性の頭部と疎水性の尾部からなる。(b) 細胞膜の構造。尾部が向かい合わせとなり、リン脂質が横にずらっと並ぶ。また、細胞膜にはさまざまな分子が埋まっている。

う（細胞質には核を除く細胞小器官と細胞質基質がある、と言ってよい）。

③**核**は**染色体**を格納しておく場として重要である。簡単に可視化できるのは細胞分裂期の凝縮した染色体（☞ 1·3 節、2 章）であるが、分裂期以外では染色体はほどけた状態であるため、核は染色体 DNA が細胞全体にひろがらないようにする。核を構成する核膜は二層の脂質二重膜でできており、所々に穴があいている。ここにタンパク質複合体が埋まっていて（**核膜孔複合体**という）、核への物質の出入りをコントロールしている。

④**小胞体**は、タンパク質翻訳の重要な場である。核膜の外側につながっている小胞体は**粗面小胞体**とよばれる。なぜ粗面かというと、小胞体の外にリボソームが付着していて電子顕微鏡でザラザラしたように見えるためである。なお小胞体には**滑面小胞体**もある。滑面小胞体はリボソームが付着しておらず、コレステロールなど脂質の合成の場、あとはカルシウムイオンの貯蔵の場（8 章など参照）として利用される。

⑤**ゴルジ体**は、小胞体で翻訳されたタンパク質に糖などを付加するとともに、必要とされる場所に適切にタンパク質を輸送する中継地点として働く。

⑥**ミトコンドリア**は細胞呼吸の場であり、ここで生物のエネルギーである ATP を作り出している（☞ 3·5 節）。外膜と内膜で仕切られていて、内膜はひだ状構造になっている。このひだの中の部分は**クリステ**とよばれ、細胞呼吸の重要な場を提供している。

⑦そのほか、動物細胞に含まれる構造として、さまざまな種類の**小胞**がある。そのひとつは**リソソーム**である。リソソームは細胞でいらなくなった物質の分解などに働き、実際リソソームの中には**加水分解酵素**などの酵素が含まれている。また、詳しくは述べないが、翻訳したタンパク質を細胞外に分泌するため

の分泌小胞や、逆に外から取り込んだ物質を包み込む**エンドソーム**といったものも動物細胞には含まれている。9章（免疫系）で出てくる食作用の舞台となる**ファゴソーム**も、外から取り込んだ物質を取り囲むという点でエンドソームと類似しているが、エンドソームとは区別することが多い[*1-1]。

💗 1・2　細胞をとりまく構造

1・2・1　細胞骨格

　上記のように、細胞はさまざまな構造を含んでいるが、それらはすべて細胞膜で囲まれている。ただ、細胞膜自体は柔らかく、そして強度もさほどない。そのため、細胞に硬さや強さを与えるための構造が存在する。その一つが**細胞骨格**である。細胞骨格には、アクチン繊維、微小管、中間径フィラメントの3種類があり、これらはすべてタンパク質である（タンパク質の基本的な性質については3章で改めて説明するので、ここではそういった「物質」であると捉えてほしい）。**アクチン**は直径5〜9 nm の繊維状構造で、丸い G-アクチンというタンパク質が連なってできている（図1・3a）。主に細胞膜付近に存在し、細胞の形の維持や、細胞が運動する時の突起としても使われる。もちろん、筋肉の収縮にもアクチンは用いられる（8章）。**微小管**は**αチューブリン**と**βチューブリン**という、やはり球状のタンパク質が順番に連なって管を作り上げている。微小管の直径は25 nm ほどで、アクチンよりも太い（図1・3b）。細胞内での物質輸送のレールの役目や、細胞分裂の染色体分配に働く紡錘体としても機能す

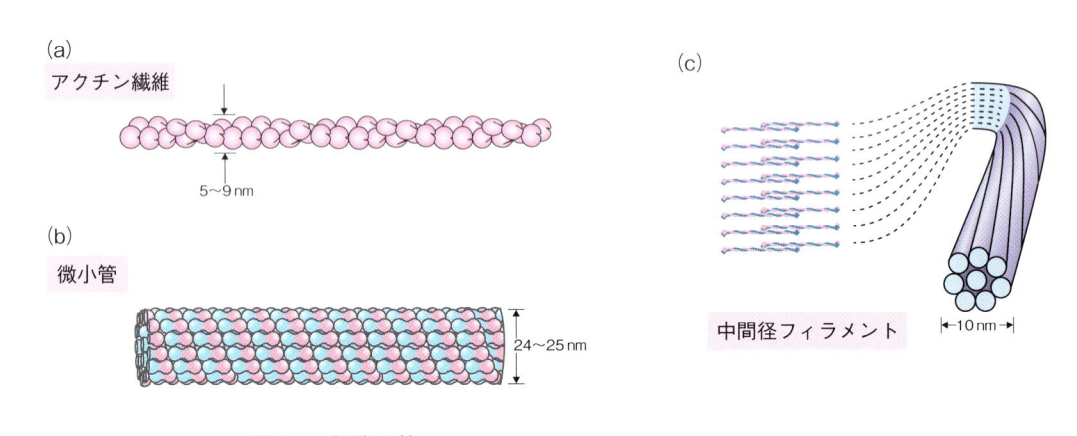

(a) アクチン繊維
5〜9 nm

(b) 微小管
24〜25 nm

(c) 中間径フィラメント
10 nm

図1・3　細胞骨格
(a) アクチン繊維。(b) 微小管。(c) 中間径フィラメント

[*1-1]　ここでは植物細胞のことには触れないが、植物細胞では以上のほか、細胞内には葉緑体（☞3・7節）や液胞などが、細胞膜の外側には細胞壁がそれぞれ存在する。

る。また、鞭毛や繊毛など、細胞の運動に関わる装置の駆動力ともなる。以上二つの繊維は、分解と合成が比較的ひんぱんに繰り返される。一方、**中間径フィラメント**はあまり変化しない安定的な繊維である。棒状のタンパク質が横に整列して繊維を作り上げており（図 1・3c）、細胞や、細胞の集合体である組織の維持に働く。中間径フィラメントにはいくつかの種類があり、その代表例は皮膚で多くみられる<u>サイトケラチン</u>である。

1・2・2　モータータンパク質

　細胞骨格とセットで働くタンパク質が**モータータンパク質**である。代表的なモータータンパク質は**ミオシン**である。ミオシンは<u>重鎖二つ</u>と<u>軽鎖四つ</u>からなる複合体で、重鎖には頭部とよばれる部分がある（図 1・4）。これが動くことで、モーターとしての役割を果たす。ミオシンはアクチンと相互作用することで筋肉の収縮に働くことはよく知られているが（☞ 8 章）、それ以外に細胞そのものの運動や移動などにも関わる。モータータンパク質はほかにも、<u>キネシン</u>、<u>ダイニン</u>が知られる。これらはいずれも微小管と相互作用し、細胞内での物質輸送や鞭毛・繊毛の運動などに働く（☞ 1・2・1 項）。モータータンパク質はいずれも、運動に **ATP** を必要とする。

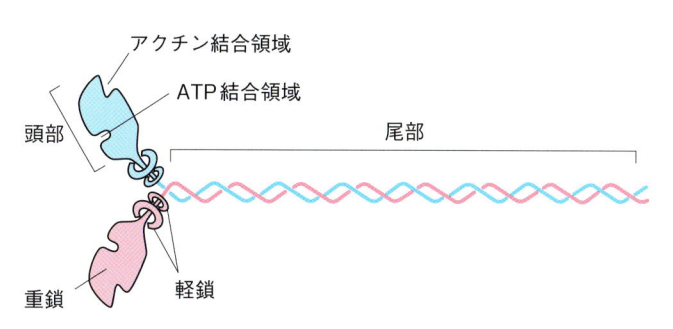

図 1・4　ミオシンの構造

1・2・3　細胞外マトリックス

　細胞骨格が細胞内で機能するのに対し、**細胞外マトリックス**は言葉のとおり細胞の外で働く。細胞外マトリックスも繊維状の構造をとり、さらにはそれが整列したり網目状構造をとったりすることによって、細胞や組織・器官の構造を丈夫にする（図 1・5a）。細胞外マトリックスは<u>タンパク質</u>と<u>糖タンパク質</u>に分類される。前者の代表例は**コラーゲン**である（4 章も参照）。コラーゲンは数アミノ酸からなる配列が繰り返し並んだようなタンパク質で、これが 3 本まとまってらせん状構造をとり、さらにそれらがいくつもつなぎ合わされることで強度

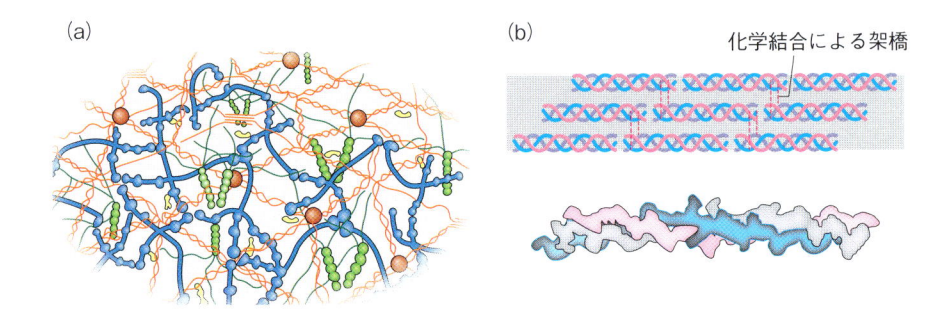

図1·5　細胞外マトリックス
(a) 細胞外マトリックスが作る網目状構造。(b) コラーゲン繊維。
三重らせんの構造が化学結合で架橋され、長い繊維を作り出す。

の強い繊維（コラーゲン繊維）を作り出す（図1·5b）。一方、糖タンパク質は、タンパク質に糖鎖がつながった構造をとる。この糖鎖は**グリコサミノグリカン**とよばれ、**コンドロイチン硫酸**などが知られる。

1·2·4　細胞接着

　細胞は単独でいるものもあるが、お互いに接着しているものも多い。細胞には、接着するための構造がある（図1·6）。細胞同士の比較的安定な接着に働くのが**デスモソーム**である。一方、接着や解離を比較的頻繁に行うような接着は**接着結合**という。細胞同士の接着に働くタンパク質はいくつかあるが、代表的なものは**カドヘリン**である。カドヘリンは膜タンパク質で、隣の細胞のカドヘリンと結合することで、結果的に細胞をつなぎとめる。細胞の中では、デスモソームは中間径フィラメントと、接着結合はアクチン繊維とそれぞれ間接的につながっている。細胞同士の接着装置はほかにもある。一つは**密着結合**である。デスモソームも接着結合も「点」で細胞をつないでいるが、これだと、血管など液体を閉じ込める必要がある組織では液体が漏れ出してしまう。密着結合を担うタンパク質は、細胞膜を「線」でつなぐことで、液体の漏れを防ぐ。**ギャップ結合**は、細胞同士を管のようなもので連結することで細胞間での物質交換を可能にし、さらには細胞同士を電気的につなぐ

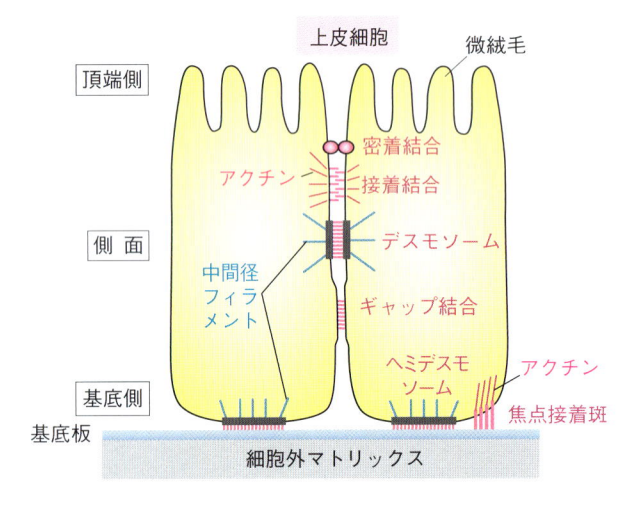

図1·6　細胞接着
細胞外マトリックス上の上皮細胞を例に挙げる。

役割も果たす。その重要性は循環器（☞ 6・4・2 項）あるいは筋肉系（☞ 8・3 節）のところで改めて理解してほしい。

　細胞は、細胞とだけ接着しているのでなく、細胞外マトリックスと接着している場合もある。細胞−細胞外マトリックスの結合に関わるのが**ヘミデスモソーム**と**焦点接着斑**である。この連結に直接関わるタンパク質が**インテグリン**である。インテグリンも膜タンパク質で、異なる二つのインテグリンがセットで働く。ヘミデスモソームは細胞内で<u>中間径フィラメント</u>と、焦点接着斑は<u>アクチン繊維</u>とそれぞれ間接的に結合している。以上、ごく簡単に細胞接着を説明したが、このような接着が臓器や器官を作り上げる上で重要なのは言うまでもない。

💓 1・3　細胞分裂と増殖

　細胞分裂は、大学教養生物で改めてしっかり勉強する分野である。ここでは本書のねらいを考え、重要な点だけを簡単に説明する。

1・3・1　細胞周期

　多細胞生物は、1 細胞である卵から細胞数を増やして個体を作り上げる。また個体ができあがった後も、体内のさまざまな場所では新陳代謝が繰り返され、新しい細胞が生み出される。さらには、けがなどで体の一部を損傷した場合も新たな細胞が生み出されて修復される。このように、生物は一生を通じて何らかの形で細胞を新たに作り出している。すでに中学・高校で学習しているように、その方法は簡単にいうと細胞を分裂によって複製することである。その過程が**細胞周期**である（図 1・7）。細胞はまず、S 期において**染色体** DNA を複製し、その後 **M 期**（分裂期）で複製した染色体を正しく分配し、細胞を二つに分けて細胞の数を増やす。DNA の複製や細胞の分裂はいきなりできないので、その準備に時間をかける。これが、S 期と M 期の間にある **G₁ 期**、**G₂ 期**である。なお、細胞増殖の必要がない場合は **G₀ 期**に移行し、状況に応じて再び細胞周期を進めることもある。なお、M 期以外の時期は**間期**とよばれる。

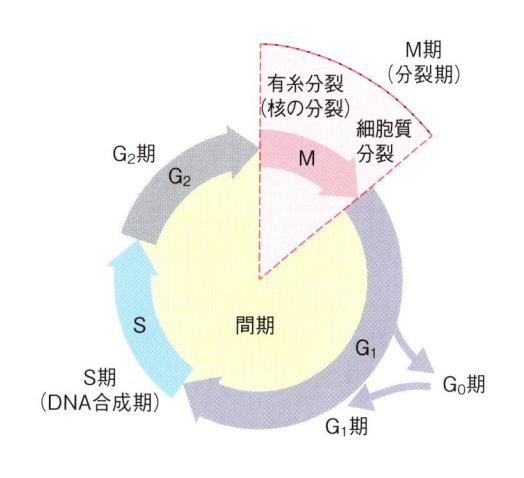

図 1・7　細胞周期

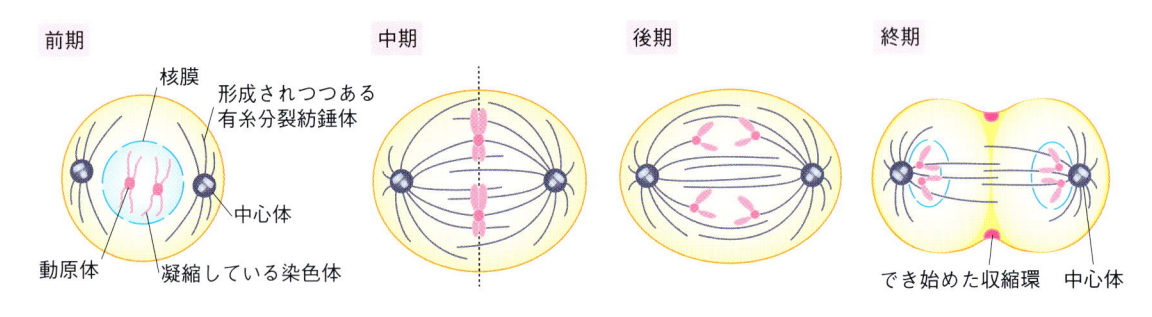

図 1·8　細胞分裂の過程

　細胞分裂で最も重要な点は、染色体を間違いなく分配することである。M 期はさらにいくつかに分かれる（図 1·8）。前期では、染色体の凝縮が起こり、紡錘体が**中心体**という細胞小器官から伸びるようにひろがる。**紡錘体**は前述（☞ 1·2·1 項）のとおり微小管である。またこの後、核膜が分散して見えなくなる。中期では、紡錘体が染色体の**動原体**でつながり、引っ張られることによって染色体が細胞の中央に整列する。次に後期では、染色体が細胞の両端に分離する。細胞の真ん中に整列するときと同様、両端への染色体の分離においても紡錘体が重要な役割を果たす。最後に終期では、細胞の中央部がくびれ、分散していた核膜も再集合して最終的に細胞が二つになる。細胞をくびれ取るのはアクチン繊維でできた**収縮環**である。

1·3·2　細胞周期のコントロール

　以上のような細胞周期を経て細胞は分裂し、その数を増やしていく。逆に細胞を増やす必要がないのに細胞を増やすことは、かえって大きな問題がある。さらに言えば、何か問題が発生した細胞を増殖させることは、個体の維持にとって非常に危険である。以上の理由から、細胞周期を適切にコントロールする仕組みが細胞には備わっている（図 1·9）。タンパク質のことは 3 章で詳しく説明

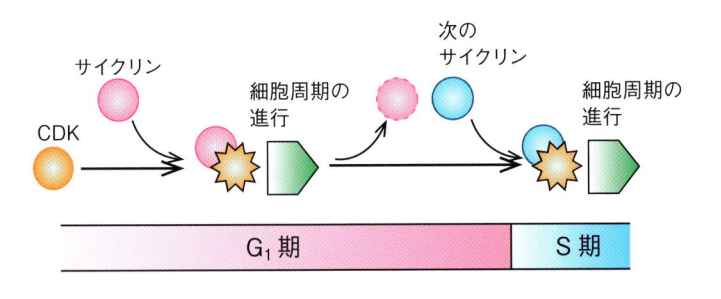

図 1·9　細胞周期のコントロール

するのでここでは概略だけ説明するが、このコントロールに関わるのが **CDK** というタンパク質である。CDK を活性化するタンパク質（**サイクリンという**）の量が G_1 期の細胞の中で増えてくると、CDK と結合して CDK の活性を高める。すると、細胞周期が進む（図 1・9 では、G_1 期から S 期に移動する）。その後、細胞内のサイクリンが減るとともに、CDK に結合したサイクリンも分解されるが、それと入れ替わるように次のサイクリンの量が増える。するとこれが CDK に結合して再び CDK が活性化され、次の細胞周期が進行する（図では S 期を進める）、といった具合である。

　以上は通常の細胞周期を進める仕組みであるが、細胞に問題が生じると、サイクリンがあるのに CDK の活性を強制的を抑制することによって、細胞周期を止めることができる。これを **細胞周期チェックポイント機構** とよぶ。この仕組みにより、異常が生じた細胞が個体内で増えることは（通常は）ない。この仕組みは、がん細胞の形成とも大きく関係するので、14・4 節で改めて詳しく説明する。

1章のまとめ

- 動物細胞には、細胞膜、核、細胞質基質が存在し、それ以外にも小胞体、ゴルジ体、ミトコンドリアなどの細胞小器官がある。

- 細胞内には細胞骨格やモータータンパク質があり、細胞の強度の保持やさまざまな細胞の動きに関わる。一方、細胞の外には細胞外マトリックスがあり、やはり細胞や組織の強度の保持に関わる。さらに、細胞同士をつなぎ止める接着装置も存在する。

- 細胞ができてから分裂するまでの過程を細胞周期とよぶ。細胞周期は分裂期と間期に分けることができ、さらに分裂期は初期、中期、後期、終期に区分され、染色体の正しい配分と細胞質の分割を行う。

- 細胞周期の進行をコントロールする仕組みがあり、問題がある時には細胞周期を止めることで、異常な細胞の増殖を防ぐことができる。

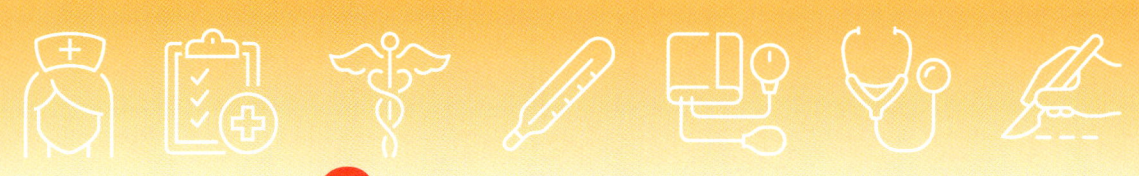

2章　遺伝子とDNA

　ヒトだけでなく、地球上の生物はすべて、種の特徴を親から受け継ぎ、子供に受け渡すことができる。この「特徴」の根拠となる情報（遺伝情報）はDNAが担っている。すでに中学・高等学校で勉強してきた内容ではあるが、DNA、遺伝子、染色体、ゲノム、これらはどのように違うのか、また遺伝情報がどのようにして個体、あるいは種の特徴を発揮し、さまざまな種類の細胞を生み出すのか、これらのことについて、この章でいま一度理解を深めてほしい。

2·1　遺伝情報の階層

　ヒトの子供はヒトになる。これは、ヒトを作り出す情報を子孫が受け継ぐからである。それが**遺伝**であり、その情報は**遺伝情報**とよばれる。その情報はどのように受け継がれるかを明らかにしたのが、よく知られているメンデルである。メンデルはエンドウの種子の色や形がある一定の法則で生じることを見つけたわけであるが、そういった、個体のいろいろな部分の見え方（**形質**）を決定づけるものとして**遺伝子**が想定された。ただ、遺伝子が実際にどのような物質であるのか、また、それらがバラバラに存在するのか、ひとまとまりなのか

といったことは、その後明らかになった。細胞分裂中の細胞をある色素（例えば酢酸オルセイン）で染色すると、細胞の中に棒状の構造を見ることができる。これが**染色体**である。染色体の数や形は生物の種類によって違っている（表2·1）。例えばヒトの場合、体細胞には46本の染色体があるが、キイロショウジョウバエだと8本しかない。これが遺伝情報を含んでいるかどうかや、遺伝子の本体が

表2·1　さまざまな生物の染色体数（二倍体）

生物	染色体数
ヒト	46
マウス	40
ニワトリ	78
アフリカツメガエル	36
ゼブラフィッシュ	50
キイロショウジョウバエ	8
ハマグリ	38
イチョウ	24
コムギ	42
酵母	16
コウジカビ	8

遺伝子とDNAの関係が明らかになった歴史

19世紀の中ごろメンデルが、生物の形質は「ある法則」で子孫に伝わることを実験的に示し、それ（遺伝）を担うのが仮想的な「遺伝子」であることを提唱したことはよく知られている。しかしそれを担うのがDNAであることは、今でこそ多くの人が知っているが、なにせ肉眼で見ることが難しく、ましてそこに情報が書き込まれているということがわかるまでにはしばらくの時間がかかった。

20世紀に入り、まず遺伝子が染色体上にあることを提唱したのはサットン、ついでモーガンである。モーガンは、ショウジョウバエの交配のときに生じる染色体組換えの頻度の計算結果などから、遺伝子は染色体上の決められた位置に一列に並んで存在していることを実験的に示した（コラム図2·1a)。またグリフィスは、病原性のあるもの（S型菌）と、ないもの（R型菌）の2種の肺炎双球菌を用い、煮沸したS型菌（これ自体は病原性がない）を生きたR型菌に混ぜると病原性が復活することを示した（コラム図2·1b)。このことは、病原性という形質が、煮沸しても壊れない物質に宿ることを示唆している。アベリー（エイブリーともいう）らは、DNA分解酵素やタンパク質分解酵素を用いた実験から、S型菌の病原性をもたらす物質がDNAであることを示し、さらにハーシーとチェイスは、放射性物質で標識したDNAをもつバクテリオファージを使い、遺伝子の本体がDNAであることを示した（コラム図2·1c)。

こうして20世紀半ばまでに、遺伝子がDNAであることがわかり、ワトソン・クリックによるDNAの二重らせんの発見へとつながっていく。

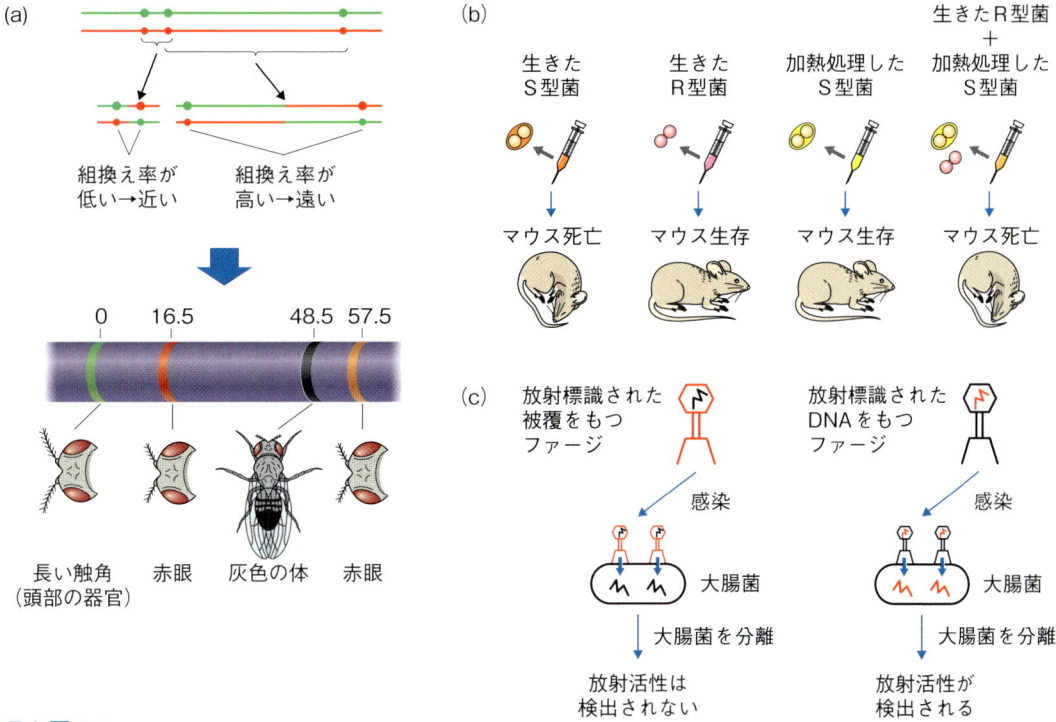

コラム図2·1
(a) モーガンの実験。染色体上にある2つの遺伝子の組換え頻度は、距離が遠いほど高い。よって、組換え頻度の違いから染色体上の遺伝子間の相対的な距離がわかることを示した。(b) グリフィスの実験。病原性のあるS型、ないR型を使い、病原性の獲得には加熱処理をしても壊れない、何らかの化学物質が必要であることを示した。(c) ハーシーとチェイスの実験。ファージの被覆、DNAのどちらかに放射標識を行い大腸菌に感染させると、DNAを放射標識した場合のみ大腸菌から放射活性が検出されることから、大腸菌内でのファージの増殖にはタンパク質ではなくDNAが必要であることがわかる。

核酸（DNA）であることなどは、20 世紀になって明らかになった（コラム参照）。

　ここで改めて、遺伝情報に関する用語を、階層の順に説明する。ヒト体細胞に含まれる 46 本の染色体は、2 本ずつ（**相同染色体**）、23 種類の染色体の合計である。この種類の異なる 23 本の 1 セットを**ゲノム**といい、個体を作り出すために必要なすべての遺伝情報を含む[* 2-1]。言いかえると、二倍体であるヒトの体細胞はゲノムを二組もっていることになる。

　次に 1 本 1 本の染色体に着目する。染色体は 1 本の DNA が、ある多数のタンパク質と結合して凝縮した構造物である。この 1 本の DNA 上に遺伝子が点在している。あくまで DNA は物質の名前であり、その一部が遺伝子としての情報をもっている、ということになる。なお、ゲノムの量（塩基配列の数の合計）も生物種によってさまざまで、ヒトのゲノムは 3.0×10^9（約 30 億）塩基対から構成されている。

　以上、ゲノムから DNA に至る階層を図 2·1 にまとめた。

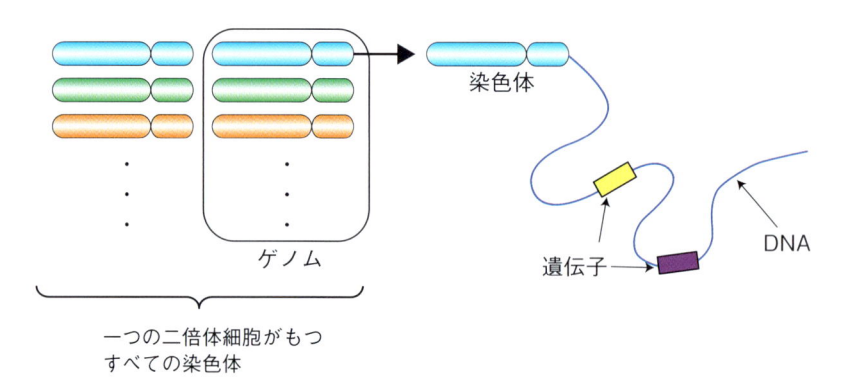

図 2·1　DNA、遺伝子、染色体、ゲノム
　ゲノムは遺伝情報 1 セットで、二倍体細胞には 2 セット存在する。染色体では
　1 本の DNA が凝縮しており、その一部に遺伝子の情報が書き込まれている。

2·2　DNA と複製

　すでに高校で学習していることではあると思うが、改めて **DNA** について説明する。DNA は**デオキシリボ核酸**の略で、**糖、塩基、リン酸**から構成される（図2·2a）。この一つを**ヌクレオチド**とよぶ。ヌクレオチドの中心には炭素が五つ結合した糖があり、各炭素には図 2·2a のように右から 1′ ～ 5′ の番号がつけられ

[* 2-1]　厳密には、常染色体 22 本と性染色体（X 染色体と Y 染色体）がすべての情報なので、
ヒトゲノムを 22XY（つまり合計 24 本）という言い方をする場合もある。

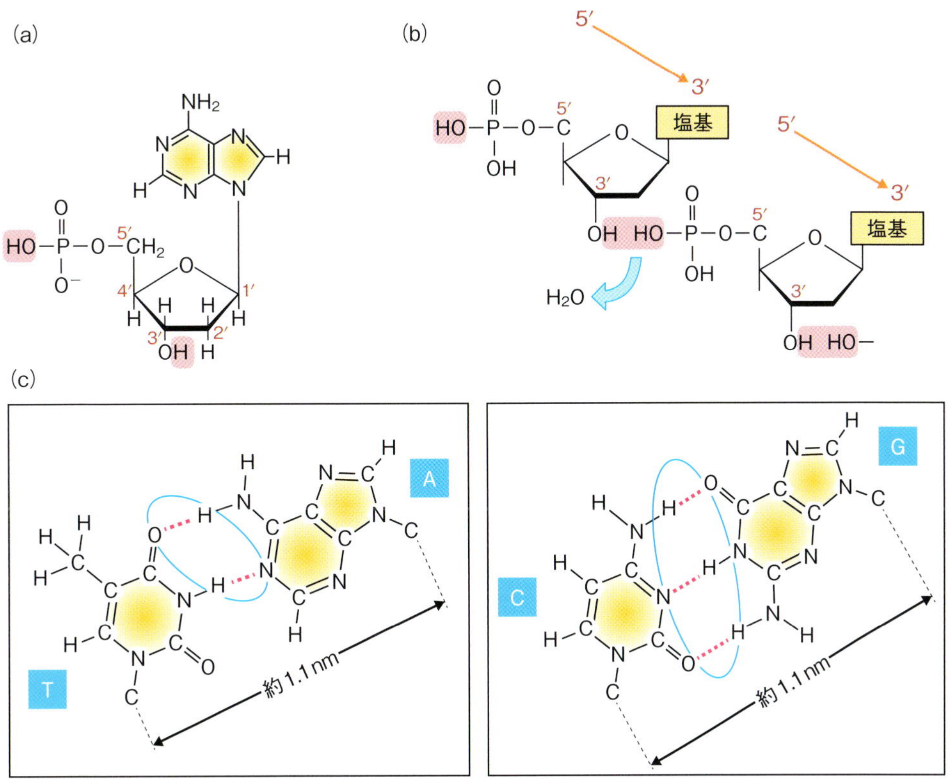

図2・2　ヌクレオチド
(a) ヌクレオチドの構造。五単糖の 1′ 位に塩基が、5′ 位にリン酸基が結合している。
(b) ヌクレオチド同士の連結。3′ 端の OH 基と 5′ 端のリン酸基の OH が脱水結合して連結される。(c) 水素結合による、A と T、C と G の相補的な結合。

ている。リン酸は糖の 5′ 位、塩基は糖の 1′ 位につながっており、塩基には四つの種類がある（**アデニン（A）、シトシン（C）、グアニン（G）、チミン（T）**）。つまり、ヌクレオチドも 4 種類あることになる。ヌクレオチドはリン酸と糖の 3′ 位に結合する OH（ヒドロキシ）基が縮合することでつながり、鎖のように並ぶ（図2・2b）。これら 4 種のヌクレオチドの連結順を塩基配列とよび、これがまさしく遺伝情報の実体となっている。DNA は 2 本鎖であり、向き合ったそれぞれの鎖の方向は逆向きである。なお、DNA 鎖の方向を示すため、5′（ダッシュ。英語では prime）側、3′ 側という言い方をする。それぞれの鎖は、A と T、C と G が向き合い、水素結合でつながっている（図2・2c）。つまり、一方の鎖の塩基配列が決まると、相手の塩基は自動的に決められる。これを**相補的**な関係とよぶ。

　さて、塩基配列が遺伝情報であることを考えると、細胞分裂の際にこの順番はミスなく写し取られる（複製される）必要がある。DNA の複製はどのようにして行われるのだろうか。簡単にいうと、2 本鎖 DNA が 1 本ずつに分かれ、そ

の情報にもとづいて相補的な塩基（A なら T、C なら G…）をもつヌクレオチドが連結されていけばよい。ただし、言うのは簡単であるが、実際には比較的面倒な過程を経て複製が行われている。ヌクレオチドの連結は **DNA ポリメラーゼ**が行う。2 本鎖 DNA が、ある酵素によって 1 本鎖に緩められ、そこに DNAポリメラーゼが相互作用し、それまでに複製した新しい DNA 鎖にヌクレオチドを連結する。方向としては、すでにある DNA 鎖の 3′ の OH 基に、新たなヌクレオチドの 5′ 位のリン酸がつなげられる。それが連続的に続くと DNA 鎖が新しくできていくのだが、ここで問題点が一つある。先ほども触れたように、2 本鎖 DNA のそれぞれの鎖の方向は逆向きであることである。2 本鎖を一方向に複製するとき、片方の鎖はそのままヌクレオチドを連結していけばよいが、もう一方の鎖の端は 5′ であり（つまり、端のヌクレオチドの 5′ 位のリン酸基になにもつながっていない状態）、<u>DNA ポリメラーゼは糖の 3′ 位にしかヌクレオチドを連結できないので</u>、DNA 鎖の合成を進めることができないのである。ではどうするか、の答えが図 2·3 に書かれている。つまり、逆側の鎖は複製方向とは逆向きに少しだけ短い鎖を合成し、その後この短い鎖を別の酵素でつなぐ。これにより、2 本鎖 DNA 全体としては、同じ方向に複製を進めることができる。

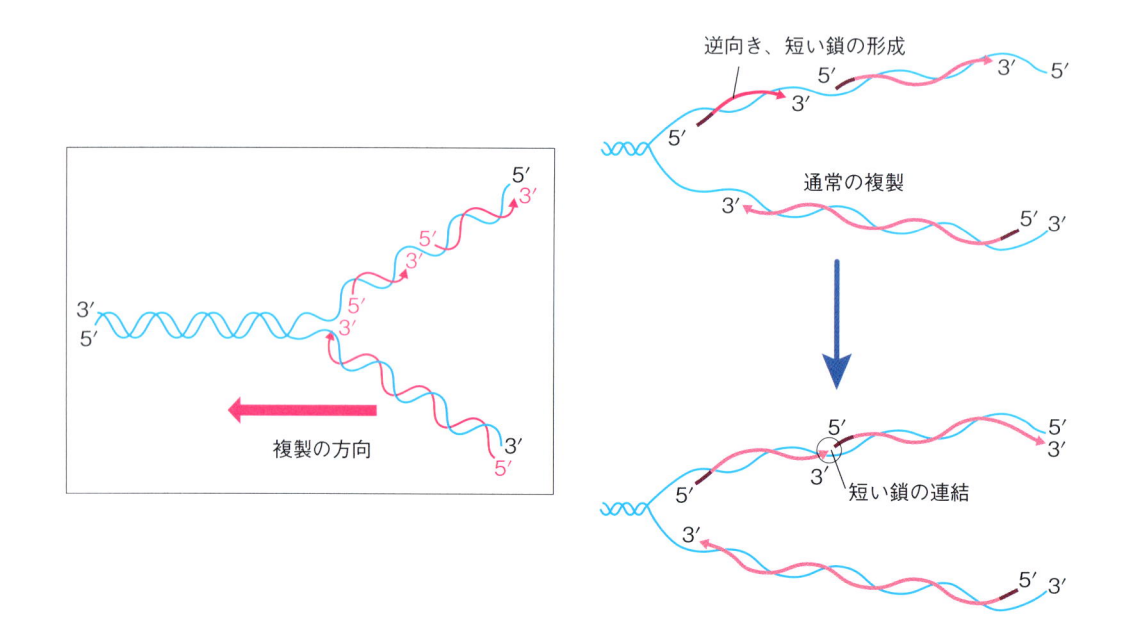

図 2·3　DNA 複製の過程

DNA の損傷と修復

　染色体 DNA にはさまざまな要因で傷がつく。具体的には、紫外線、放射線、ある種の化学物質などが考えられる。このような要因に細胞がさらされると、ヌクレオチド（特に塩基）の構造が変化したり、DNA 鎖が切断されたりする。塩基は遺伝情報そのものであり、塩基が変化することはそのまま遺伝情報の書き換えにつながる。ただ DNA は 2 本鎖であるため、片方の塩基だけが損傷した場合は損傷を受けていない相補鎖の情報をもとに修復することが可能である。DNA ポリメラーゼは、ヌクレオチドの連結活性に加え、塩基の間違いによって相補鎖を形成できていないヌクレオチドを切り離す活性ももっている。つまり、おかしなヌクレオチドを取り除き、正しい塩基をもつヌクレオチドを連結することができる。また、ヌクレオチドの連結が切断された場合も、2 本のうちの 1 本が切れただけでは 2 本鎖 DNA は完全に分離しないので、切断された部分を連結し直せば修復可能である。このような修復は、細胞に存在する別の酵素によって行われる。

　若干やっかいなのは、DNA の損傷がひどく、2 本鎖の両方が切れてしまう場合である。2 本鎖が完全に切れてしまうと、切断面からヌクレオチドのさらなる脱離が起こる確率が増え、結果として遺伝情報が失われてしまう。また、切断された

ままだとその後の DNA 複製にも大きな影響を及ぼすため、この場合は配列情報を整えることよりも、とにかく 2 本鎖 DNA を連結することを優先する。この場合も別の修復酵素が作用して被害を最小限に食い止めるが、切断による影響は大きく、配列の一部が失われたり、逆に本来とは異なる配列がランダムに挿入されたりする（なお、逆にゲノム DNA を積極的に切断するような仕組みが大腸菌などの細菌には備わっていて、この現象を利用した「ゲノム編集」技術が開発されている。これについては 13・3 節で詳しく説明する）。

　以上のような DNA 損傷があちこちで起こるようになると、遺伝情報の重篤な書き換えにつながり、細胞の維持にも影響が生じる。このとき、細胞が死んでしまうのは問題なのだが、それ以上に問題なのは、異常な細胞が無限に増殖する状態になることである。これが病気でよく知られる**腫瘍形成**、さらには**がん化**である（☞ 14・4 節）。こういった細胞を生み出さないため、DNA の損傷を感知して細胞増殖を防ぐ分子機構が細胞には備わっている。さらに、生み出されてしまった場合も、そのような細胞を排除する仕組みがある（これについては 9・4 節で詳しく述べる）。

　いずれにせよ、このような DNA 損傷が起こらないよう、われわれの日常生活でもいろいろな注意が必要である（日焼けをしすぎない、有害な薬物や化学物質を摂取しないなど）。

2・3　DNA とタンパク質

　DNA の塩基配列が遺伝情報を決めているとして、では、それがどのように私たちの体を作り、機能することにつながるのだろう。まずは、遺伝情報を何らかの形に変換する必要がある。生物ではそれをタンパク質が担う。タンパク質は、生物において 20 種類のアミノ酸が数珠のようにつながり、立体構造をとってさまざまな生体機能を担う。また、アミノ酸のつながる順番によって、タンパク質の働きが大きく変わる。そのため、タンパク質の働きは多岐にわたる。例

えば、体の構造の一部になったり、酵素としてさまざまな体の中の化学反応の触媒となる。また、体の形を作り上げるための、遺伝情報ではなく「モノ」としての情報にも使われる。さらに面白いことに、モノを作るための「道具」としての役割を果たすタンパク質もあり、DNA ポリメラーゼもまさにその一つである。つまりタンパク質は、材料であり道具でもあるのである。

さて、2 本鎖 DNA からいきなりタンパク質ができるのかというとそうではなく、その間を取りもつ物質がある。それが **RNA** である。RNA は、DNA と同じくヌクレオチドが連結して鎖状になったものであるが、ヌクレオチドの構造が若干違っている。それは糖の部分で、DNA の糖の 2′ 位には水素が結合しているが、RNA の糖の 2′ 位には**ヒドロキシ基（−OH）**が結合している（**図 2·4**）。実はこのヒドロキシ基は化学反応を起こしやすくする性質があるので、RNA 鎖は DNA 鎖よりも不安定である。

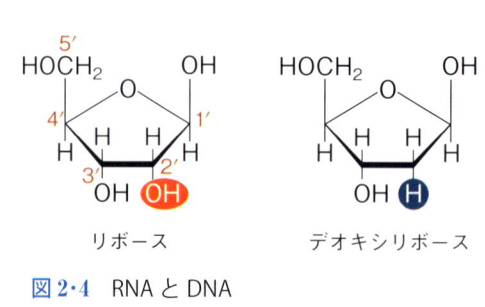

図 2·4　RNA と DNA
左は RNA を構成するリボース、右は DNA を構成するデオキシリボース。2′ 位の炭素に OH が付くか H が付くかが異なる（図 2·2a も参照）。

ここで、DNA の情報が RNA に写し取られる理由を説明する。ゲノムに書き込まれているタンパク質の情報はヒトの場合約 2 万あるとされているが、これらのすべてが同時に必要かというとそうではない。必要な場所で必要な遺伝子だけを発現させるため、その遺伝子のみを写し取って利用する、という方法がとられる。これが**転写**である。

ここで改めて遺伝子という単位について説明する。遺伝子はタンパク質を指定する情報（翻訳領域）だけではなく、その前後の配列（非翻訳領域）、そして

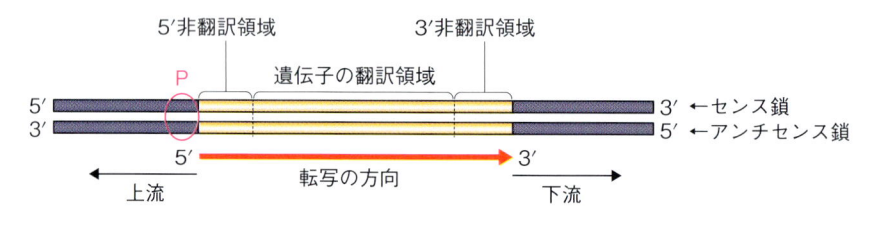

P：プロモーター　　□：転写される領域

図 2·5　遺伝子の構造
黄色四角は mRNA に転写される領域。転写領域はアミノ酸に翻訳される部分に加え、翻訳されない部分を 5′ 側と 3′ 側に含む。転写される領域の上流には、転写を調節する領域（プロモーター）が存在する。なお、遺伝子の 2 本鎖 DNA のうち、センス鎖は mRNA と同じ配列、アンチセンス鎖は mRNA と相補的な配列であり、mRNA の写し取りにはアンチセンス鎖が用いられる。

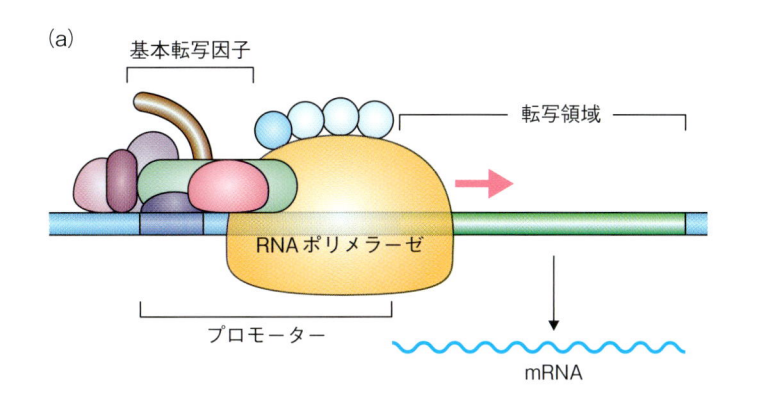

図 2・6　転写
(a) 転写開始の分子機構。プロモーターに基本転写因子が結合すると、RNA ポリメラーゼが転写開始点に呼び込まれ、転写がスタートする。
(b) DNA から写し取られた mRNA 前駆体は、スプライシングによりイントロンが切り出され、ポリ A とキャップ構造が付加されて（成熟）mRNA となる。

転写をスタートさせるために必要な配列も含んでいる（図 2・5）。この場所は**プロモーター**とよばれ、**基本転写因子**（タンパク質の複合体）が結合する。すると、それを認識した RNA ポリメラーゼが DNA に結合し、写し取りが始まる（図 2・6a）。具体的には、DNA の 2 本鎖がほどけ、一方の鎖の塩基と相補的な RNA のヌクレオチドが連結されていく。こうして、**mRNA 前駆体**（**プレ mRNA** ともよばれる）ができあがる。これがなぜ「前駆体」とよばれるかというと、高校でも学習する「**メッセンジャー RNA（mRNA）**」は、この mRNA 前駆体が変化してできるからである。真核生物においては、mRNA 前駆体が転写されたあと、一部が切り出される。この部分は**イントロン**とよばれる。それ以外の部分は連結され、1 本の RNA となる。また、RNA の 3′ 末端には複数の**アデニン（A）**（**ポリ A** とよばれる）が、5′ 末端には**キャップ構造**（特殊なヌクレオチド）がそれぞれ連結される。これが**（成熟）mRNA** である（図 2・6b）。

　次に、写し取られた mRNA は核の外に出て、**タンパク質**に翻訳される。翻訳の場は細胞小器官の一つ、**リボソーム**である。リボソームは大サブユニット・小サブユニットからなり、それぞれのサブユニットは多くのタンパク質、そし

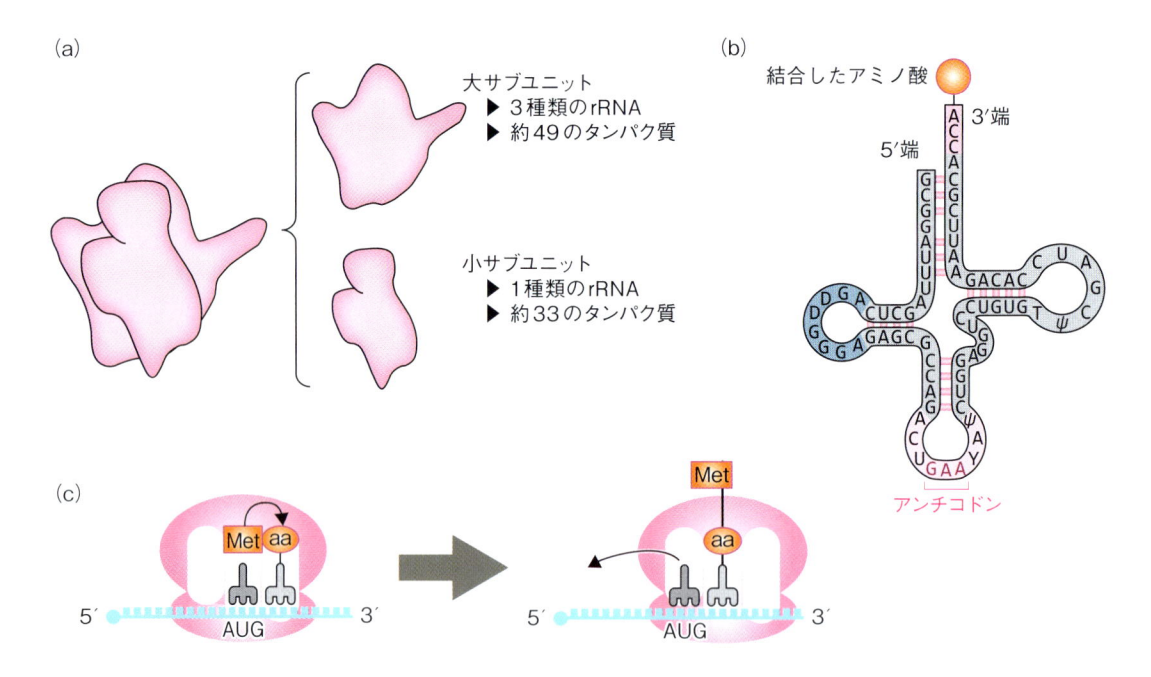

図 2·7　翻訳

(a) リボソーム。複数の rRNA、タンパク質から構成される大サブユニットと小サブユニットからできている。(b) tRNA の構造。ループが三つあり、その一つにアンチコドンが含まれる。3′側には決められた一つのアミノ酸が結合する。(c) 翻訳の過程。メチオニンが結合する tRNA がまずリボソームに呼び込まれ、次に別の tRNA が呼び込まれ、メチオニンと連結されると、リボソームの位置がずれ、アミノ酸（aa）をもつ新たな tRNA が呼び込まれるスペースができる。これが繰り返され、アミノ酸が順番につながっていく。

てリボソーム RNA（rRNA）からできている（図 2·7a）。このリボソーム上で、mRNA のうち翻訳される部分（遺伝子のコード領域という）の情報をもとに、アミノ酸が順番に連結される。このとき重要な働きをするのが**トランスファーRNA（tRNA）**である。tRNA はループ構造を三つもったクローバー形をしており、その端にはアミノ酸が一つくっついている（図 2·7b）。他方の端には、mRNAの 3 塩基（**コドン**という）と相補的に結合できる塩基配列（**アンチコドン**）がある。mRNA のコドンと相補的なアンチコドンをもつ tRNA が mRNA に結合する。このコドンこそが、アミノ酸と対応する情報であり、mRNA のコード領域はコドンの並びであると言えよう。なお、連結されるアミノ酸が 20 種類あるということは、tRNA も（少なくとも）20 種類あるということになる。

　さて、リボソーム上に mRNA が取り込まれると、最初の tRNA が引き寄せられる（図 2·7c 左）。この tRNA がもつアミノ酸はたいていの場合メチオニンである。つまり、少なくとも真核生物で合成されるタンパク質の多くは、メチオニンから始まっている。そのため、メチオニンに対応するコドンを**開始コドン**

ともよぶ。次に、2番目のコドンに対応したtRNAがリボソームに呼び込まれ、そのtRNAに結合しているアミノ酸が、メチオニンと連結される（図2·7c 右）。すると、リボソームの位置がずれ、次のtRNAが入るスペースができる。新しく入ってきたtRNAのアミノ酸が連結され……これが続くことで、アミノ酸が順番につながった構造、すなわちタンパク質ができあがっていく。

塩基配列の変異と疾患

上記のとおり、塩基配列はわれわれの体を作り出すためのもと情報であり、配列が乱れると個体の形成や機能に影響が生じる可能性がある。可能性がある、というのは、一つでも配列が変化すると必ず病気につながるか、というと必ずしもそうではないからである。とはいえ、逆にたった一つの塩基配列の違いで疾患など影響がでてしまう例もたくさん報告されている。教科書にも出てくる有名な一塩基変異は**鎌状赤血球症**である。ヘモグロビンをコードする遺伝子の1塩基が置換することによって、作られる赤血球の形状が大きく変化し、酸素の運搬効率が悪くなるというものである。一方、この変異は、マラリアとの関連も指摘されている。マラリアはマラリア原虫の感染による発熱や貧血などの症状が出る感染症であるが、実は、鎌状赤血球症の患者ではマラリア原虫の増殖が弱まることが知られており、変異をもつ人が一定数存在する原因の一つであると考えられている。

もちろん塩基配列の変異は他にもさまざまな遺伝病の原因になっている。また、すぐに病気とはならなくとも、塩基配列の変異が病気のなりやすさの原因となる例も多く知られる。例えば近年では、**がん**は一つの遺伝子の変異ではなく、複数の遺伝子に変異が生じて発症することがわかってきた。つまり、一つの遺伝子に変異が入っただけですぐにがんにはならないが、がんになるリスクは上がったといえる（☞14·4節）。

遺伝情報の利用と問題点

上記の通り、DNAにおけるヌクレオチドの並びが遺伝情報となり、生物の体の形を作り出す。例えばヒトを考えたとき、われわれが認識できる程度の違いがある（例えば顔など）が、これもまた基本的には遺伝情報の違いに起因する。よってこれを利用すれば、それぞれの人の塩基配列情報から個人の特定が可能になる。このことを利用したものの一つがいわゆる**DNA鑑定**である。刑事捜査などでは採取できるDNAの量がごく微量であるため、ゲノム上のある領域に存在する、短い繰り返し配列（short tandem repeat: **STR**）が個人によって異なることを利用して二者が同一かどうかを判定する、という方法が現在の主流である。一方、遺伝子検査のように、ある程度採取できるDNAの量が多い場合は、さらに細かいレベルでの塩基配列の解析が可能となる。例えば上述した遺伝子の一塩基変異なども判別可能である。

このように、ゲノム配列は個人の識別にとどまらず、個人の状態をも知ることができるようになってきた。つまり、ある人のゲノム配列を調べれば、その人が誰かだけでなく、どんな人か、がわかるのである。その中には、病気にかかりやすいかどうか、どのような性格か、さらには知能がどうかなど、プライバシーに踏み込むような内容も含まれる。そのため日本では、個人から許可なくDNAを採取することについて、法的な制限が設けられている。

❤ 2·4　ヒストンとクロマチン

　これまで、染色体を構成するのは DNA と説明してきた（☞ 2·1 節）。しかし、真核生物において DNA は核の中で「裸」で存在しているのではなく、**ヒストン**とよばれるタンパク質複合体が巻き付いた状態になっている（図 2·8a）。ヒストンは八つのタンパク質（H2A、H2B、H3、H4 がそれぞれ二つ）の複合体で、塩基性に富んでおり、正の電荷をもつため、負の電荷をもつ DNA と結合しやすい。一つのヒストンには DNA 鎖がおよそ 3.5 回分巻きついている。このような構造を**ヌクレオソーム**とよぶ。ヌクレオソームが数珠つなぎのように連なり、さらにらせん構造をとり、凝集されたものが**クロマチン**（クロマチン構造、クロマチン繊維ともいう）とよぶ。これがさらに折りたたまったものが**染色体**ということになる（図 2·8b）。

　最近の研究では、ヒストンの中のある特定のアミノ酸がメチル化、アセチル化、リン酸化などの修飾をうけ、これにより DNA とヒストンの結合状態が変わることがわかっている。

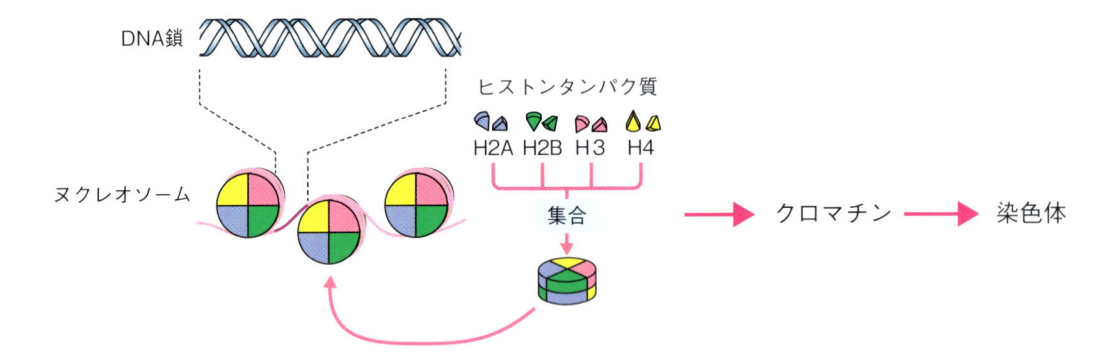

図 2·8　ヌクレオソームとクロマチン
　DNA 鎖にヒストンタンパク質が巻き付き、これがヌクレオソーム構造である。これがらせん構造をとりクロマチンとなり、さらに凝集したものが染色体である。

❤ 2·5　遺伝子の発現制御

　同じ個体を構成する細胞に含まれる遺伝情報は、どの細胞もすべて同じである（免疫細胞など、一部を除く）。ヒトがもつ約 2 万個の遺伝子もまた、すべての細胞に含まれている。これらの遺伝子すべてがいつも転写されているかというと、そうではない（図 2·9）。まず、一つの細胞がもつ遺伝情報は、その細胞

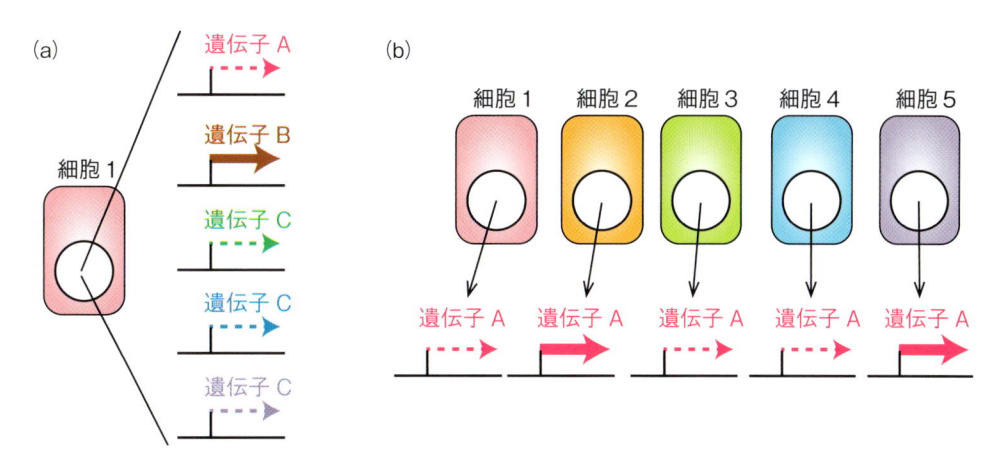

図 2·9　転写制御の意義
(a) 一つの細胞に着目すると、必要な遺伝子だけが転写されており（太線）、ほかの遺伝子は転写されていない（細破線）。
(b) 一つの遺伝子に着目すると、ある細胞では転写されているが、別の細胞では転写されていない。このような制御が細胞の種類の違いを生み出す。

を作り出すための情報だけでなく、その個体を作り出すために必要なすべての情報である。一方、体にはいろいろな種類の細胞がある。筋肉の細胞もあれば神経の細胞もあるし、ホルモンを分泌する細胞もある。ところが、筋肉の細胞で、神経に関わるような遺伝子は発現する必要がない。つまり、同じ細胞の中でも発現する遺伝子と発現しない遺伝子があるし、逆に一つの遺伝子に着目すると、ある細胞では発現しているけれど別の細胞では発現しない、といったことが起こる（12·4 節も参照）。

　ここで、具体的な**転写制御**の仕組みを説明する。まず、転写調節に関わる重要な要素は、遺伝子の外に位置する**エンハンサー**とよばれる DNA 配列である（図 2·10a）。この配列には、**転写調節因子**（あるいは単に転写因子ともよばれる）が結合する。すると、**介在タンパク質**を介して[*2-2] プロモーターに**基本転写因子**が結合することをうながし、結果として転写の活性化につながる（図 2·10b）。対応するエンハンサーが遺伝子の近くに存在しない場合や、細胞に転写調節因子がない場合は、遺伝子の転写は促進されない。これが図 2·9 で説明した、同じ細胞の中で遺伝子が発現したりしなかったり、あるいは細胞が違うと同じ遺伝子が発現したりしなかったりすることにつながる。

　以上のように、細胞の違いが生み出されるのは、エンハンサーによる遺伝子の発現制御が、細胞ごと、遺伝子ごとに異なることによる。

[*2-2]　介在タンパク質を介さず、転写調節因子と基本転写因子が直接結合する場合もある。

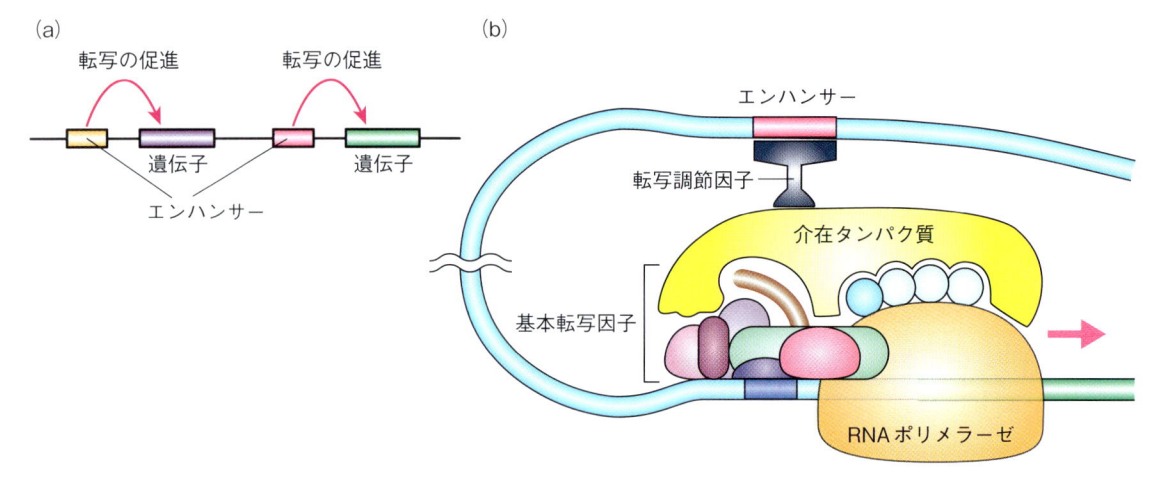

(a)　転写の促進　　転写の促進

遺伝子　　　遺伝子

エンハンサー

(b)　エンハンサー

転写調節因子

介在タンパク質

基本転写因子

RNA ポリメラーゼ

図 2·10　転写制御の仕組み
(a) DNA 配列上に存在するエンハンサー。(b) エンハンサーによる転写
の促進。エンハンサーに転写調節因子が結合すると、介在タンパク質を
介して基本転写因子がプロモーターに呼び込まれ、転写が促進される。

2章のまとめ

- 遺伝される形質を担うのが遺伝子である。遺伝子は染色体に含まれる DNA に存在しており、体細胞がもつ、種類の異なる染色体 1 セットをゲノムとよぶ。

- DNA 鎖はヌクレオチドの 5′ 位と 3′ 位が連結し、これが連なってできている。塩基は A、G、C、T の 4 種類があり、この並びの順が遺伝情報となる。DNA 鎖は相補的に結合し、2 本鎖を形成する。

- 2 本鎖 DNA の複製は、1 本ずつ異なる方法で行われる。

- DNA の情報は RNA に写し取られた後、不要な部分の切り出しなどが行われ、核外にあるリボソーム上で RNA の情報をもとに tRNA が仲立ちになってアミノ酸が連結され、タンパク質が作られる。

- DNA はヒストンに巻き付いたヌクレオソーム構造をとり、さらにコンパクトにまとまってクロマチンとなる。

- すべての細胞ですべての遺伝子が発現しているのではなく、必要な遺伝子だけが必要な細胞だけで発現している。これは、エンハンサーが遺伝子によって異なること、そして転写制御因子の有無が細胞によって異なることによる。

3章　タンパク質と代謝

　この章では、体を構成するさまざまなタンパク質、そして代謝の仕組みについて簡単に説明する。高校の生物基礎の1章後半にあたる部分ではあるが、本書の4章以降の説明を理解する助けになるよう、改めて説明したい。

3·1　タンパク質の構造

　2章で説明したように、**タンパク質**は遺伝子の情報をもとに翻訳、つまりアミノ酸が連結されて作り出される。ただ、実際にタンパク質の機能を考える上では**立体構造**が大事である（図3·1）。アミノ酸の並びにより、ヘリックス構造やシート状構造が作り出されることがあり（二次構造という）、さらにはこのような構造、さらには独自の構造が積み上がってタンパク質全体の構造（三次構造という）が作り上げられる。さて、そもそもなぜ立体構造が作られるのだろうか。これは、アミノ酸がもつさまざまな性質に起因する。その一つは**電荷**である。アミノ酸はさまざまな電荷をもつ（表3·1）。正電荷をもつアミノ酸と負電荷をもつアミノ酸は引きつけ合い、逆に同じ電荷をもつもの同士は反発し合う。さらにアミ

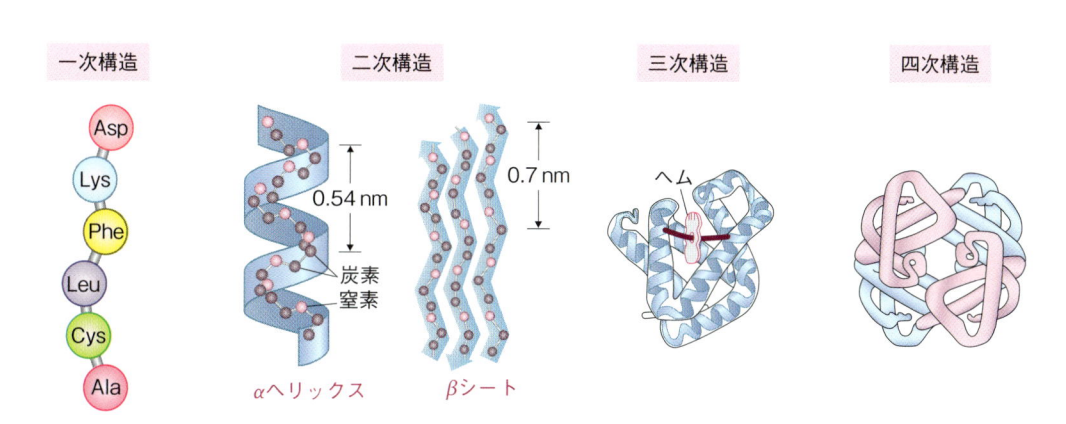

図3·1　タンパク質の立体構造の階層
　一次構造は単純なアミノ酸の並び。二次構造は基本的な立体構造。三次構造は二次構造を含むさまざまな構造を含む、タンパク質全体の構造。四次構造は、複数のタンパク質からなる構造。

表3·1　アミノ酸側鎖がもつ電荷

電荷をもたない側鎖

アラニン（Ala）

バリン（Val）

ロイシン（Leu）

イソロイシン（Ile）

グリシン（Gly）

プロリン（Pro）

システイン（Cys）

メチオニン（Met）

フェニルアラニン（Phe）

チロシン（Tyr）

トリプトファン（Trp）

電荷をもつが中性の側鎖

アスパラギン（Asp）

グルタミン（Gln）

セリン（Ser）

スレオニン（Thr）

塩基性の側鎖（正に帯電）

リシン（Lys）

アルギニン（Arg）

ヒスチジン（His）

酸性の側鎖（負に帯電）

アスパラギン酸（Asp）

グルタミン酸（Glu）

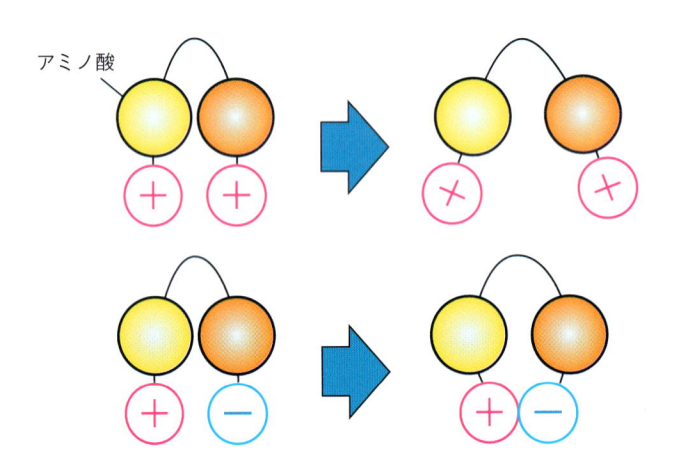

図3·2　アミノ酸の側鎖の電荷と立体構造
　各アミノ酸がどのような電荷をもつかによって、立体構造は大きく変わる。

ノ酸同士を共有結合でつなぐペプチド結合自体は自由度がないが、それ以外の結合についてはある程度自由度があるため、電荷アミノ酸同士の相互作用はタンパク質の立体構造に大きな影響を及ぼす（図3・2）。さらに、タンパク質を構成するアミノ酸は多数あるが、最も安定な立体構造を考える上ではすべての相互作用を考慮する必要があるため、タンパク質全体の立体構造予測は決して簡単ではなく、現在もそれ自身が最先端の研究として行われている。

　以上の相互作用を経て、一つのタンパク質が結果としては比較的安定な立体構造をとるが、さらに複数のタンパク質が会合した場合は、それらを構成するすべての相互作用を考える必要があり、全体として一つの構造として考えることができる。これが四次構造とよばれるものである。

3・2　タンパク質の機能に関する基本知識

　タンパク質の機能を理解する上では、単に立体構造だけでなく、さまざまな観点で捉える必要がある。本書を読み進める上でもこの点は重要なので、以下説明する。

3・2・1　タンパク質の「ドメイン」

　ドメイン（○○配列という場合もある）とは、タンパク質のうち、ある特定の機能をもつ部位を指す（図3・3）。どのような機能をもつドメインかはアミノ酸配列から類推できる場合が多いので、タンパク質にどのようなドメインがあ

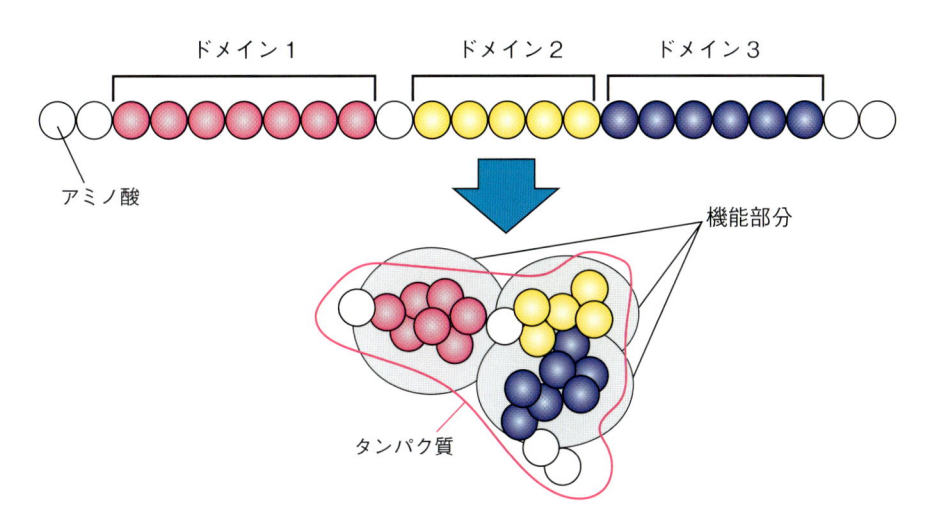

図3・3　タンパク質のドメイン
タンパク質に含まれるそれぞれのドメインが機能を果たす。

るかを知ることは、タンパク質の機能を推定する上で重要である。例えば酵素活性を有するドメイン、DNA に結合するドメインはその一例である。ここでは触れないが、ほかにもさまざまなドメインが知られる。

3·2·2　タンパク質が機能する場所による分類

　タンパク質は当然ながら細胞内外のいろいろな場所で機能し、それに応じて構造も異なる。2章で説明したように、翻訳は核のすぐ外、あるいは細胞質中にあるリボソーム上で行われるが、その後タンパク質は必要とされる場所まで輸送される。その点で特徴的なタンパク質の一つは、細胞膜に埋まって存在する**膜タンパク質**である（図 3·4a）。膜タンパク質には、膜に安定的に存在できるよう膜貫通ドメインが存在する。膜貫通ドメインの配列にははっきりした決まりがないが、多くの場合疎水性のアミノ酸が多く含まれる。膜タンパク質の代表例の一つはチャネルタンパク質である。チャネルは細胞内外をつなぐ「門」の役割、つまりほかの物質の結合などによってチャネルが開閉し、物質の出入りを調節する役割をもつ。もう一つの例は、**受容体タンパク質**である。受容体タンパク質は、細胞外ドメイン、膜貫通ドメイン、細胞内ドメインをもち、細胞外ドメインにほかの物質が結合すると、多くはタンパク質の構造を変化させ、結合したということを細胞内に知らせる[*3-1]。膜タンパク質や細胞の外で機能するタンパク質は、小胞体の一部がカプセルのようになり、この中に閉じ込められる形で運ばれ、細胞膜と結合することで細胞外に分泌されたり膜に埋まったりする。一方、核内や細胞質で働くタンパク質は球状（もちろんそれぞれ形は

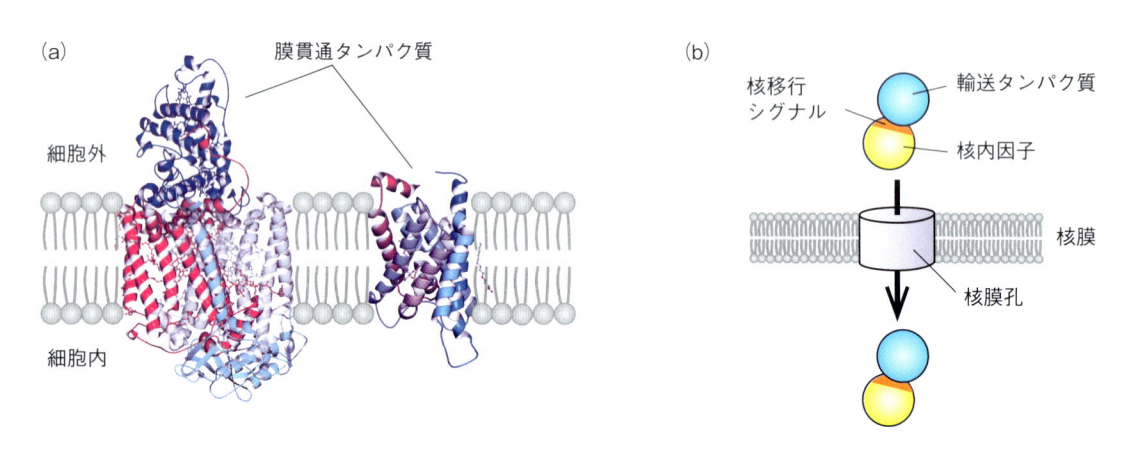

(a)　膜貫通タンパク質
細胞外
細胞内
(b)　核移行シグナル　輸送タンパク質　核内因子　核膜　核膜孔

図 3·4　膜タンパク質と核内因子
(a) さまざまな膜タンパク質。(b) 核内因子の核への移行。核内因子の一部である核移行シグナルに輸送タンパク質が結合すると、核膜孔を通って核内に入ることができる。

[*3-1]　その後のことは 3·4 節で説明する。

あるが）のものが多い。核で働くタンパク質は**核移行シグナル**という配列（ドメインの一つ）をもち、これに**輸送タンパク質**が結合することで核へと運ばれる（図3・4b）。ほかにも、膜には埋まらないが膜付近で働くタンパク質、細胞小器官で働くタンパク質なども、その場所に運ばれて機能を発揮する。話が前後するが、1・2節で出てきた細胞骨格や細胞外マトリックスの一部もタンパク質であり、タンパク質が集まることで繊維状の構造を作り出している。

さまざまな膜タンパク質

膜タンパク質については、この後もいろいろな例が出てくるので、少し詳しく説明する。

① 受容体：3・2・2項で説明したように、受容体は細胞外の物質と結合するが、どの物質と結合するかは厳密に決められている。そのため、受容体はそれぞれの物質に対応する専用のものが準備されている。受容体と結合する物質を**リガンド**という。リガンドがどこからやってくるかでも区分することが可能で、隣の細胞からやってくるリガンドもあれば、体の逆側からやってくるリガンドもある。後者の代表例はホルモンである（☞ 10章）。受容体にはさまざまな種類がある。その一つは GPCR（G タンパク質共役型受容体）である。GPCR のリガンドはにおい物質や味物質である。つまり、嗅覚や味覚における受容器として重要な役割を果たす（11・3節も参照）。

② チャネル：チャネルタンパク質の代表例は、神経伝達に関わるナトリウムチャネルである。ナトリウムチャネルにはいくつかの種類がある。一つは電位依存性チャネルである（☞ 11・1・2項）。これは、膜電位が上昇するとチャネルが開いてナトリウムイオンが通過できるチャネルである。また、神経伝達物質が結合すると開くナトリウムチャネルも存在する。

③ ポンプ：ポンプは、ATP を用い、能動輸送（通常、物質は濃度の高い方から低い方に移動するが、濃度の低い方から高い方、つまり逆に物質を輸送すること）を担う膜タンパク質である。これも神経伝達（☞ 11・1節）に関係することとしては、細胞外にナトリウムを汲み出し、細胞内にカリウムを汲み入れる働きをもつナトリウム・カリウムポンプが代表例の一つである。

3・2・3　タンパク質の修飾

タンパク質が生体内で機能する際、そのままで機能を発揮するものだけでなく、アミノ酸にさまざまな修飾がほどこされることによって機能を発揮するものも多い。例えば、細胞の外にあるホルモン（☞ 10章）がやってきたとき、その情報は細胞内のタンパク質に伝えられるが、その情報の実体の一つはタンパク質の「リン酸化」である（図3・5）。情報伝達に関わるタンパク質のアミノ酸のいくつかがリン酸化されると、そのタンパク質の機能が活性化され、別のタンパク質の機能を活性化する。ちなみに、タンパク質をリン酸化する酵素もタ

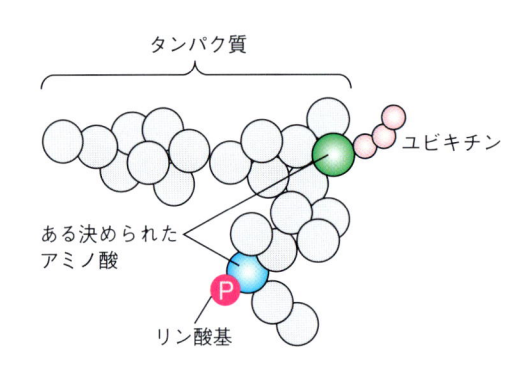

タンパク質

ユビキチン

ある決められた
アミノ酸

リン酸基

図3·5　タンパク質の修飾
タンパク質の、ある決められたアミノ酸に
リン酸基が結合したり、ユビキチンが結合
したりする。

ンパク質である。タンパク質のリン酸化をうながすタンパク質のことを（プロテイン）**キナーゼ**とよぶ。

　リン酸化以外にも、ユビキチンという小さいタンパク質が結合して[3-2]タンパク質の機能制御に働くユビキチン化も、タンパク質修飾の一つである（図3·5）。ユビキチン化されたタンパク質は、プロテオソームという細胞小器官によって分解されたり、活性が制御されたりする。

♡ 3·3　タンパク質の実例①：酵　素

　タンパク質といえば、筋肉を連想する人も多いだろう。確かに、骨格筋の重要な構成成分であるアクチンやミオシンはタンパク質の一つである。また、軟骨に含まれるコラーゲンや血液に含まれるアルブミンもタンパク質である。これらのように、タンパク質は体を構成する成分として重要であるが、それ以外の働きをもつものもたくさんある。**酵素**もその一つである。すでに高校で学習していると思うが、反応するもとになる物質は**基質**とよばれ、酵素によって生み出される物質は（**反応**）**生成物**とよばれる。酵素はさまざまな化学反応を触媒し、基質から生成物を生み出すタンパク質であり、そのポイントは、特定の基質だけに結合してほかの基質には作用しないこと（**基質特異性**）と、特定の化学反応だけをひき起こし、それ以外の反応は起こさないこと（**反応特異性**）である（図3·6）。

　さて、反応を進めるときには何が起こるのだろう。まず酵素はある決まった基質と結合する。すると、基質の形が変化する。その中には変形だけでなく切断や、複数の基質の結合なども含まれる。こうしたことが、酵素と基質との結合により促進されるのである。このような結合部位は**活性部位**とよばれ、酵素が反応するために不可欠な部分である。これは、立体構造をほどいて一次構造として見ると、ドメインと捉えることもできる。

＊ 3-2　しばしば連なって結合する。

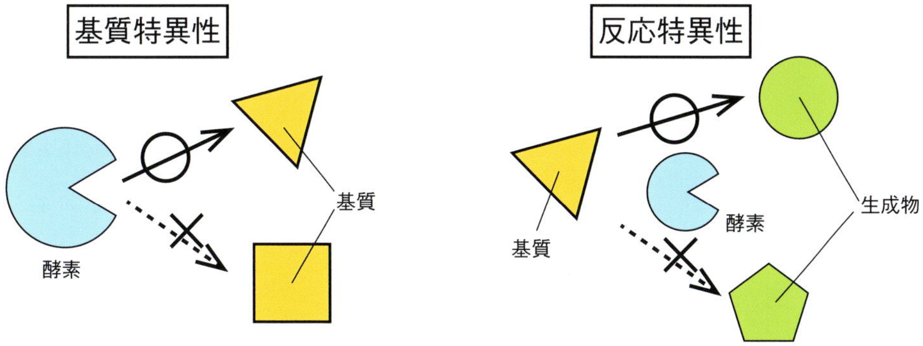

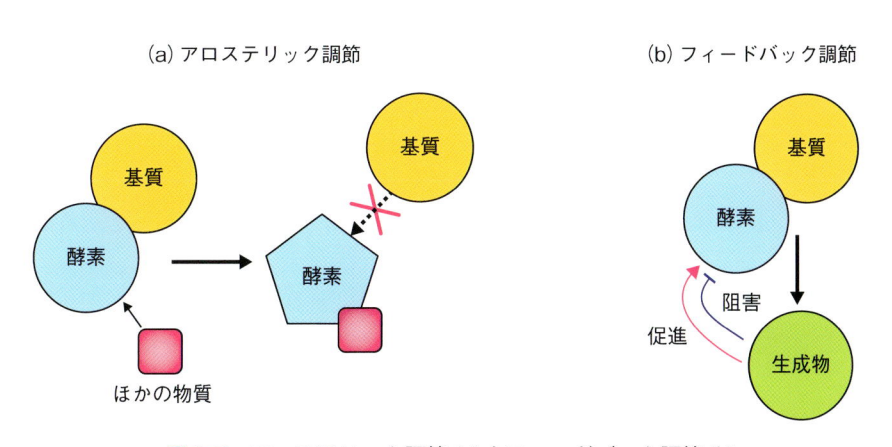

図 3・6　基質特異性と反応特異性
基質特異性（左）は、決められた基質と結合するが、それ以外の基質とは結合
しない性質。反応特異性（右）は、決められた反応だけが起こり、結果として
生じる生成物も決められたものだけであるという性質。

3 章
タンパク質と代謝

　さて、酵素の触媒活性（酵素活性）の強さはいつも同じかというと、さまざ
まな状況で変化する。温度による変化もあれば、pH、基質の濃度など、さまざ
まな要因がある。また、**活性部位**に基質とは異なる物質が結合すると、本来の
基質が結合できないため、結果として酵素活性が失われる。さらには、活性部
位とは別の場所に、基質とは異なる分子（**エフェクター分子**とよばれる）が結
合する場所があり、それがくっついたり離れたりすることで酵素活性を変化さ
せるものもある。このような酵素は**アロステリック酵素**とよばれる（図 3・7a）。
エフェクター分子の中には、基質が変化した生成物である場合がある。つまり、
酵素反応によって生じた物質そのものが酵素活性を調節するということである。
このような調節を**フィードバック調節**という。フィードバック調節には正の調
節と負の調節があり（図 3・7b）、特に負のフィードバック調節は、酵素の過度な
反応を抑制するという点で重要な仕組みである。

（a）アロステリック調節　　　　　　　　（b）フィードバック調節

基質

酵素

酵素

ほかの物質

基質

酵素

阻害

促進

生成物

図 3・7　アロステリック調節 (a) とフィードバック調節 (b)

💗 3·4　タンパク質の実例②：細胞内シグナル伝達に関わるタンパク質

　タンパク質の重要な働きとしてもう一つ、**細胞内シグナル伝達**のことにもふれる。細胞は、外からの刺激（例えば、10 章で触れるホルモンも外からの刺激の一つである）を受け取ると、その情報を細胞内に伝え、適切な応答をする必要がある。例えば遺伝子の転写も、2·5 節で説明したようにいつも転写が起きているのではなく、細胞外の環境の変化ではじめて促される場合も多い。しかし、染色体は核の中にあり、細胞膜からはそれなりの距離がある。そこで、細胞膜に埋まっている受容体に細胞外の物質が結合したとき、まずは受容体の近くに存在する、細胞内のタンパク質を活性化させる。活性化の代表例は<u>タンパク質のリン酸化</u>である（☞ 3·2·3 項）。リン酸化されたタンパク質がほかのタンパク質の活性化を促すということが連鎖的に起こり、その一つが核の中に入って、遺伝子の転写を促進する（図 3·8）。これが細胞内シグナル伝達の一つである。もちろん、ほかにも細胞内の機能タンパク質を変化させたり酵素活性を高めるといった細胞のさまざまな応答にシグナル伝達機構が関わっている。

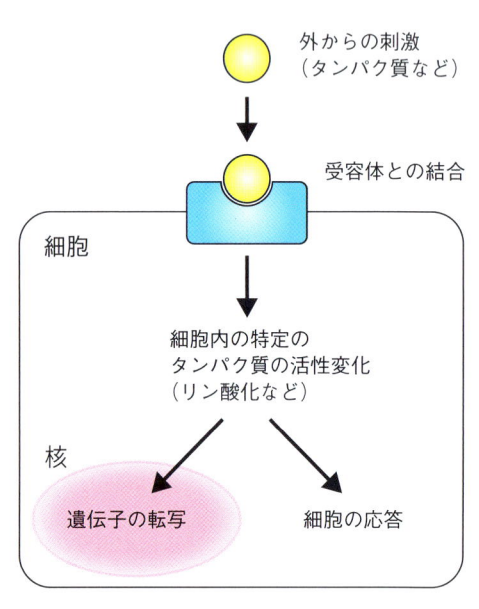

図 3·8　細胞内シグナル伝達

💗 3·5　代謝①：細胞呼吸による ATP の合成

　次に、タンパク質が関わる生命活動の代表例の一つである代謝について説明する。

　われわれはおなかがすくとご飯を食べる。また、一生ずっと空気を吸い続ける。われわれはごはんや空気から何を得るのだろう。体の構成要素を作り出すのはもちろんだが、生命活動を営むためにはエネルギーも必要で、われわれはそのエネルギーを食物と酸素から得ている。作り出すエネルギーの主役は**アデノシ**

ン三リン酸（ATP）である（図 3·9a）。これがほかのさまざまな反応を進めることに役立つ。例えばミオシンが変形してアクチン上を滑り、筋肉を収縮させることにも ATP が必要だし、濃度勾配に逆らってイオンや物質を輸送する（**能動輸送**という）ときにも ATP が使われる。ATP を生み出すのは**細胞呼吸**（単に呼吸ともいうが、肺呼吸と区別するためここでは細胞呼吸とする）である。細胞呼吸は異化の一つである。異化は大きい分子から小さい分子を作り出すことを指すが、異化は単なる分解ではなく、分解の際にエネルギーの取り出しを伴う場合が多い。

　細胞呼吸の場合、もとになるのはグルコースである。簡単にいうと、グルコースが分解されて作られた物質を使い ATP が合成されるのだが、それについてもう少し詳しく説明する。細胞呼吸は**ミトコンドリア**で行われる（☞ 1·1 節）。ミトコンドリアには外膜と内膜があり、内膜の中はマトリックス、内膜と外膜の間は膜間部という。ただし、ひだの奥の方はクリステという（図 3·9b）。

　まず、細胞呼吸の最初の過程は**解糖**である。これはグルコースがピルビン酸に分解される過程である。解糖により、グルコース 1 分子からピルビン酸が 2 分子、あとは ATP が 2 分子、NADPH が 2 分子できる。解糖はミトコンドリアの外で行われ、ピルビン酸はミトコンドリアの外膜と内膜を通過してマトリックスに移動する（図 3·9c）。

　マトリックスでは、まずピルビン酸がアセチル CoA となる（このとき、2 分子のピルビン酸から二酸化炭素が 2 分子放出され、また NADPH が 2 分子できる）。次に、ほかの物質（後述）と結合してクエン酸になった後、さまざまな中間産物に変化して最後に上記の「ほかの物質」になり、アセチル CoA と結合して再びクエン酸となる。このぐるぐる回る一連の化学反応を**クエン酸回路**という（TCA 回路ともいう）（図 3·9d）。一周回ってくる間に何が起きているかというと、まず ATP が作られる。また、二酸化炭素も生み出される。そして一番重要なのが、NAD 分子から NADH 分子が、FAD 分子から $FADH_2$ 分子が作り出される点である。数の話をすると、1 分子のアセチル CoA から ATP が 1 分子[3-3]、NADH は 3 分子、$FADH_2$ は 1 分子、そして二酸化炭素が 2 分子作られる（グルコース 1 分子からアセチル CoA は 2 分子できるので、グルコース 1 分子から考えればそれぞれ倍になる）。

　さて、解糖、クエン酸回路で生み出された ATP は 4 分子である。しかし、それ以外に合成される NADH と $FADH_2$ はどのように利用されるのだろう。これ

＊ 3-3　実際には GTP が合成され、それが ATP に変換される。

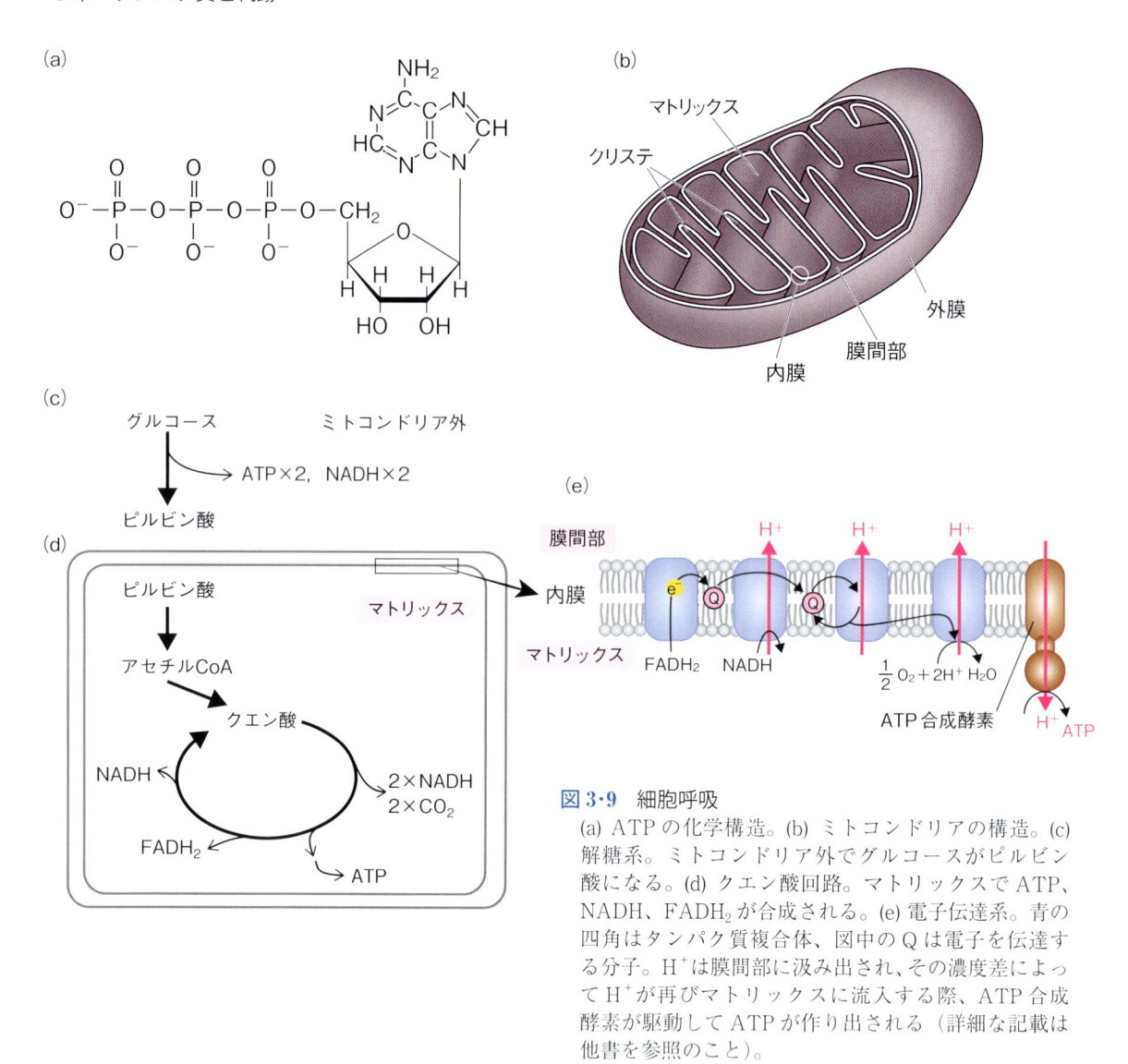

図 3・9　細胞呼吸
(a) ATP の化学構造。(b) ミトコンドリアの構造。(c) 解糖系。ミトコンドリア外でグルコースがピルビン酸になる。(d) クエン酸回路。マトリックスで ATP、NADH、FADH₂ が合成される。(e) 電子伝達系。青の四角はタンパク質複合体、図中の Q は電子を伝達する分子。H⁺ は膜間部に汲み出され、その濃度差によって H⁺ が再びマトリックスに流入する際、ATP 合成酵素が駆動して ATP が作り出される（詳細な記載は他書を参照のこと）。

らの物質は**電子伝達系**で使われる（図 3・9e）。電子伝達系はいくつかのタンパク質複合体から構成されていて、これらがミトコンドリア内膜に組み込まれている。ここでは、先ほど作られた NADH や FADH₂ から電子と水素イオンが取り出される（図 3・9e）。電子は複合体内を移動し、酸素と水素イオンに取り込まれ水となる。一方、生み出された多くの水素イオンは、複合体のところから内膜の外側に汲み出される。この水素イオンが ATP 合成に重要となる。内膜の外側で高く、内側で低いという水素イオン濃度の違いに従い、外から中に水素イオンは再流入しようとする。この流入の力が ATP 合成酵素を駆動する。**ATP 合成酵素**は内膜に埋まって存在する膜タンパク質で、モーターや発電機のような

形をしており、水素イオンが通過するとき、軸のような構造が回転して ADP から ATP を産生するとされている。

　以上が細胞呼吸の全容である。1 分子のグルコースから ATP は結局何分子できるかであるが、これは実は簡単ではない。解糖系とクエン酸回路で合成される 4 分子ははっきりしているが、電子伝達系の ATP 合成酵素で作られる ATP の数は、水素イオンがどれだけ内膜の外から中に流入されるかによるため、グルコース 1 分子の分解に対してどれだけ、とははっきり言えない。化学式を無理に作ると

$$C_6H_{12}O_6 + 6\,O_2 + 10\,NAD + 2\,FAD + 約32ADP + 14\,H \rightarrow$$
$$6\,CO_2 + 6\,H_2O + 10\,NADH + 2\,FADH_2 + 約32\,ATP$$

という、なんだかすっきりしない式になる[3-4]。

　改めて、ここで細胞呼吸をまとめる。①解糖系とクエン酸回路により NADPH と $FADH_2$ が作られる（このとき二酸化炭素ができる）。②これらは電子伝達系で分解され水素イオンを生み（このとき酸素が使われる）、ミトコンドリア内膜の外に汲み出される。③ミトコンドリア内膜外（膜間部）で水素イオン濃度が上昇し、この濃度差を解消するため水素イオンはミトコンドリアの中に再度流れ込もうとする。④この流れ込みの力で ATP 合成酵素は ATP を作り出す。きわめて単純化した説明であるが、ここではグルコースから ATP がどのように作られるか、その流れが理解できればよいと考える。本書では詳細な反応過程は省略するが、大学教養課程のほかの教科書には記載があるので詳しく知りたい方は参照してほしい。

💟 3・6　代謝②：脂質・タンパク質の代謝

　動物で用いられる栄養は、なにも炭水化物だけではない。脂質（脂肪）やタンパク質は、単に体を作り出すためだけでなく、もちろん栄養としても用いられる。そのためには、脂質もタンパク質も分解される必要がある。

　まず**脂質**については、グリセロールと脂肪酸に分解された後、前者はさらに分解されて解糖系に取り込まれる。一方、脂肪酸は分解されてアセチル CoA（☞ 3・5 節）となり、クエン酸回路に入る。また、アセチル CoA になる過程では NADH や $FADH_2$ も合成され、これは電子伝達系に用いられる。**タンパク質**も

＊ 3-4　教科書によってはグルコース 1 分子で最大 38 個の ATP が作り出せるとするものもあり、細胞によってもさまざまであるので、大まかな数字として捉えてほしい。

発　酵

解糖系で糖がピルビン酸まで分解された後、クエン酸回路と電子伝達系によってATPを取り出すのは前述のとおり細胞呼吸であるが、クエン酸回路・電子伝達系ではない経路をもつ生物がいる。この経路は**発酵**とよばれる。その一つである**乳酸発酵**では、ピルビン酸から乳酸が作られる。実はピルビン酸から乳酸に変化する間にATPは作られず、むしろ解糖系で作られるNADHが消費される。ではこの経路にどのような意味があるか

というと、NADHの消費によりNADH量を減らすことで、化学平衡的に糖からピルビン酸合成を進めることができ[*]、結果としてATPの産生量が増える。発酵はほかにも、**アルコール発酵**が知られる。乳酸発酵はヨーグルトやチーズを、アルコール発酵はお酒の製造として利用される。

[*]　A→B＋Cという反応があった場合、反応系にB、Cが大量に存在すると、反応速度が遅くなる。逆に、BやCの量が少ないと反応が進みやすくなる。

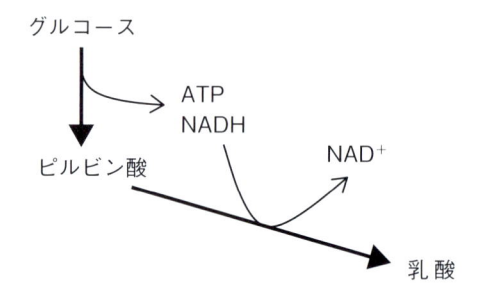

コラム図3・1　乳酸発酵の経路

また、アミノ酸に分解された後、ピルビン酸やアセチルCoAなどに変換されてクエン酸回路に使われる。このように、脂質やタンパク質も分解・変化して細胞呼吸の基質として利用され、結果としてATP合成に関わるのである。

3・7　代謝③：光合成による炭水化物の合成

光合成は動物の個体の維持に直接関わらないが、動物の栄養源にもなっている植物が個体を維持するために光合成は必須である。ここで改めて、植物は光合成で何を作り出しているかを確認したい。炭水化物を合成する、酸素を合成する、あるいはATPを合成していると考える人がいるかもしれない。これらはすべて正しいが、最も作り出したいものとそれ以外のものが混在している。光合成で最も作り出したいものは**炭水化物（糖）**である。ATPは、糖を作り出すために必要なものとして合成しているが、細胞呼吸と異なり、これはあくまで手段である（細胞呼吸におけるATP合成は目的）。さらに、酸素は目的でも手

段でもなく結果的に生じるものである。光合成のように、代謝において簡単な構造の分子から複雑な分子を合成することを**同化**という（この逆を異化という）。

　さて、光合成についても簡単に概要を説明する（図3・10）。光合成の場は**葉緑体**である。葉緑体の中にあるチラコイド膜は、ミトコンドリアの内膜と似ている。何が似ているかというと、ミトコンドリア内膜に存在する、電子伝達系のタンパク質複合体と似たものがチラコイド膜にも存在する（光化学系という）。そこで何をするかというと、ATPを合成している。前節を読み進めてきた方であれば、何が似ているか、すぐに理解できるだろう。

　チラコイド膜に存在する光化学系に光があたると、そこに含まれる色素分子が励起される。簡単にいうと、色素分子に含まれる電子が活性化状態になる。次に、光化学系の中で水から電子が引き抜かれ、水素イオンが作られるとともに酸素が副次的に発生する。引き抜かれた電子は光化学系の中で受け渡しが起こり、最終的には $NADP^+$ から $NADPH$ が作られる。次に、チラコイド内腔にたまった水素イオンが細胞呼吸と同様、外に汲み出される。このときチラコイド膜にある ATP 合成酵素により ATP が合成される。面白いことに、呼吸ではいったん外に出た水素イオンが再び中に入る時の駆動力で ATP が合成されるが、光合成では水素イオンが外に出る駆動力で ATP が作り出される。つまり逆である。以上一連の反応を**明反応**とよぶ。

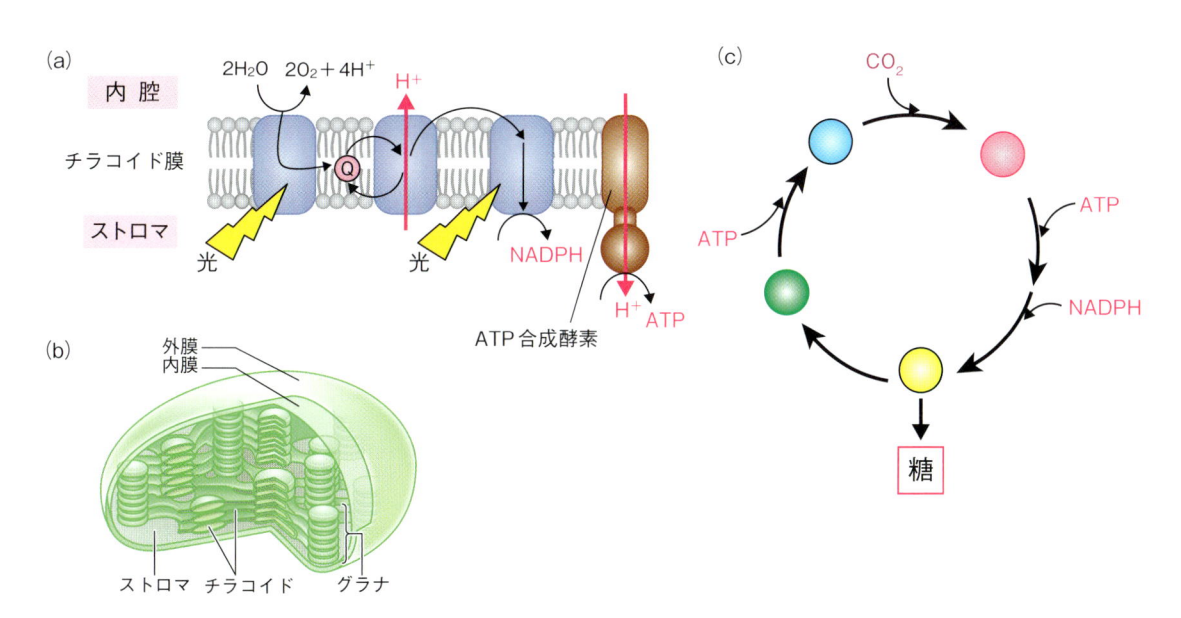

図3・10　光合成
(a) 光化学系における ATP、NADPH の合成。チラコイド膜に存在する。(b) 葉緑体の構造。(c) ATP、NADPH を利用した、デンプン、スクロースの合成経路（カルビン・ベンソン回路）。いくつかの色の丸は、代謝途中の炭水化物を示す。青丸はリブロース 1,5-ビスリン酸。

　　さて、この ATP は体のエネルギーとして使われるのではなく、葉緑体での糖の合成に使われる。糖の合成は**カルビン・ベンソン回路**で行われる（図 3.10b）。これも簡単にいうと、最初に用意された炭水化物（リブロース 1,5- ビスリン酸）に二酸化炭素を取り込み、光化学系で作られた ATP や NADPH を使うことで反応を進めて糖を作り出す。一部の構造はさらなる反応でまたリブロース 1,5- ビスリン酸となり、最初に戻る。以上一連の反応は、光がなくても反応が進むので**暗反応**とよばれる。

3章のまとめ

- タンパク質は立体構造をとる。この構造は、アミノ酸の電荷と密接な関係がある。タンパク質のうち、機能を担うタンパク質の部分をドメインという。

- タンパク質は機能する場所により、構造の特徴がある。また、リン酸化などさまざまな修飾を受ける。

- 化学反応を触媒するタンパク質を酵素という。酵素の特徴は基質特異性と反応特異性である。

- タンパク質は、細胞の中で情報を伝達する因子としても働く。

- 細胞呼吸はミトコンドリアで行われ、解糖系・クエン酸回路・電子伝達系を経てグルコースから ATP が合成される。脂質やタンパク質も分解後に解糖系やクエン酸回路に入り、ATP 合成に寄与する。

- 光合成は葉緑体で行われる。光化学系で ATP や NADPH が合成され、これを利用してカルビン・ベンソン回路で糖が合成される。

第Ⅱ部
人間を知る

4章　体の構造と機能の基礎
5章　消化器系
6章　呼吸器系・循環器系
7章　泌尿器系
8章　筋肉・骨格系
9章　免疫系
10章　内分泌系
11章　神経と感覚器
12章　生殖と発生

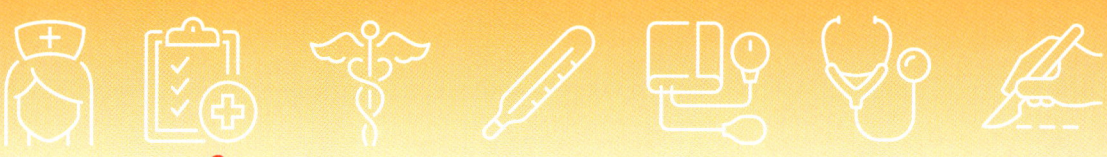

4章　体の構造と機能の基礎

　わたしたちの体は単なる細胞の集合体ではない。200種類以上あるといわれている細胞それぞれが個々に働く場合もあるが、集団でまとまった機能を果たすことも多い。「組織」は生物において特定の機能をもつ細胞集団のことを指すが、ある共通の目的をもつ人間の集団にも「組織」という言葉が充てられているように、協調して役割を果たすことは大きな集団（生物でいうと個体）を維持するために重要である。

　この章では、体の構造がどのような階層によって構築されていて、どのように機能するかについて説明する。後半では、そのような個体が生体機能を維持するとはどのようなことか、いくつかの観点から概説する。

4·1　体の構築と階層性

　動物の個体が多くの細胞で成り立つことは知っていると思うが、川の石のように、一つ一つの**細胞**がバラバラに集合しているのではない。細胞の集団が一つのまとまった機能を発揮するため、細胞は一定の法則に基づいて配置され、**組織**を構成している（図4·1）。また複数の組織が集まって**器官**を構成し、一定の機能を果たす。さらに、複数の器官は協調的に働く**器官系**を構成する。これもよくおわかりだと思うが、器官系にはさまざまな種類がある。消化器系、呼吸器系、循環器系、泌尿器系、免疫系、内分泌系、神経系、筋肉系、骨格系、生殖系といったものである。ここで重要な点は、一つの器官は必ずしも一つの

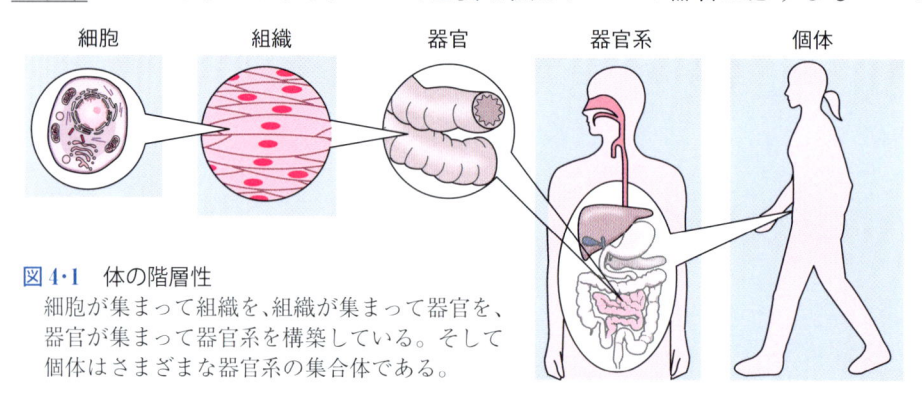

細胞	組織	器官	器官系	個体

図4·1　体の階層性
細胞が集まって組織を、組織が集まって器官を、
器官が集まって器官系を構築している。そして
個体はさまざまな器官系の集合体である。

器官系に属するのではなく、複数の器官系に属するという点である。そして、これらが集まって一つの**個体**を構築する。このように、個体は細胞の集合体ではあるが、いくつかの階層を準備することによって、より大きな、そしてまとまった機能を果たすことができる。

　次に、細胞の一つ上の階層である組織について少し詳しく説明していく。

4・2　組　織

　すでに述べたように、いくつかの種類の細胞が集団を形成して機能を果たす単位は**組織**とよばれる。動物の組織にはいくつかの種類があるが、大まかには①上皮組織、②結合組織、③神経組織、④筋肉組織（筋組織）の4つに分類できる（図4・2）。神経、筋肉は別の章で説明するので、この章では上皮組織と結合組織について詳しく見ていきたい。

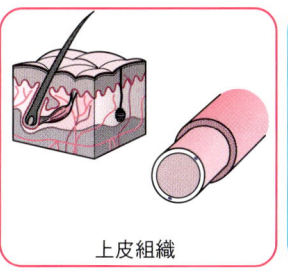
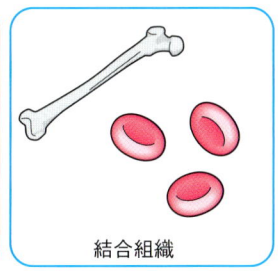
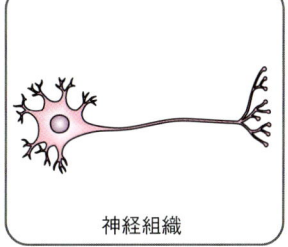
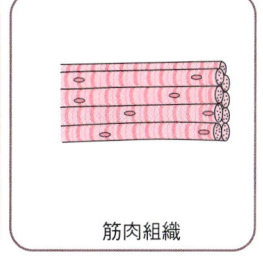

上皮組織　　　　　　　結合組織　　　　　　　神経組織　　　　　　　筋肉組織

図 4・2　体を構成する四つの組織
　皮膚などの上皮組織、骨や血、またさまざまな組織をつなぎ止める結合組織、そして神経組織、筋肉組織がある。

組織を見分けるための方法

　組織の話を進める前に、組織の観察方法について少し触れておく。図4・3で組織の写真を示すが、少し違和感を感じる人はいないだろうか。そう、組織が紫やピンクの色をしている。まさか、われわれの体がこのような色をしている、と思う人はいないだろう。実際に組織を観察するには非常に薄い膜の状態（組織切片という）にしないと顕微鏡観察ができない。ところが、通常数 µm の厚みまで薄くスライスすると、組織は透明度が高く、今度は細胞のさまざまな構造を見ることが難しくなる。そこで観察を容易にするため、組織切片は通常いろいろな色素で着色される。最もよく使われる組織染色は**ヘマトキシリン・エオシン（HE）染色**である。ヘマトキシリンは塩基性の色素で正の電荷を帯びているので、負電荷を帯びている物質、例えば染色体に結合しやすい。つまり、染色体はヘマトキシリンでよく染色される。ほかにも、軟骨基質やリボソームも染色されやすい。一方、エオシンは酸性の色素で、正電荷をもつ物質と結合しやすいため、細胞内の顆粒などがよく染色される。このような染色像は細胞によって異なるので、組織の判定にこれまでよく用いられてきた。そのほかにも、ニューロンを染める**ゴルジ染色**、血球を染める**ギムザ染色**、コラーゲンを染色する**アザン染色**、硬骨を染める**アリザリン染色**など、さまざまな染色法がある。さらには、着目するタンパク質に特異的に反応する抗体を用いた**免疫染色法**（13・4・2項）や、特定の mRNA だけを染色する *in situ* **ハイブリダイゼーション法**がある。

4·2·1　上 皮 組 織

　上皮組織は、<u>単層上皮</u>と<u>重層上皮</u>に分けることができる（図 4·3）。**単層上皮**はその名のとおり、一層の細胞で作られている組織を指す。単層上皮はさらに<u>単層扁平上皮</u>や<u>単層円柱上皮</u>などに分けることができる（図 4·3a、b）。

　単層扁平上皮（図 4·3a）は、平べったい細胞が並んでできている上皮組織で、その代表例は毛細血管と肺胞である。この両者に共通することは何か。それは、栄養やガスを通過させる必要がある点である。例えば毛細血管では、血管の中に血液が、血管の外には組織液があり、血液中の栄養分や酸素を効率よく組織

単層扁平上皮

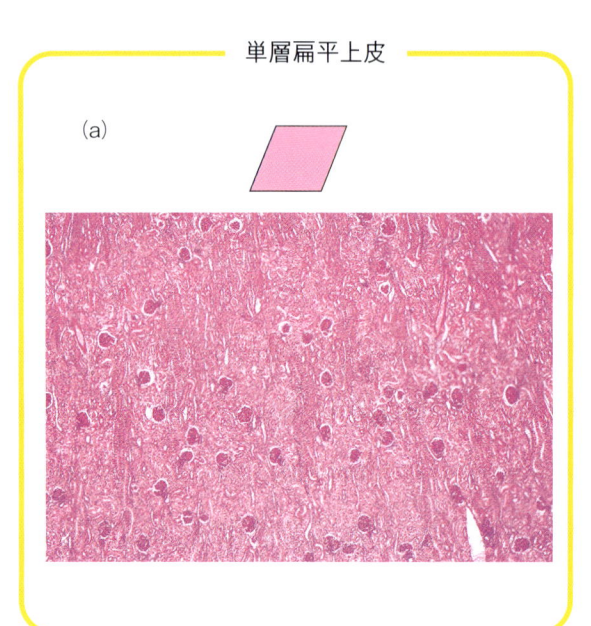

(a)

単層円柱上皮

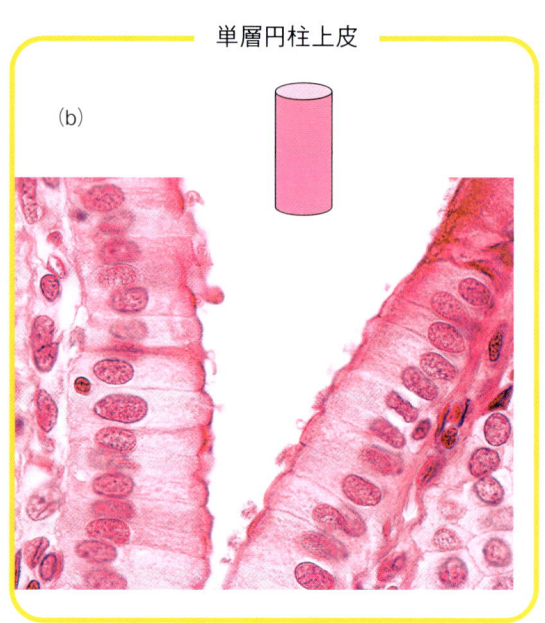

(b)

重層扁平上皮

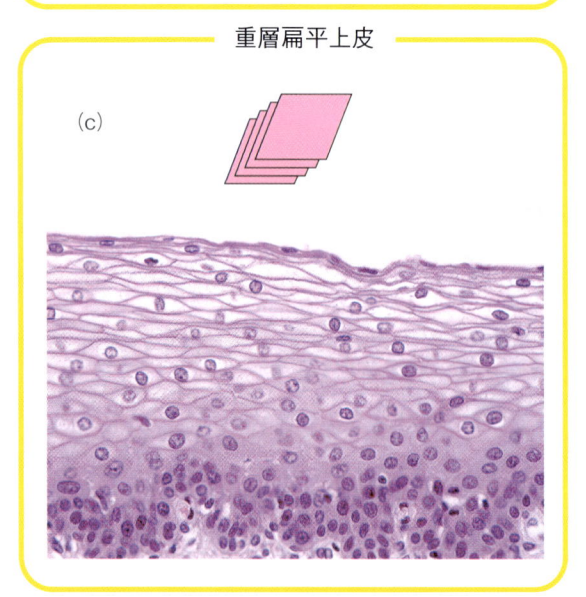

(c)

図 4·3　上皮細胞の分類
　毛細血管や肺胞を構成する単層扁平上皮 (a)、小腸壁を構成する単層円柱上皮 (b)、皮膚を構成する重層扁平上皮 (c) などがある。

液（そして細胞）に受け渡す必要がある。もし毛細血管の壁が分厚いとどうなるだろう。当然効率よく受け渡すことができない。そこで、重層ではなく厚みの小さい細胞で組織を構成している。

一方、**単層円柱上皮**（図 4・3b）は小腸など消化管で見られる。小腸も摂取した栄養分を吸収する必要があり、その点では重層上皮よりは単層上皮の方がよい。しかし、もし小腸がペラペラの一層だけの細胞でできていたら、あっという間に破れてしまうだろう。また、吸収した栄養を血管やリンパ管に移動させるための時間は、毛細血管や肺胞よりは猶予がある。そのため、少し厚みがある細胞で構成される円柱上皮の方が目的にあっている。なお、単層上皮には、ボーマン嚢や細気管支などで見られる、扁平上皮と円柱上皮の中間の細胞形状をとる**立方上皮**も存在する。

重層上皮の典型例は皮膚（**重層扁平上皮**（図 4・3c））である。重層化しているメリットはおわかりのように、個体の保護である。例えば外からの力（すりむいたり切ったり）に対抗したり、病原体の侵入、熱からの保護、さらには乾燥にも耐える必要がある。手のひらを触りながら、皮膚の頑強性を実感してほしい。重層扁平上皮はほかにも、口腔、食道、肛門などで見られる。いずれも強度が必要な組織であると言える。重層円柱上皮は目の結膜など、ごく一部で見られる。

4・2・2　結合組織①：疎性結合組織・密性結合組織・脂肪組織

結合組織はきわめて多くの種類があるが、共通する特徴がある。それは、組織に細胞外マトリックスを多く含んでいる点である。結合組織を構成する要素は、繊維・基質と細胞に分けられる。結合組織を構成する繊維は主に三つある。一つは**コラーゲン繊維**（膠原繊維）である。コラーゲンの繊維は、組織に強度や若干の柔らかさを与えるが、弾力性は少ない。一方、**エラスチン**というタンパク質でできた**弾性繊維**は、弾力性に富んでいる。皮膚（の下）のパツンとした感じはこの弾性繊維に起因する。さらに、細い繊維が網目状になってできている**細網繊維**は、組織と結合組織をつなぎ止める役割を果たす。基質もまた**細胞外マトリックス**であるが、構成要素は主に**プロテオグリカン**や**グリコサミノグリカン**など、糖タンパク質が多い。

ここで、結合組織の種類について順番に説明していく（図 4・4）。まずは疎性結合組織と密性結合組織について（図 4・4a、b）。**疎性結合組織**は体の多くの部分を占める。細胞（特に繊維芽細胞）、繊維、基質がほぼ同じ程度存在しており、上皮、血管、神経など多くの体内構造を支える。疎性という名のとおり密度が低く、したがって組織は柔らかい。一方、**密性結合組織**はコラーゲン繊維が多

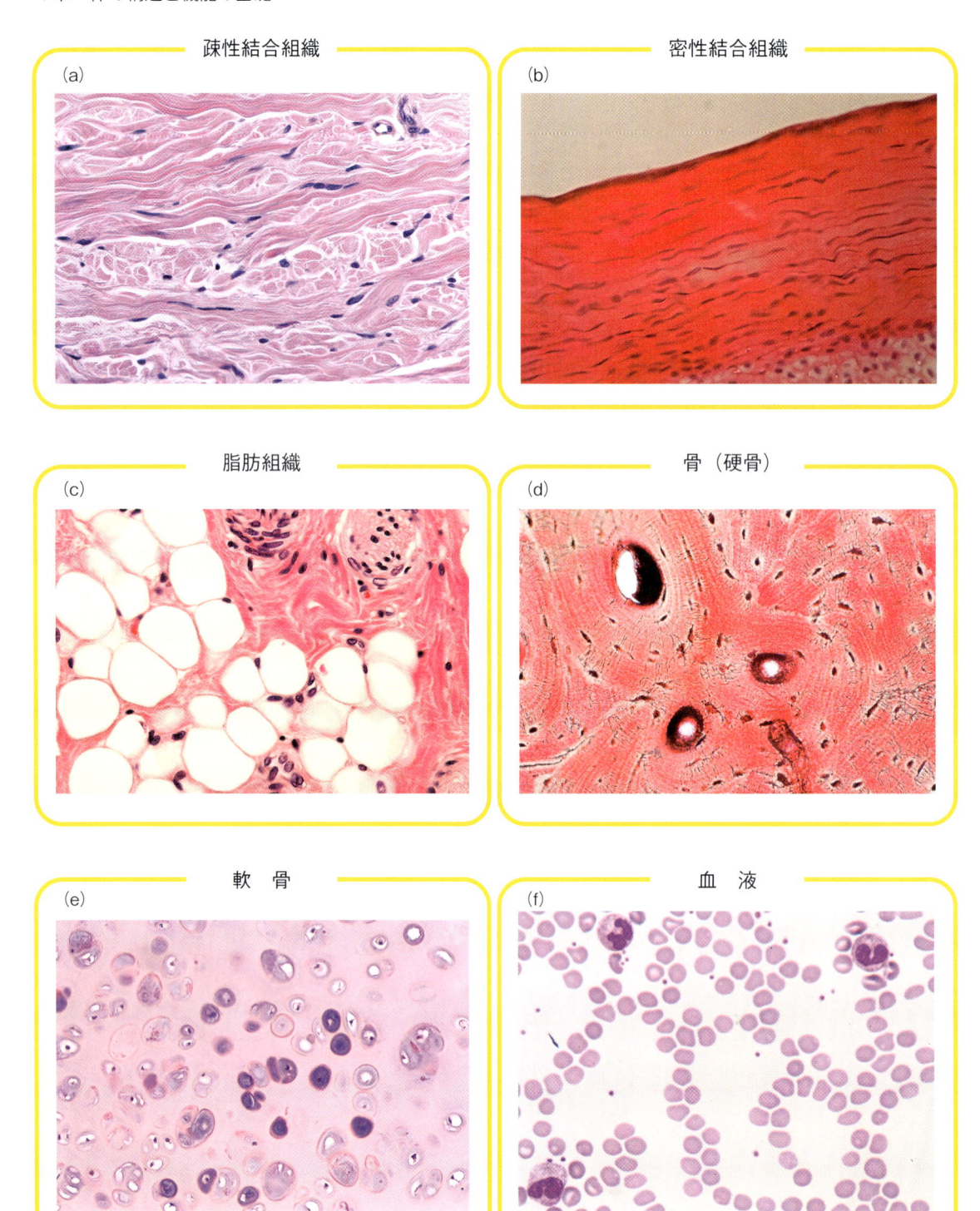

図 4·4　結合組織の分類
　ここに示すように、疎性結合組織、密性結合組織、脂肪組織、硬骨、軟骨、血液と、きわめてバラエティーに富んでいる。

く含まれる。密性結合組織の代表例は腱や靱帯である（☞8章）。これらの組織ではコラーゲン繊維が平行に並び、硬い組織となっている。肝臓も密性結合組織であるが、コラーゲン繊維はランダムに並んでおり、腱ほど硬くはない。

　脂肪組織も結合組織の一つである（図4・4c）。脂肪組織は繊維芽細胞に似た前駆細胞から分化した脂肪細胞やマクロファージを含んでいる。脂肪細胞では、血液中に含まれる余分な糖や脂肪がキロミクロン（☞5・5節）によって運ばれ、中性脂肪の形で蓄積される。これらは、必要に応じて再度体内にエネルギー源として供給される。脂肪細胞には白色脂肪細胞と褐色脂肪細胞があり、脂肪をため込むのは白色脂肪細胞である。一方、褐色脂肪細胞は新生児や冬眠性の動物に多く見られ、体の熱の発生に関わる。ちなみに脂肪組織は外圧に対するクッションの役割も果たす。以上三つの結合組織は狭義の結合組織であり、体の形や構造そのものを作り出す重要な組織である。

4・2・3　結合組織②：硬骨・軟骨

　しかし、広い定義の結合組織はそれ以外にもたくさんある。硬骨、軟骨も結合組織の一つである（図4・4d、e）。特に硬骨は死体でも腐らずに残るイメージが強いため、逆に骨は生きていないと思っている人が多いかもしれないが、それは間違いである。硬骨は**骨芽細胞**や骨細胞を含んでおり、それらがいわゆる骨組織の新陳代謝を促している。つまり、骨は一度作られたら終わりではなく、実は入れ替わっている。なお、骨の分解を担うのは**破骨細胞**という細胞である。硬骨が結合組織に加えられる理由は、骨の成分が**リン酸カルシウム**（ヒドロキシアパタイト、約4分の1）だけでなく、コラーゲンも多く含んでいる（約3分の1）からである。前者は骨に硬さをもたらすが、物質の性質としては比較的もろい。つまり、力がかかるとポキッと折れやすい。そこで、コラーゲンが骨に柔軟性をもたらすことで、骨が簡単に折れることを防いでいる。

　硬骨はいくつかの種類に分けることができるが、代表的なものは長骨と扁平骨である。長骨は名前のとおり、上腕骨や大腿骨のように細長い骨である。長骨の断面を見ると、中まで構造がぎっちり埋まっているのではなく、中は割とスカスカである。表面は密度の高い**骨皮質**（皮質骨、緻密骨ともよばれる）で、そのすぐ内側にはスポンジ状の**海綿質**（海綿骨ともよばれる）が見られる（図4・5a）。海綿質は密度が低いため、骨を軽くし、そして柔軟性を与えている。また、海綿質の隙間の部分には骨髄（☞9章）が存在しており、血液を生み出す重要な場所となっている。

　ここで、骨の形成について少し説明する。先にも述べたが骨は一回作り出さ

れたらそれっきりではなく、ある程度新陳代謝されている。骨細胞は骨芽細胞から分化してでき、リン酸カルシウムやコラーゲンを産生して骨基質を形成する。逆に、骨基質は時間が経過すると、移動性の細胞である破骨細胞によって吸収される。このように、<u>骨は骨芽細胞と破骨細胞の働きにより、常に生まれ変わっている。</u>

　ここで骨皮質の構造についても説明する（図 4·5b）。骨皮質の最表面には先ほど説明した骨芽細胞があり、その内側にはバームクーヘンのような同心円状の構造が多数見える。これを**ハーバース系**という（**骨単位**ともいう）。バームクーヘンの模様は隙間になっていて、そのところどころにある骨小腔に骨細胞が埋まっている。ハーバース系の真ん中には管（ハーバース管）が通っており、ここにある血管が縦だけでなく横方向にも伸び、骨小腔にある骨細胞にガスや栄養を供給している。

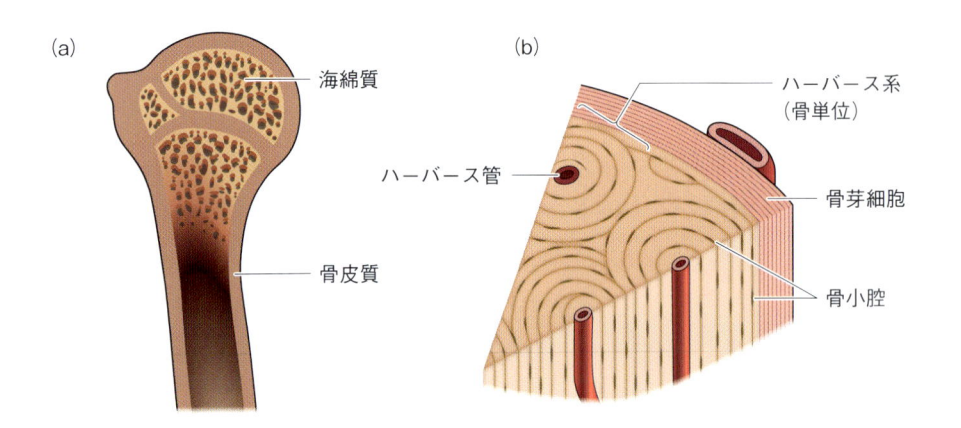

図 4·5　硬骨（長骨）の構造
(a) 長骨の断面。表面の骨皮質は密度が高い。その内側は密度の低い海綿質で、中央部は空洞になっている。(b) 骨皮質の断面。同心円状の構造をもつハーバース系が見られる。その中央にはハーバース管が通り、層状の構造のところどころに骨小腔があり、骨細胞がその中に存在する。

　扁平骨は、頭骨や肩甲骨、肋骨などである。扁平骨にも骨皮質と海綿質があり、表面の骨皮質に薄い海綿質が挟まれるように存在する。長骨と扁平骨の形成過程も少し異なっている。長骨は、骨細胞のもととなる細胞（骨芽細胞）が分化したのちに軟骨化し、その後硬骨化して作り出される。一方、扁平骨の一部（頭骨など）の骨形成は膜性骨化とよばれ、未分化な細胞が骨芽細胞に分化した後、直接硬骨になる（軟骨の過程を経ない）。

　話は前後するが、**軟骨**について次に説明する。軟骨は骨と筋肉を連結する腱や、関節（8·6節も参照）に多く見られる結合組織である。硬骨との相違点はお

わかりのように、軟骨は主に細胞外マトリックスで作られていて、リン酸カルシウムがほとんど含まれないことである。軟骨も硬骨と同様、軟骨中には軟骨小腔があって、そこに軟骨細胞が存在して基質を生み出している。軟骨はさらに、硝子軟骨、繊維軟骨、弾性軟骨に分類される。硝子軟骨は関節や気管などを構成する最も一般的な軟骨で、水分を多く含む。繊維軟骨は椎間板や半月板を構成する。硝子軟骨よりもコラーゲンを多く含むため比較的硬い。弾性軟骨は耳たぶなどに見られ、弾性繊維を多く含むため、字のとおり弾力に富む。

骨に関わる病気

骨にまつわるさまざまなけがは、日常でもよく耳にする。大きく転んで骨折した経験がある人も少なからずいるだろう。しかし、いったん骨折してもしばらく時間が経つともとに戻る理由は、本文でも説明したように、骨芽細胞の分化と骨細胞の新たな基質分泌で説明できる。また、骨にまつわる病気としては**骨粗鬆症**もよく知られている。これも、加齢によって骨芽細胞の分化の頻度が下がり、骨密度が低下することで発症する。また骨粗鬆症は、女性ホルモンの減少や栄養の偏りなどにより、骨芽細胞と破骨細胞の働きのバランスが失われることでも発症することが知られている。そのほか、血中のリン濃度が下がり骨基質（特にリン酸カルシウム）の形成が障害を受けることによる**骨軟化症**、また、ある程度増殖を繰り返す細胞で発症リスクがある**腫瘍**（**骨肉腫**など）も、骨にまつわる病気の例として挙げることができる。

4·2·4　結合組織③：血液

血液もまた、結合組織の一つとして分類される（図 4·4f）。血液は血球と血漿に分けることができる。**血漿**の主成分が水であることはもちろんだが、それ以外の成分としては、ナトリウムやカリウムをはじめとするイオンが含まれている。またタンパク質としてはアルブミン、免疫グロブリン、アポリポタンパク質などが含まれる。アルブミンは血漿中に含まれるタンパク質の約6割を占める、体内で最も多く存在するタンパク質で、浸透圧の調節や pH の安定化などに作用する。**血球**は主に白血球、血小板、赤血球からなるが、これらについては6章（呼吸器系・循環器系）、9章（免疫系）で詳しく説明する。

4·3　ホメオスタシスの概要

改めて、体とは何だろうか。ここで哲学的な問いをするつもりはないが、生物を考える上で「体」という概念は重要である。一つは、外の世界から区切られた場所という考え方である。生物において、体内と体外では環境が大きく異

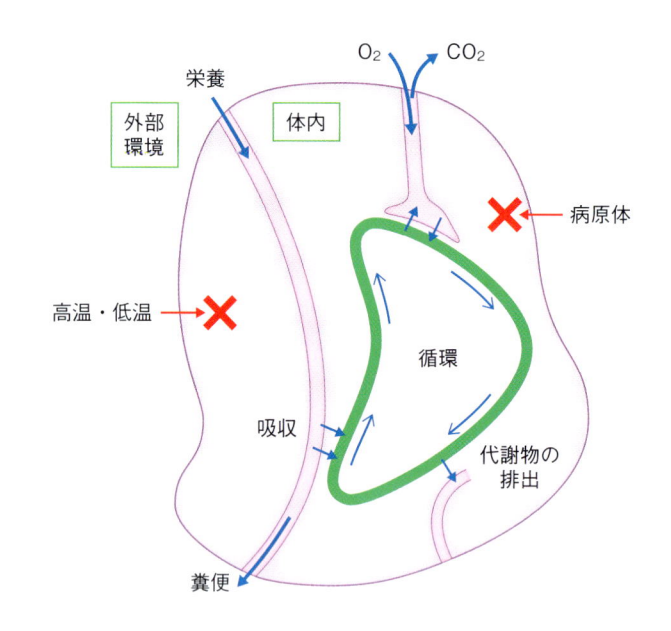

図 4·6　外部環境と体内とのさまざまなやりとり
青矢印は体内にとって好ましいやりとり。赤矢印は好ましく
ないやりとりを示す。

なっていることも多い。このような中、体内と外部環境ではさまざまな物質な
どのやりとりがある。例えばヒトでは、取り込んだ栄養は消化管から、酸素は
肺胞からそれぞれ血液に取り込まれ、体を循環して細胞に供給される。一方、
取り込んだ食物の残りは肛門から、体で代謝されて出てくる不要物のうち二酸
化炭素は肺胞から、老廃物などは腎臓から、それぞれ排出される。人間にとって、
このような取り込みや排出はメリットがある。しかし、望まない取り込みや排
出もある。熱はその一例で、真夏には不必要な熱がどんどん取り込まれ、逆に
真冬では熱がどんどん奪われる。また、外部から侵入する病原体もまた、人間
が取り入れたくないものである。このように、われわれはいかにして必要な物
質を効率よく取り込み排出するか、そして逆に、生存に不適切なものをいかに
排除（もしくは侵入を阻止）し、必要なものの流出を防ぐか、ということが重
要である（図 4·6）。
　一方、体内とは異なる外部環境に対して、体内環境はなるべく変化しない方
が生物にとっては有利である。このように、体の内部環境を一定に保つことを
ホメオスタシスという。具体的に何が「保たれて」いるかというと、<u>体温、水
分量に加え、血糖量、血圧、心拍数、細胞へのエネルギーの供給</u>など、挙げれ
ばきりがない。では具体的に、どのように状態を維持するのだろう。一つは、
外の環境がどんなに変化しようと変えないという考え方である。しかし、これ

だけでは、万一変化してしまったときに対応することができない。そこで生物はさまざまな「調節機構」を用意することにより、外の環境の変動に応じていったんは体の状態が変化するものの、元に戻すように働き、ある程度長い目で見ると体内環境を一定に保つことができる。

　ここで体温調節を例に挙げてホメオスタシスについて説明する。人間では、体温はおおむね 37℃ 程度に保たれている。しかし、すでに述べたように真夏や真冬では体温が上がったり下がったりする状況にさらされる。これを調節する仕組みはエアコンにたとえることができる（図 4·7）。冬の寒い時期、室温が設定温度より低くなると暖房が作動して室温が上がる。やがて室温が設定温度より高くなると、暖房がオフになる。一方、夏に室温が上がると冷房が作動し、室温は下がるが、設定温度になると冷房はオフになる。体にも同じような調節機構がある。体におけるセンサーの役割を果たすのが視床下部である。運動などで体温が上がると視床下部はそのことを検知し、血管が拡張したり発汗したりして体温の発散をうながす（図 4·8）。逆に、真冬に体温が下がると、今度は血管を収縮させて熱の発散を抑制するとともに、代謝を上げて体温の上昇を促す。ちなみに、変動する体温をもとに戻す仕組みはほかにもさまざまある。哺

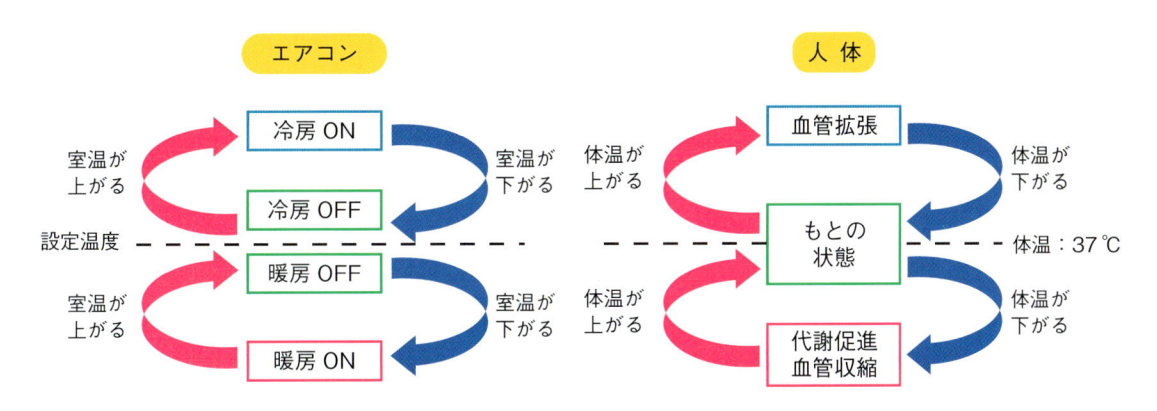

図 4·7　フィードバック調節による体内環境の安定化
　　　　左は暖房、右はヒトの体。

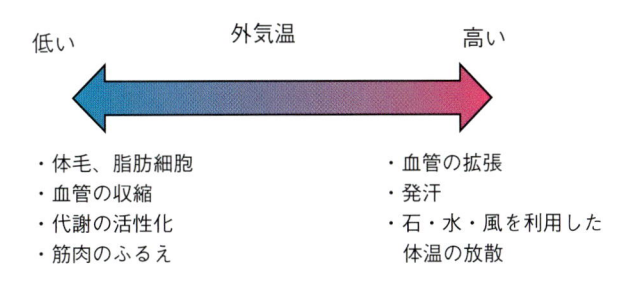

図 4·8　体温をコントロールするための仕組み

　乳類のように自ら体温を発生させて体温を維持できる動物を**内温動物**、外から体温を得る動物を外温動物という。ただ、内温動物は単に中から温度を生み出す動物ということではないし、外温動物も体温を完全に環境に依存しているわけではない。例えば爬虫類では、体温をなるべく一定にするような工夫がある。体毛や脂肪組織をもつことは体温低下に貢献するし、前述の血管の収縮・拡張もそうである。また、石にからだをくっつけたり、水浴びにより蒸散熱で体温を下げたり、もちろん日陰に身を潜めることも、行動による体温コントロールの例である。

4·4　体の形とサイズについて

　最後に、体の形とサイズについて触れる。地球上にはさまざまな形、さまざまな大きさの動物がいる。まず**体の形**から解説する。動物の体の形には、不定形に加え、放射相称の動物、左右相称の動物がいる（図 4·9a）。ヒトを含む、より高い機能をもつ動物はいずれも左右相称の動物であるが、そのメリットは何だろう。一番は、自らが動いて捕食するときに有利な点である。動く方向に対して小さい（つまり細い）方が、捕食する対象物に対して俊敏に動ける。また関連して、左右相称動物は運動方向の近くに目や鼻と脳を配置するが、これも目や鼻の情報をできるだけ速く脳に届けるためである。そのほか、脚や手の形や数など、ここでは各論の記載は省略するが、われわれの体の形にはそれ相応の理由があることは理解しておきたい。

　体の大きさについては、左右相称・放射相称の区別よりは多様性に富む。体

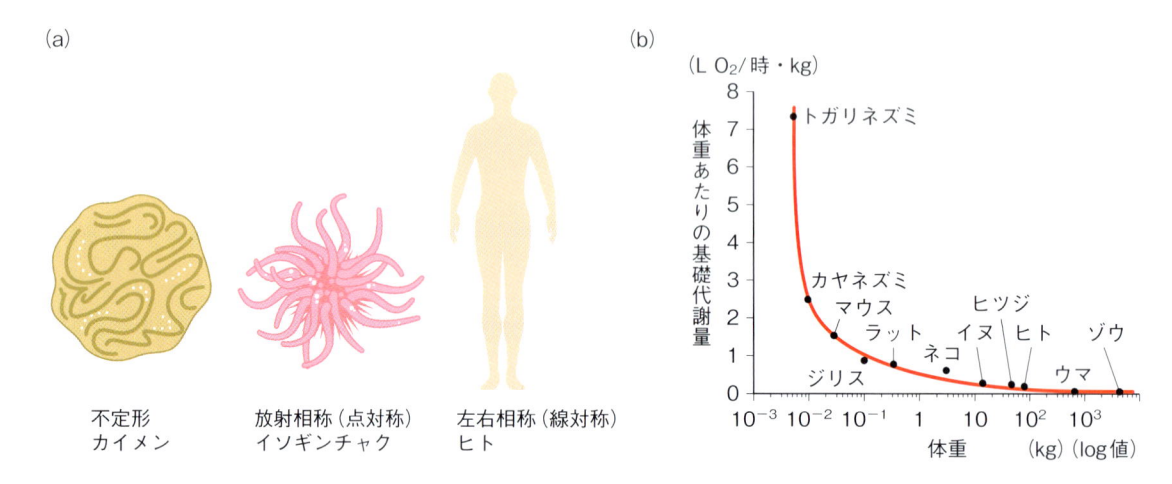

(a)

不定形
カイメン

放射相称（点対称）
イソギンチャク

左右相称（線対称）
ヒト

(b)

（L O₂/ 時・kg）

図 4·9　(a) 動物の体の形の分類。(b) 体のサイズと代謝との関係
　　体重あたりの基礎代謝量は、体が大きいほど小さく、大きな動物のメリットとなっている。

サイズの大・小にはそれぞれのメリット・デメリットがある。体が大きいことは、ほかのライバルよりも力が強く、食物の摂取にとって有利である。一方、体が大きいと動きが鈍くなり、捕食にはデメリットである。小さい動物は俊敏に動けるが、やはり大型動物に捕食されるリスクを抱える。以上は捕食に関することであるが、代謝の点でも考慮すべきことがある。図 4·9b は、体重あたりの代謝量を酸素消費量で表したグラフである。個体全体の酸素消費量は、当然体が大きいほど多量になる。ところが、それを体重で割ると、実は体が大きいほど値が小さくなる。このことは、体が大きければ大きいほど、体を維持するエネルギーコストが（あくまで重さあたりだが）少なくてすむことを示している。

4章のまとめ

- 体は、細胞・組織・器官・器官系・個体と階層的に作り上げられている。

- 組織は、上皮組織、結合組織、神経組織、筋組織に分類される。

- 上皮組織には単層上皮と重層上皮があり、単層上皮はさらに単層扁平上皮、単層円柱上皮などに分類される。

- 結合組織には、疎性結合組織、密性結合組織、脂肪組織があり、さらには硬骨、軟骨、血液も結合組織に含まれる。結合組織の共通点は、組織に細胞外マトリックスを多く含むことである。

- 硬骨はリン酸カルシウムとコラーゲンに富む組織であり、長骨と扁平骨などに分類される。硬骨は骨皮質と海綿質に分けられる。骨皮質の最表面には骨芽細胞があり、その内側には多数のハーバース系が存在する。ハーバース系の中には骨細胞が散在している。

- ホメオスタシスは、外部の環境に対して生体内部の状態を一定に保つ仕組みである。

- 体温を一定に保つため、さまざまな仕組みが存在している。

- 動物の体の形はいくつかに分類できる。また、体サイズは多様で、それぞれにメリット・デメリットがある。

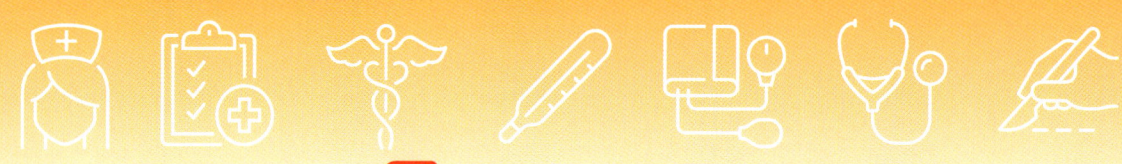

5章 消化器系

　動物は、植物と違って生きるために必要な栄養を自らの力で作り出すことができないため、ほかの生物を「食べる」ことが必要である。本章では、どのように栄養を取り入れるか、生物学の観点から説明する。食物から栄養を得る過程は主に四つ、①摂取、②消化、③吸収、④排泄に分けることができる。その方法は動物によってさまざまである。主にヒトを例に挙げ、場合によってはほかの動物の例も紹介しながら、消化器系について説明していく。

5·1　取り入れるべき栄養

　動物が取り入れる栄養は、エネルギーを生産したり、体を作り、維持したりするために必要である。まず、炭水化物、タンパク質、脂質は真っ先に頭に浮かぶだろう。ただ、栄養摂取の観点からは二つのことを考える必要がある。一つは**分解**である。食物はそのまま体内に吸収できないので、体内で分解する必要がある。例えば炭水化物は単糖（グルコースなど）に、タンパク質はアミノ酸に、といった具合である。逆に言えば、たとえ栄養として使えそうな物質を摂取できたとしても、体内で分解できないのであれば無用の長物となる（たとえば紙はその一例だろう）。

　もう一つは**合成**である。例えばタンパク質は 20 種類のアミノ酸から作られるが、これらは体内で自ら合成できるものとできないものがある。ヒトの場合、バリンやイソロイシン、メチオニンなどは合成できないので、必ず外から摂取する必要がある。逆に、ほかのアミノ酸はそのものを摂取できなくても自分で合成することが可能である。リノール酸などの脂肪酸も同じ理由で摂取が必要である。それ以外に、ビタミン類や無機塩類も自分で作り出せないので、やはり摂取しなければならない（表5·1）。

　このような栄養の摂取が足りないとどうなるか。炭水化物・タンパク質・脂質が不足すると、エネルギーを作り出すことができず、生死に関わる状態になることは容易に想像がつくだろう。それ以外の必須栄養素が不足した場合は、

表5·1 外からの摂取が必要な物質

① エネルギー生産・生合成の原料
・炭水化物
・タンパク質
・脂 質
② 必須栄養素
・アミノ酸の一部[†]：トリプトファン、ロイシン、リシン、バリン、トレオニン（スレオニン）、フェニルアラニン、メチオニン、イソロイシン
・リノール酸、αリノレン酸（哺乳類）
・ビタミンB・C（水溶性）、A・Eなど（脂溶性）
・無機塩類

[†] 「トロリーバス不明」という語呂合わせによる覚え方がある。

すぐに生死にはかかわらなくとも、体の奇形や病気をひき起こす。例えば、草食動物はリンが不足した食物を摂取し続けると骨の形成異常となる（骨粗鬆症など）。また、ヒトにおいては必須アミノ酸の不足が身体的・精神的な発達遅延をひき起こすことが知られている。

5·2 口と食道：食物の破砕と運搬

まずはじめに、入り口としての「口」の役割を考えてみる。口は口腔内に入った食物が外に出ないようにする働きもあるし、発語のためにも重要である。また口の開閉には顎（あご）が必要で、脊椎動物の進化においては顎の発達が重要なポイントになっている（顎がない脊椎動物として、ヤツメウナギなどが無顎類に分類されている）。顎があることによって、単なる口の開閉だけでなく、食物を効率よく咀嚼することが可能になっている。口腔は歯（と付随組織）、舌、唾液腺から構成されるが、重要なのはその空間である。取り込まれた食物は、後述するように口腔内でさまざまな加工が施される。

5·2·1 歯 と 舌

食物を破砕するためには**歯**も重要である。動物の歯は**切歯**、**犬歯**、**臼歯**に分けられていて、草食、肉食、雑食によってそれぞれの特徴が異なる。例えば肉食動物は、肉をかみ切る必要があるため切歯や犬歯が発達し、臼歯もギザギザしている。一方草食動物は、薄い葉をすりつぶす必要があるので臼歯が平らであり、切歯や犬歯は肉食動物より小さい。そして雑食動物は、それら両方の特徴を兼ね備えている（図5·1）。

舌もまた、口に存在する重要な器官である。舌については感覚器のところ

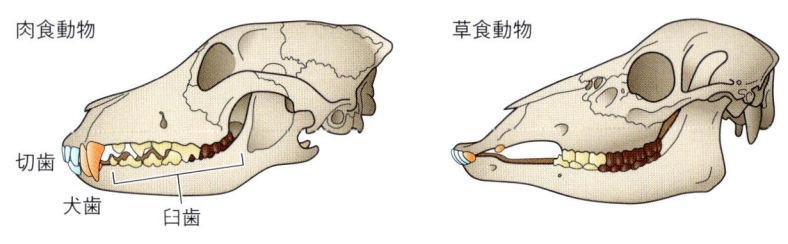

肉食動物　　　　　　　　　　　　　草食動物

切歯

犬歯　　臼歯

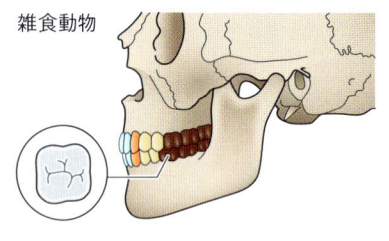

雑食動物

図 5·1　肉食動物、草食動物、雑食動物の歯
肉食動物では、切歯や犬歯が発達し、一方で草食動物では臼歯が平らになっている。雑食は両者の中間の性質をもつ。

（11·3·4 項）でも詳しく説明するが、食物摂取の観点からは、摂取した食物を効率よく混ぜるためにも重要である。

5·2·2　唾　液

歯（と顎）によって物理的にかみ砕いた食物だが、まだそのまま飲み込むのは大変である。例えば、喉がカラカラに乾いているとき、固いパンやクッキーを飲み込むのに大変な思いをした経験が一度はあるだろう。唾液の役割の一つは、口の中でかみ砕いた食物をまとめ、食道にスムースに送り込むことである。また、食物の消化には酵素が必要であるが、あらかじめ食物に湿り気を与え、酵素が働きやすくする役目もある。唾液自身にもアミラーゼが含まれており、ここでデンプンなどは麦芽糖のようにある程度小さな化合物までに分解される。もう一つ唾液がもつ働きは、消毒・抗菌である。摂取する食物にはさまざまな細菌がまとわりついていて、これらがそのまま体に侵入すると感染症の原因となる。唾液にはリゾチームが含まれており、細菌（真正細菌）の細胞壁を溶解する。なお、ヒトは唾液を一日あたり約 1 リットル（L）分泌する。

5·2·3　食道と声門

さて、かみ砕いて唾液を含んだ食物は、**食道**を通して胃に送られる。食道は胃までの通路というほかに、主に二つの役割がある。一つは、上から下への移動とはいえ、食物が詰まる可能性があるので、食道にある食道括約筋が収縮と弛緩を繰り返すことで食物を確実に胃に送る。

もう一つ、口を通過するのは食物だけでない。忘れてはならないものとして呼吸がある。つまり、胃には食物、肺には空気をそれぞれ正しく送る必要がある。

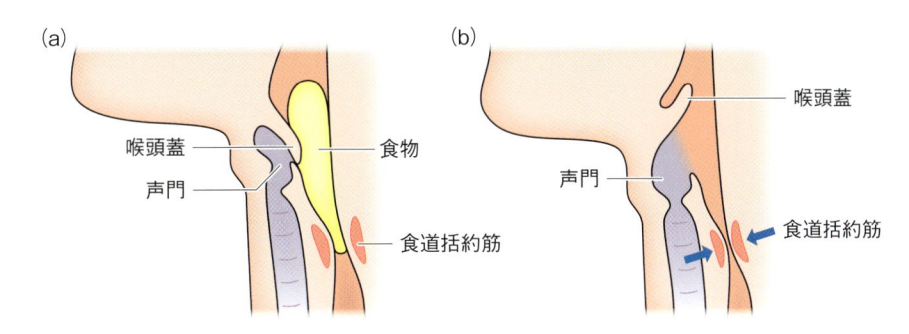

図5・2　気管と食道の開閉コントロール
(a) 喉頭蓋が下がり食道括約筋が弛緩すると、声門が閉じて食物が食道に移動する。
(b) 喉頭蓋が上がり食道括約筋が収縮すると、食道が閉じて空気が気管に入る。

　特に、肺に食物が入ると誤嚥となり、一歩間違うと生死にも関わる。その交通整理を行うのが**声門**である。食物を嚥下する（飲み込む）とき、喉頭蓋が下がって声門がいわば自動的に閉じ、食物は胃に送られる。一方、空気を吸い込むときは食道括約筋が収縮して喉頭蓋が上がり、声門は開いて空気が肺に送られる（図5・2）。

5・3　胃と十二指腸：食物の消化

5・3・1　胃の構造

　胃は食道と十二指腸につながっている。食道側の入り口は**噴門**、十二指腸側の出口は**幽門**という。胃の中はどのような構造か、と問われたとき、「ヒダヒダ」であることを知っている人は多いかもしれない。実際、ひだ状の構造が入り口から出口に向けてのびている。その理由としては、胃酸や消化酵素を効率よく分泌するために表面積を広げていること、あとは食物を多く受け入れることができるよう伸縮可能な構造になっていることが挙げられるだろう（図5・3a）。

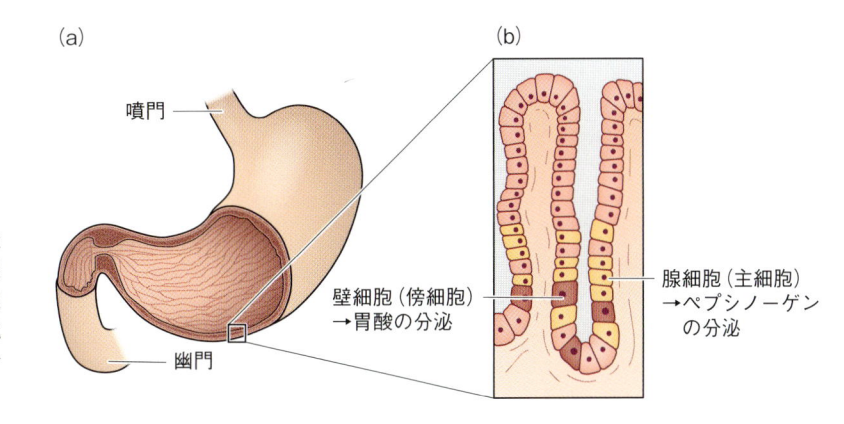

図5・3　(a) 胃の全体構造。(b) は断面の拡大図
胃の内面はひだ状構造で、そのひだの底部に腺細胞（主細胞）と壁細胞（傍細胞）があり、消化酵素と胃酸をそれぞれ分泌する。

壁細胞（傍細胞）
→胃酸の分泌

腺細胞（主細胞）
→ペプシノーゲンの分泌

5·3·2　胃液：胃酸と消化酵素ペプシン

　胃では、胃酸とタンパク質の分解酵素である**ペプシン**が働き、口でかみ砕いた食物をさらに分解する。まず、pH 2 という強酸性の塩酸である胃酸は、胃の**壁細胞（傍細胞**ともいう）から分泌される（図5·3b）。胃酸の分泌量は意外と多く、一日に約 1.5 リットルも分泌される。胃酸の役目は、食物を化学的に分解する（例えば細胞をつなぎ止める細胞外マトリックスを壊す）ことに加え、食物にまとわりつく細菌を殺すことにも役立つ。さらに、後述するように消化酵素の活性化にも働く。

　胃の**腺細胞（主細胞**ともいう）からはタンパク質分解酵素が分泌されるが、実は活性のあるペプシンではなく、ペプシンの前駆体である**ペプシノーゲン**がまず分泌される。ペプシノーゲンは胃酸と混じることで一部が分解され、立体構造が変化して酵素活性をもつ**ペプシン**となる（図5·4）。ちなみにペプシンは、再びアルカリ性溶液にさらされ中和されると、不可逆的に活性を失う。

　さて、胃はなぜ酵素活性をもつペプシンをはじめから分泌しないのだろうか。これは、ペプシンがなぜ食物だけを消化するのか、ということと関係がある。みなさんがおいしいステーキを食べたとする。それは胃に入り、消化されることになるが、消化酵素は食べた肉だけを消化し、自分の胃そのものは消化しない。実は、胃に備わった防御対策がないと、食べた肉だけでなく、自分の胃も消化されうる。胃を溶かさないための仕組みはどのようなものだろうか。まず、胃は自分が出す粘液で保護されていて、胃の細胞に消化酵素や胃酸が簡単には接触しないようになっている。また粘膜の pH は弱酸性であり、胃酸が中和され消化酵素も作用しにくくなる。さらに、胃の上皮細胞は活発に細胞分裂が行われており、新陳代謝が激しい。以上のような仕組みが備わっているので、胃は自分の胃液から攻撃を受けにくいのである。

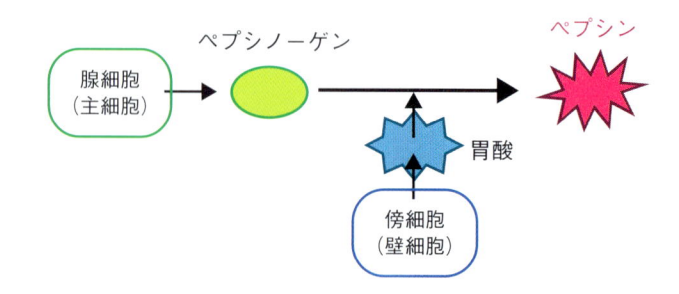

図5·4　胃の消化酵素の活性化機構
　ペプシノーゲンが胃酸と混合されると、ペプシノーゲンの一部が分解されて酵素活性をもつペプシンになる。

ピロリ菌と胃潰瘍

本文のとおり、胃は粘液を分泌することで自ら出す胃液の攻撃から身を守る。しかし、その作用を阻害するような細菌がいる。**ピロリ菌**はその一つである。ピロリ菌は胃の粘液を分解する作用をもつため、ピロリ菌がいると胃の上皮組織が保護されなくなり、胃酸や消化酵素にさらされる。ピロリ菌自身は自らアルカリ性の溶液を出すことで、胃酸の攻撃から身を守ることができる。さらに、ピロリ菌自体も上皮組織に炎症をひき起こす。これらの作用により、胃潰瘍が生じる。なお、ピロリ菌によってひき起こされた胃炎は、その後胃がんになる可能性が指摘されていることから、ピロリ菌の除菌によって胃がんのリスクを下げる治療も行われる。

5·3·3　胃の運動

もう一つ、胃の重要な働きは蠕動運動による物理的な「撹拌（かくはん）」である。胃液を食物にただ振りかけただけでは、胃液と食物はちゃんと混ざらない。胃酸や消化酵素を食物とよく混ぜ合わせるため、胃は活発に収縮と弛緩を繰り返す。すでに胃の内壁がひだ状構造であることは述べたが、この構造は胃の形に柔軟性をもたせるだけでなく、効率の良い撹拌にも役立っていると考えられる。

5·3·4　ヒト以外の胃

ここまでの説明は主にヒトの胃についてであるが、動物全体に目を向けるとさまざまな胃が存在する。まず草食動物では、ホルモン焼肉でおなじみのように、複数の胃が存在している場合があり、それぞれが機能分担をしている。牛を例に挙げると、まず口でかみ砕いた葉などの食物は、第一胃、次いで第二胃に送られる。これらの胃には**セルラーゼ**という酵素を分泌する微生物が常在していて、植物の細胞壁の構成成分であるセルロースを分解する。ただ、それだけでは分解が不十分であるため、第二胃を通過した食物はいったん口に戻され、

5章

消化器系

図5·5　ウシの胃
口から摂取した食物は第一胃に移動（赤）、次いで第二胃に移動した後（ピンク）、口にいったん戻る（反芻：薄緑）。ここで再度咀嚼された後、第三胃（黄）、第四胃（青）に移り、腸に運ばれる（茶）。

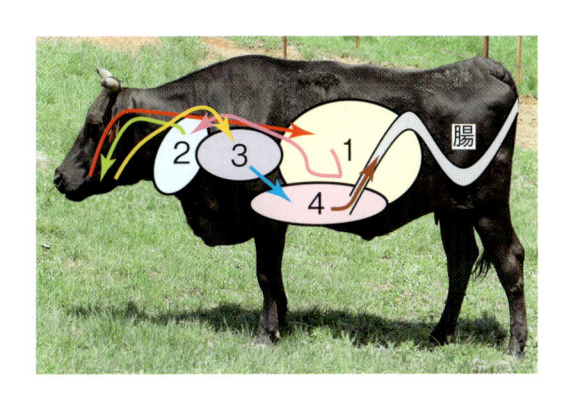

再度咀嚼される。これが**反芻**である。この後、食物は第三胃に移動し、水分が除かれ、第四胃ではじめてウシ自身の消化酵素により食物の消化が進行する（図5・5）。

　もう一つは鳥類の胃である。鳥類では、胃以外に**嗉嚢**（素嚢と書かれる場合もある）と**砂嚢**がある。嗉嚢では、食物を一時的にため込むことで、水分が食物に供給されて湿り気を帯びる。その後食物は胃に運ばれ、次いで、「砂嚢」とよばれる臓器に食物は移動する。砂嚢では、鳥があらかじめ飲み込んだ細かな砂礫によって、歯の代わりに食物を物理的にすりつぶす。ちなみにミミズは砂嚢と嗉嚢を、昆虫は嗉嚢をもつ。食性や生育環境がまったく違う動物種が同じ構造をもっていることは興味深い（図5・6）。

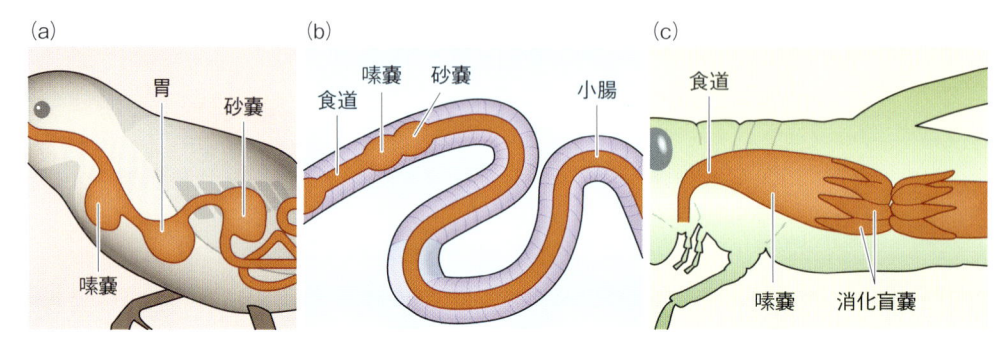

図5・6　さまざまな動物の胃
(a) 鳥は嗉嚢で湿り気を与え、胃で酵素による消化を行い、砂嚢で物理的に食物をすりつぶす。
(b) ミミズも嗉嚢で湿り気を与え、砂嚢で物理的に食物をすりつぶす。(c)昆虫は嗉嚢で湿り気を与え、消化盲嚢で消化した食物を吸収する。

💗 5・4　膵臓・胆嚢・十二指腸：知られざる消化の主役

　十二指腸、膵臓、胆嚢は、胃や腸と比べて認知度は低いが、いずれも食物の消化のためになくてはならない器官である（図5・7a）。その理由は以降の説明を読めばわかっていただけると思う。

5・4・1　十二指腸

　十二指腸は胃と小腸の間に位置しており、長さが30 cm弱である。また十二指腸には、**総胆管**と**膵管**（後述）が開口していて、ここで新たに胆汁や消化酵素と食物が混ぜ合わされる。食物は胃を出るまでの間に物理的・化学的な消化がそれなりに進むが、決して十分ではない。胃を通過した食物は、十二指腸でさまざまな消化酵素の作用を受け、さらに消化が進み、小腸へ送られる。

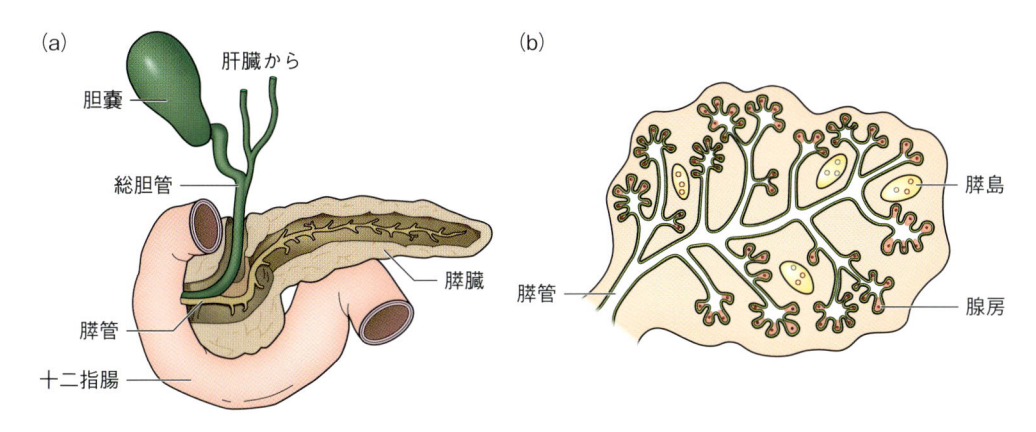

図 5·7　(a) 膵臓、胆嚢の構造。胆嚢からは総胆管、膵臓からは膵管が伸び、十二指腸に開口する。(b) 膵臓の断面。ホルモンを産生する膵島、消化酵素の産生と分泌に関わる腺房が膵臓には存在する。

5·4·2　膵　臓

　少し学習が進んでいる方は、**膵臓**（図 5·7b）と聞くとインスリン、糖尿病と連想するかもしれない。しかし膵臓には、インスリンを含むホルモンの分泌に加え、消化酵素を作り出すという重要な役割もある。ホルモンを作り出す構造は**膵島（ランゲルハンス島）**とよばれるが、詳細については 10·6·1 項で改めて説明する。消化酵素を作りだす部分は**腺房**とよばれ、腺房を構成する腺房細胞が酵素を作り出す。腺房細胞で作り出される酵素は、炭水化物分解酵素の**アミラーゼ**、タンパク質分解酵素である**トリプシン**、脂質分解酵素の**リパーゼ**などである。作り出された酵素は、膵管に集められて十二指腸に放出される。また、膵臓からは重炭酸塩も分泌される。これは、胃酸の pH を中和し、胃のペプシンを不活性化するとともに、今度は十二指腸に放出された消化酵素が活性をもつようにするために重要である。

5·4·3　胆嚢、胆汁

　脂質はリパーゼによって分解されるが、油と水が分離することからもわかるように、そのままでは酵素活性が発揮されない。そこで働くのが**胆汁**である。胆汁は肝臓で作られるのだが、その材料は、古くなった血液である。胆汁はいったん**胆嚢**に蓄えられ、必要に応じて総胆管を通じて十二指腸に放出される。胆汁の最も大事な役割は、食物中に含まれる脂質の**乳化**である。簡単にいうと、脂質のまわりを胆汁が取り囲むことによって、脂質は水分と混ざることが可能となる。界面活性剤（洗剤）のようなものと考えればよいだろう。なお、胆汁の多くは小腸で再吸収されて肝臓に戻される。

5 章
消化器系

5・4・4　ホルモンによる消化の制御

　内分泌系の主役であるホルモンについては10章で改めて説明することとし、ここではホルモンによる消化の制御について触れる（図5・8）。①食物が胃に入ってくると、**ガストリン**というホルモンが幽門の近くの細胞から分泌される。これを胃が感知し、胃液の分泌が促進される。②胃液を含む食物が十二指腸に到達すると、**セクレチン**というホルモンが小腸から分泌され、後述する膵液・胆汁の分泌が促進される。

　このように胃や十二指腸は、食物が入ってくることを感知することで、消化という作業をコントロールしている。

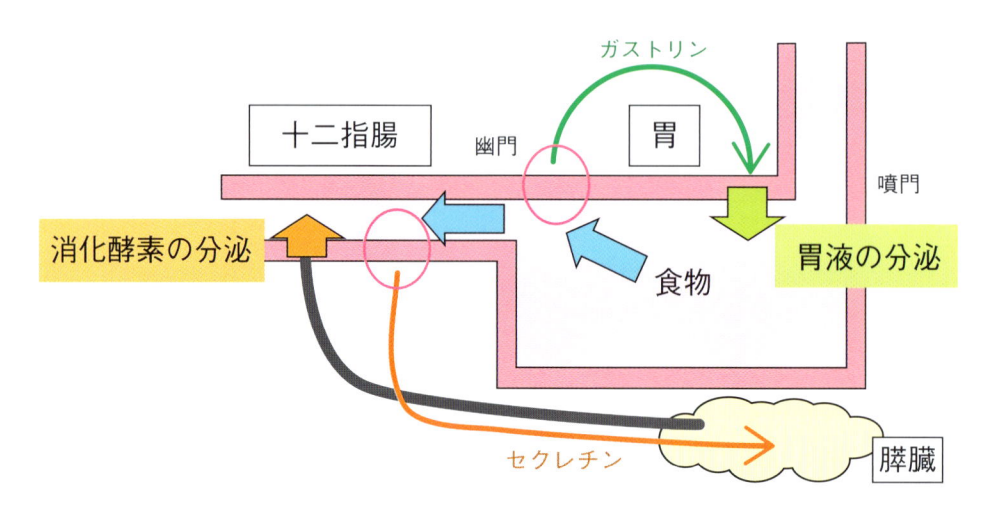

図5・8　ホルモンによる食物消化の制御
食物が幽門に到達すると、胃壁の細胞からガストリンが分泌され、傍細胞に働きかけて胃液の分泌を促進する。食物が十二指腸に届くと、セクレチンが分泌されて膵臓に働きかけ、消化酵素を十二指腸から放出する。

 5・5　小腸：栄養の吸収

5・5・1　小腸の構造

　小腸は胃と同様、ひだ状構造となっており、表面積を大きくする工夫がなされている（図5・9a）。管の最も外側は**筋層**で、その内側に**粘膜下層**、そして小腸の内表面に**粘膜**がある（図5・9b）。粘膜は平坦でなく突起状の構造が並んでいて（**腸絨毛**とよばれる）、腸絨毛の内側にリンパ管と毛細血管が入り込んでいる（図5・9b）。

　栄養分は腸絨毛から取り入れられる。粘膜は数層からなり、その最表層は粘膜上皮とよばれる。粘膜上皮は単層円柱上皮であり、粘膜上皮細胞の表面は微

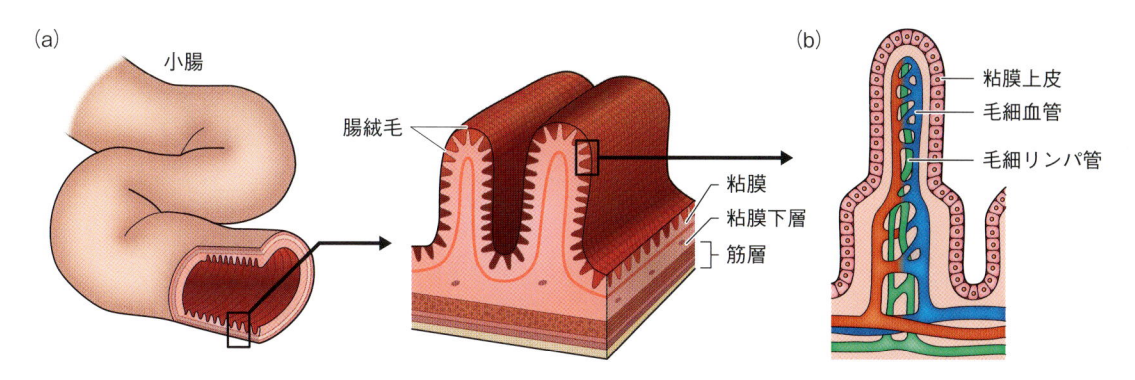

図5·9 小腸の構造
(a) 小腸の内壁には輪状のひだがあり、その表面には突起状の腸絨毛が並んでいる。(b) 腸絨毛の最表層には粘膜上皮があり、ここに栄養を吸収する。腸上皮細胞の表面は微絨毛で覆われている。取り込んだ栄養は、絨毛の内部にある毛細血管・毛細リンパ管に移動する。

絨毛で覆われている。吸収された物質はいったん粘膜上皮に取り込まれ、その後、毛細血管やリンパ管に移動する。

5·5·2 糖、アミノ酸、脂肪の吸収メカニズム

小腸の最も重要な役割は、炭水化物が分解された**単糖**、タンパク質が分解された**アミノ酸**、脂肪が分解された**脂肪酸の吸収**である。小腸では、十二指腸で分泌された消化酵素が引き続き活性をもち、消化を進める。それに加え、小腸の粘膜上皮からは新たに消化酵素が分泌される。

まず、糖は単糖にまで消化される（図5·10左）。例えば、**アミラーゼ**によって消化されてできた麦芽糖は二糖類であるが、小腸で分泌されるマルターゼによって単糖であるグルコースに分解される。ほかにも、**ラクターゼ**や**スクラーゼ**なども小腸から分泌され、ガラクトースやフルクトースに分解される。この消化は膜消化とよばれ、微絨毛付近で行われる。分解された単糖は、糖の**トランスポーター**（**輸送体**：細胞膜に存在する、専用の通り道）を経由し、場合によってはナトリウムイオンとの共輸送によっても細胞内に取り込まれる。また、タンパク質も、十二指腸から分泌された**トリプシン**に加え、**アミノペプチダーゼ**が小腸から分泌され、アミノ酸の単位に分解が進む。そして単一アミノ酸、もしくは数個のアミノ酸がつながった状態で、やはり粘膜上皮から単一拡散、もしくは交換輸送によって取り込まれる。こうして粘膜上皮細胞に取り込まれた単糖やアミノ酸は、基底膜から能動輸送によって毛細血管に移動する。

一方、**脂肪**は少し面倒なステップを踏む（図5·10右）。小腸では**リパーゼ**の働きにより、脂肪の単位である**トリグリセリド**は直鎖状の**脂肪酸**とモノグリセリドに分解される。これらが、小腸上皮細胞に取り込まれる。さて、取り込ま

5章
消化器系

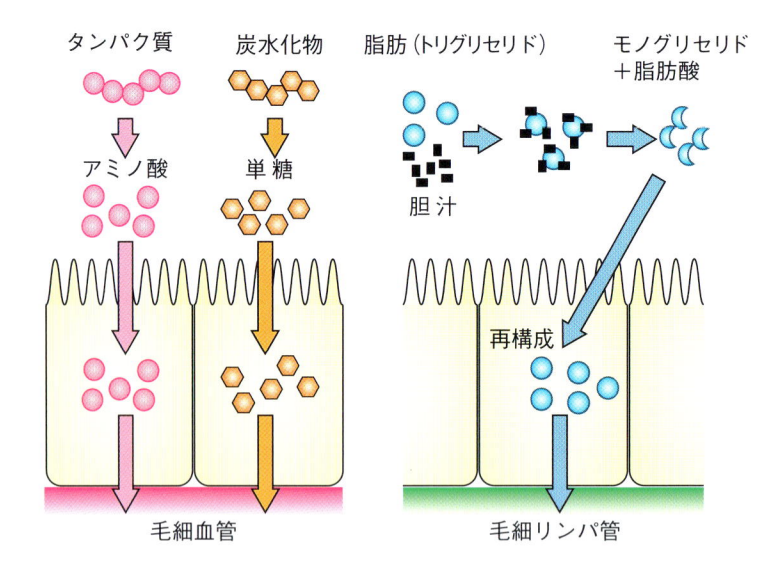

図5·10　小腸におけるタンパク質・炭水化物・脂肪の分解と吸収
　タンパク質・炭水化物は分解された後、小腸の上皮に吸収され、さらに
毛細血管に移動する。一方、脂肪は胆汁と混ざった後、モノグリセリド
と脂肪酸に分解、吸収され、さらに細胞内でトリグリセリドに再構成さ
れて毛細リンパ管に移動する。

れた脂肪酸とグリセリンは、細胞内で再度組み立てられ、トリグリセリドとなる。
この形で体内に運ばれるのであるが、糖やアミノ酸と違い、トリグリセリドは
リポタンパク質からなる球状のカプセルのような構造に包まれる。これを**キロ
ミクロン**（カイロミクロンともいう）という（コラム参照）。キロミクロンは、
毛細血管ではなく毛細リンパ管に取り込まれる。毛細リンパ管は集合して太い
リンパ管となり、これは最終的に鎖骨付近で静脈につながる。

5·6　大腸：水分の再吸収と腸内細菌

　小腸で必要な栄養分を吸収された食物は、**大腸**に進む。大腸は**結腸**と**直腸**に
分類され、結腸はさらに盲腸、上行結腸、横行結腸、下行結腸、S状結腸に分け
ることができる。結腸は、数センチごとに縄でゆるく縛ったように見えること
からその名がついている。一般に大腸は小腸よりも太く、また小腸に特徴的な
腸絨毛がない。上皮からは粘液を分泌し、便通の助けとなるだけでなく上皮が
食物によって傷つけられることを防ぐ（図5·11）。

　大腸の役割の一つは水分の吸収である。特に陸上動物の場合、水分の喪失は
深刻な問題である。小腸までは消化吸収を効率よく行うため食物には水分が多
く含まれているが、これを大腸で可能な限り吸収する。ただ、水分そのものは

コレステロールとキロミクロン

　生活習慣病との関連で**コレステロール**という言葉はよく耳にする。コレステロールは、ステロイド環とよばれる化学構造にヒドロキシ基がついたものが基本骨格となる化学物質で、名前のとおり、アレルギー性皮膚炎や花粉症の治療でも登場するステロイド薬と化学構造が似ている（コラム図5·1a）。

　コレステロールはなにかと無駄なもの、だめなもの扱いされるが、コレステロールは動物細胞における細胞膜の構成成分として重要であり、なくてはならないものである。実はコレステロールは食物から直接摂取されるのではなく、体内（肝臓や皮膚）で合成される。合成されたコレステロールは血管を通して体内に運ばれる。このとき、コレステロールは**リポタンパク質**というカプセルのようなものに包まれ（コラム図5·1b）、その大きさによって小さい方から順番にHDL、LDL、そして最も大きいのが本文でも記載した**キロミクロン**である（コラム図

5·1c：ほかにもVLDL、IDLなどがあるがここでは省略する）。健康診断などでよくLDLコレステロールなどとよばれるが、これらはコレステロールそのものではなく、あくまで球状の構造を指す。構成比もそれぞれ異なっていて、コレステロール含量はLDLが一番多くて約45％あるが、キロミクロンは7％ほどである。一方、トリグリセリドはキロミクロンが85％と最も多い含有率となっている。これが、キロミクロンを健康診断などで「中性脂肪」とよぶ根拠となっている。

　LDLは、肝臓からコレステロールやトリグリセリドを細胞に送る働き、逆にHDLは余分なコレステロールを組織から肝臓に戻す働きがある。HDLは血管中のコレステロールも回収する働きがあるため、「善玉」コレステロールともよばれる。キロミクロンは小腸から肝臓に向け、トリグリセリドを輸送する。また、肝臓でトリグリセリドを（一部）放出したキロミクロンはLDLとなり、さらに末梢に向けてコレステロールやトリグリセリドを運ぶ。

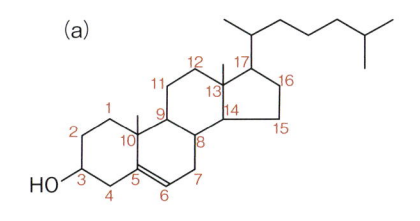

(a)

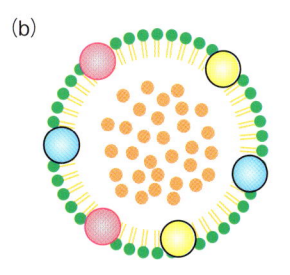

(b)

(c)

	大きさ	トリグリセリド	コレステロール	輸送の方向
キロミクロン	大	多い	少ない	小腸→肝臓
LDL	中	少ない	多い	肝臓→末梢
HDL	小	少ない	中程度	末梢→肝臓

コラム図5·1　HDL・LDLとキロミクロン
(a) コレステロールの分子構造。(b) リポタンパク質の構造。細胞膜のような球状のカプセルの中にコレステロールやトリグリセリドが含まれる。(c) リポタンパク質の分類。

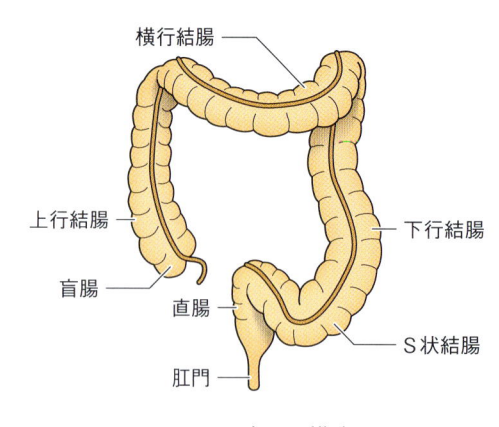

横行結腸

上行結腸

盲腸

直腸

肛門

下行結腸

S状結腸

図 5・11　大腸の構造
結腸、直腸から構成される。

小腸でも吸収されることには注意が必要である。大腸のもう一つの役割は、小腸までで分解できなかった食物の分解である。その代表例は食物繊維である。ヒトはセルラーゼのような、植物の細胞壁を直接分解するような酵素はもっていないので、かわりに**腸内細菌**がその役目を担う（コラム参照）。最終的には、肛門から便が排出される。肛門には肛門括約筋があり、排便のコントロールを行っている。

腸内細菌

　大腸の内には、腸内細菌が数百兆個も存在すると言われる。また、その種類もさまざまで、重さは大人の場合で合計 1kg ほどにもなる。このような腸内細菌の全体を指して**腸内細菌叢**、あるいは**腸内フローラ**ともよばれる。腸内細菌は、体にとって良いもの（善玉菌）、悪いもの（悪玉菌）、そして普段は何もしないが体調の変化により悪い働きに変わるもの（日和見菌）の三種類に分類される。

　善玉菌の代表例は**乳酸菌**や**ビフィズス菌**である。例えば乳酸菌は腸内を酸性にすることで、悪玉菌の増殖を抑えることができる。また、バクテロイデス門に属する細菌は、食物繊維をはじめとする、さまざまな難分解性の食物を分解する働きがある。

　一方、**ブドウ球菌**などはメタンなどのガスを産生し、便の臭いのもとになる。日和見菌の代表例は**大腸菌**や**レンサ球菌**で、免疫の機能が低下したり体調不良になったりすると、悪い働きをするようになる。なお、腸内細菌の種類は、年齢によって違うことが知られている。これは、摂取する食物の違いとも関係がありそうである。

便

　いわゆる「うんち」。汚いものとされ、勉強でもあまり詳しくは触れられないが、われわれが摂取した食物の最終形であり、知っておくべき重要なこともある。まず、便はなぜ茶色か？　という問題である。これは、ヘモグロビンの構成要素であるヘムが分解されたビリルビンという物質が胆汁酸に含まれ、腸に放出される。ビリルビンは腸内細菌の作用でウロビリノーゲン、さらにステルコビリンとなる（コラム図 5・2）。このステルコビリンが茶色であり、便の色となる。なお、ウロビリノーゲンは小腸で吸収され、酸化されるとウロビリンとなる。ウロビリンは黄色であり、これが尿の色のもととなる。

　便は食物のかすを含むがすべてではない。実は便には、吸収しきれない水分（約 60 ％）に加え、腸の細胞の死骸（15 〜 20 ％）、そして腸内細菌（10 〜 15 ％）が多く含まれ、食物のかすはわずか 5 ％程度しかない。

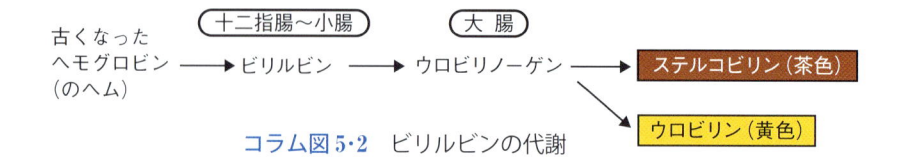

古くなった
ヘモグロビン　→　ビリルビン　→　ウロビリノーゲン　→　ステルコビリン（茶色）
（のヘム）

└→　ウロビリン（黄色）

十二指腸〜小腸　　　大　腸

コラム図 5・2　ビリルビンの代謝

5·7 肝臓：栄養の貯蔵

5·7·1 肝臓の構造

肝臓は一つ、と思っている方も多いかもしれない。しかしヒトの場合、実際には四つの部分に分かれている。肝臓の断面を見ると、中心に管をもつバームクーヘンのような構造が並んでいるように見える。これを**肝小葉**という（図5·12a）。中央の管は**中心静脈**といわれ、そこから毛細血管（肝類洞）が放射状に伸び辺縁部に位置する**肝静脈**（小葉間静脈ともいわれる、肝門脈の分枝）につながる（図5·12b）。肝静脈近くには肝動脈も走っており、毛細血管につながっている。肝細胞は、毛細血管に沿って規則正しく並んでいる。さらに、肝細胞の間は、毛細血管に加え毛細胆管が走っており、やはり肝小葉の辺縁部にある胆管に集合して肝外に出る。

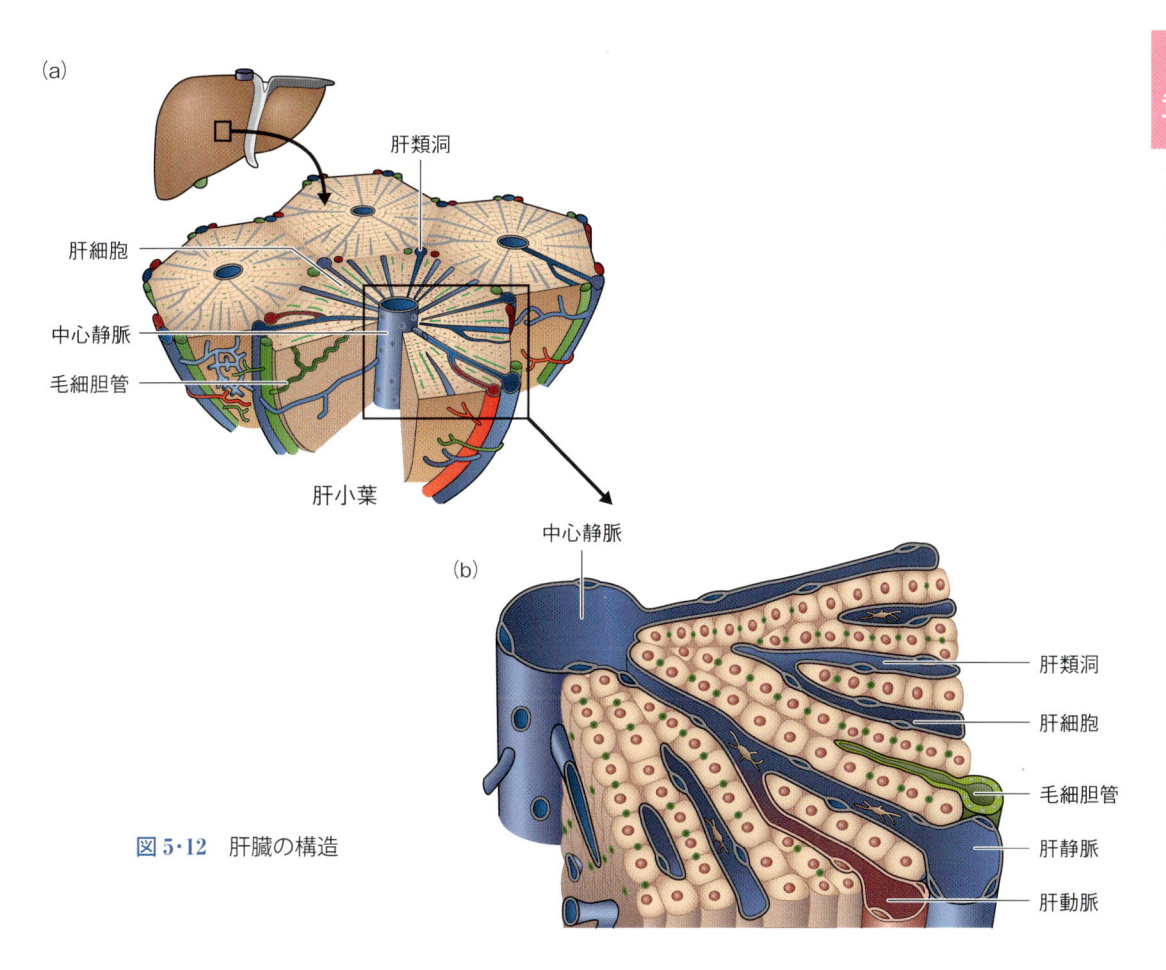

図5·12　肝臓の構造

5·7·2　肝臓の機能

　　肝臓はきわめてたくさんの役割を果たしている。摂取した栄養分の代謝、体から生じた老廃物・毒素の分解、胆汁の生産などである。栄養分の例として**グルコース**を挙げる。小腸で吸収されたグルコースなどの単糖（☞ 5·5 節）は毛細血管に移動したのち、静脈を通って運ばれるが、通常の末梢器官から心臓に戻される静脈とは異なり、肝門脈（6·3·3 項でも触れる）を経由して肝臓につながっている。こうして運ばれてきたグルコースは、肝細胞（肝実質細胞）で**グリコーゲン**に変換され、貯蔵される。

5 章のまとめ

- 食物から栄養を得る過程は「摂取」「消化」「吸収」「排泄」の四つから構成される。

- 食物は口から摂取される。顎や舌に加え、歯は食物の物理的な破砕、唾液は食物に湿り気を与える役目がある。食道は、食物を胃に運ぶだけでなく、その入り口で食物と空気の取り込みを制御することにも関わる。

- 胃では、胃酸と消化酵素が分泌され、食物を化学的・生物学的に消化する。消化酵素は胃酸による低 pH で初めて活性をもつ。

- 膵臓では消化酵素が作られ、胆嚢には肝臓で作られた胆汁が蓄えられ、十二指腸に放出されて食物の消化を始める。

- 小腸では食物の消化が進み、腸絨毛から分解された栄養分を取り込む。取り込まれた糖とアミノ酸は毛細血管に移動する。脂肪は胆汁と混ざり、分解されて腸上皮に取り込まれ、再構成された後リポタンパク質の状態で毛細リンパ管に移動する。

- 大腸では水分の吸収が行われ、また、腸内細菌の力を借りたさらなる食物分解が進む。

- 肝臓は、小腸から吸収した栄養の貯蔵をはじめ、老廃物・毒の分解などさまざまな役割を果たす。

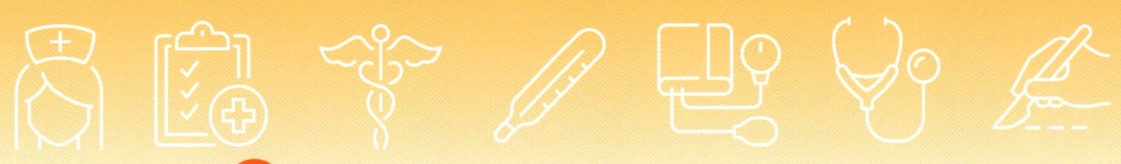

6章　呼吸器系・循環器系

　われわれ動物は、エネルギーを得るために酸素が必要である。また、代謝の結果、二酸化炭素が生じる。これらガスを取り入れたり排出したりするために呼吸器が必要となる。さらに、取り入れた酸素は、消化器系を使って取り入れられた栄養とあわせ、体内のすべての細胞に供給する必要がある。このために循環器が必要となる。

　この章では、呼吸器、そして循環器がどのように役割を果たすかについて、ヒトを含む動物の例を挙げながら説明を進める。

6·1　ガスの交換

　動物が生きていくためには酸素が必要である。また、二酸化炭素を体外に放出する必要もある。そもそもそれはなぜだろうか。ここで考える必要があるのは「呼吸」である。しかしややこしいのだが、この章で出てくる呼吸ではなく、細胞の代謝で出てくる、ミトコンドリアで行われる細胞呼吸のことである。糖が解糖されてピルビン酸ができ、ピルビン酸はクエン酸回路により代謝が進むが、このときに代謝産物として二酸化炭素が生成される。

　一方、NADH や FADPH が作られた後、電子伝達系で ATP が合成されるが、その駆動力はプロトン（H^+）である。このプロトンを作り出すため、酸素が必要となる。以上については 3·5 節で述べたので、改めて見返してほしい。いずれにせよ、動物が生命活動を行ううえで、ガス交換は必須である。

　さて、ガスはどのように交換されるか。ヒトを含む哺乳類は肺を使ってガスを交換するが、動物全体を見渡すと、さまざまな交換様式がある。身近な例では魚の鰓である。魚は鰓に水を通し、水に含まれるガスを体内に取り入れる。ほかにも、皮膚から直接ガス交換するもの（両生類や環形動物）、気管とよばれる管から酸素を取り入れるもの（節足動物）、ヒトデ（棘皮動物）のように表面の棘のような構造（皮鰓とよばれる）を介してガス交換するものなど、さまざまなものが知られる（図 6·1）。

　こういったガス交換において、水や空気から酸素だけを取り出すことができ

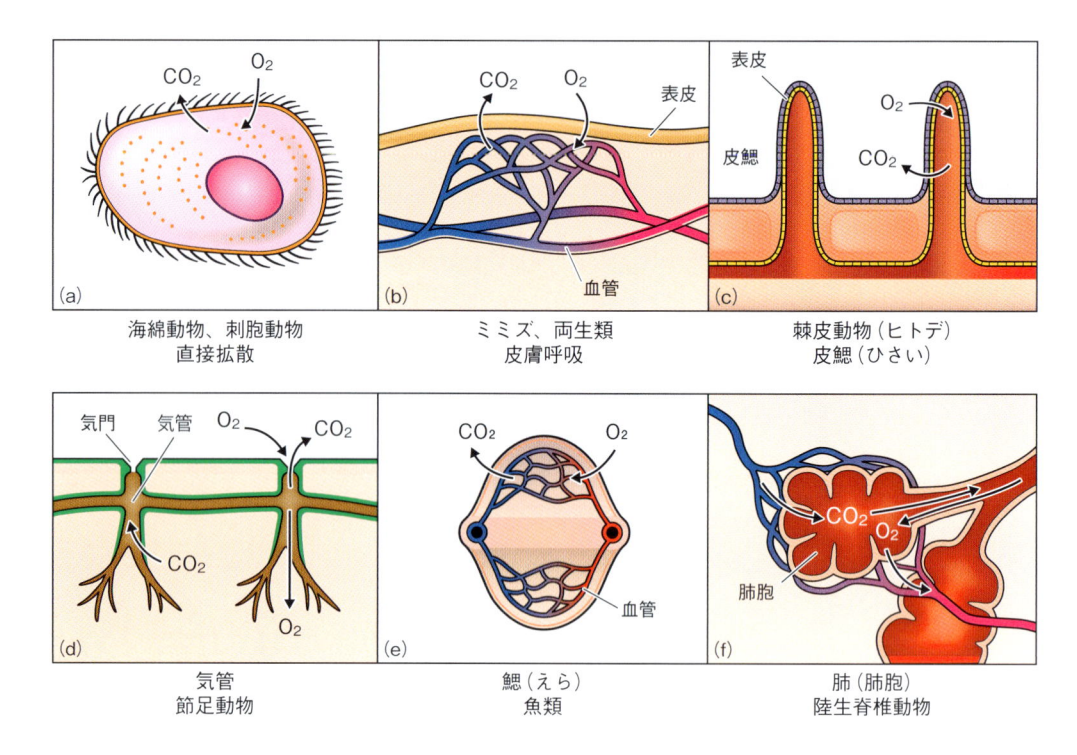

図6·1　さまざまな動物のガス交換の様式

ればいいのだが、残念ながらヒトも含めそのような高級な装置が備わっている
動物はいない。実は、ガス交換の基本原理は化学平衡である。難しい言葉を使
わず簡単にいうと、酸素濃度の高い方から低い方に酸素は移動するし、二酸化
炭素濃度の高い方から低い方に二酸化炭素は移動する。といった具合に、いわ
ば受動的な交換システムなので、ガス交換を行う上ではさまざまな工夫が必要
となる。最も単純な工夫は、交換面の表面積を広げること、あとは交換面の厚
みを薄くすることである。4·2·1項で説明したように、肺胞も毛細血管も単層上
皮細胞で、これらはどちらも交換面の厚みを可能な限り薄くした典型例である。

　もう一つの工夫として、**対向流交換**について説明する。魚の鰓では、鰓を通
過する水の中の酸素が体内の血管に直接とりこまれる。図6·2にその様子を示す。
血液の流れ、水の流れはどちらの方向かというと、答えは逆向きである。それ
はなぜだろう。仮に同じ向きだとする（並行流）。このとき、酸素を多く含む水
と、酸素が少ない血液が出会い、化学平衡の原理に従って水から血液に酸素が
急速に移動する。血液の流れが進んでも、あるいは水の流れが進んでも、酸素
濃度が水＞血液の間は水→血液という酸素の移動が生じ続ける。ところが、水
と血液の酸素濃度が釣り合ってしまうと、その後は酸素の移動が起こらなくな
る。一方、血液と水の流れが逆だとする（対向流）。このとき酸素が少ない血液は、

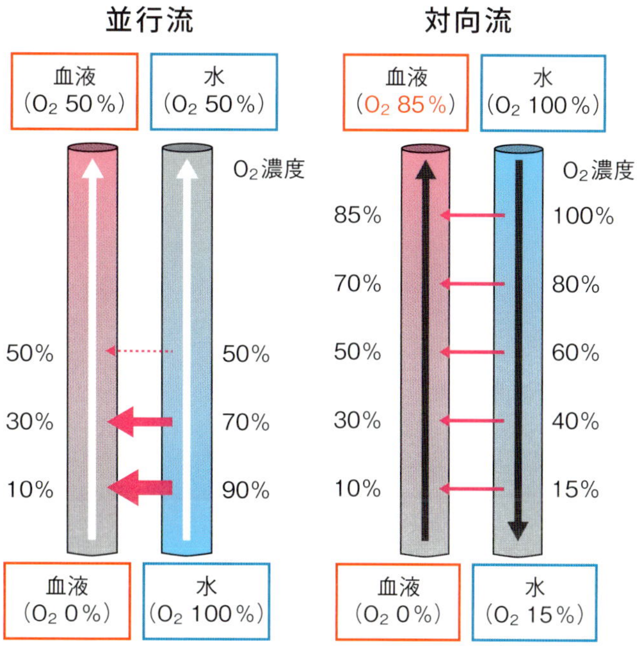

並行流　　　　　　　　　　対向流

図6・2　対向流交換
並行流（左）では、最初は水と血液で大きな酸素濃度差があり効率よく酸素が血液に移動するが、やがて同じ酸素濃度になると、それ以上酸素は移動しなくなる。一方、対向流（右）では常に水の酸素濃度の方が血液より高いので、接触するすべての位置で酸素が血液に移動し、結果として多くの酸素を血液に受け渡すことができる。

すでにある程度酸素移動が終わった酸素の少ない水と出会う。とはいえ、それでも血液の酸素濃度は水より低いため、それなりに酸素は移動する。実は対向流の場合、酸素濃度は常に血液＜水となるため、結果的には水から多くの酸素を血液に取り込むことができる。以上のような一工夫をすることで、ガス交換を少しでも効率よくしようとしているのである。

6・2　肺の構造と機能

　ヒトの**肺**は、5・2・3項でも触れた<u>声門</u>から分岐し、気管を経て左右に分岐した<u>気管支</u>につながる。気管支はさらに<u>細気管支</u>に分岐し、最終的には<u>肺胞</u>と連結している（図6・3a）。

　肺胞について少し説明する。肺胞は肺の内部にある袋状の構造であり、成人ではおよそ5億個も存在する。ただ、一つ一つが独立しているというよりは、集合体のようになっている。肺胞を構成するのは、<u>Ｉ型肺胞上皮細胞</u>と<u>Ⅱ型肺胞上皮細胞</u>、そして<u>毛細血管</u>である（図6・3b）。

　Ｉ型肺胞上皮細胞は扁平肺胞上皮細胞ともよばれるとおり薄っぺらな細胞で、これらの細胞を下支えする基底膜、そして毛細血管壁の合計3層を介してガスが行き来する。これを**血液空気関門**とよぶ。Ⅱ型肺胞上皮細胞は、大肺胞上皮細胞ともよばれ、肺サーファクタントとよばれる界面活性剤のようなものを分

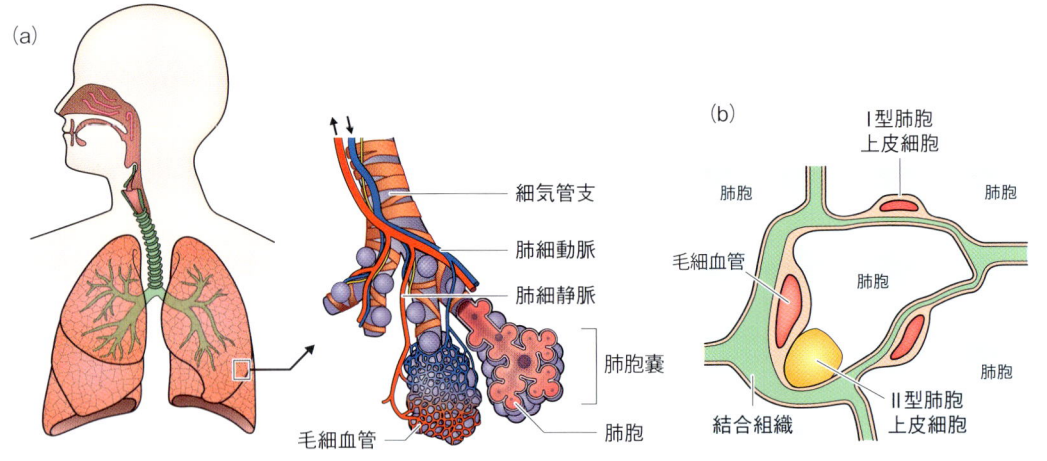

図 6・3　肺 (a) と肺胞 (b) の構造
口から取り入れた空気は、気管支、細気管支を経て肺胞囊の中に入る。肺胞の周りには多数の毛細血管が入り込んでいる。肺胞は薄いⅠ型肺胞上皮細胞で囲まれており、結合組織を介して毛細血管と接している。肺胞のところどころにⅡ型肺胞上皮細胞があり、肺サーファクタントを分泌している。

泌することで、薄い膜のⅠ型上皮細胞がクチュクチュっと縮んでしまうことを防ぐ。

　さて、肺はどのようにして空気を中に入れるのだろう。ハイキングで山頂に到着すると、つい深呼吸をしたくなる。このとき、私たちの感覚では、口や鼻から息を「吸い込んで」空気を取り入れているように思うがこれは正しくない。口や鼻はあくまで入り口であり、空気を取り入れる原動力は**横隔膜**と**肋骨筋**である（図 6・4a）。空気を取り入れようとする時、横隔膜が収縮して下に下がり、

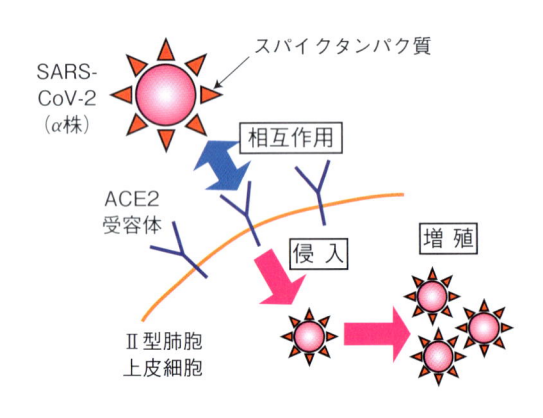

コラム図 6・1
SARS-CoV-2（α株）は、スパイクタンパク質が肺胞の ACE2 受容体と相互作用して細胞内に侵入する。

COVID-19 と 肺 胞 上皮細胞

　COVID-19 の 感 染拡大初期に登場したSARS-CoV-2 の α 株^{あるふぁ}は、重篤な呼吸障害を引き起こすことで恐れられた。呼吸器障害をおこす理由としては、α株の感染経路が挙げられる。SARS-CoV-2は、ウイルスの表面にあるスパイクタンパク質を、相手の細胞の表面にあるタンパク質と結合させることで細胞の中に侵入する。α 株は、Ⅱ型肺胞上皮細胞の表面にある ACE2 受容体を介して細胞内に侵入して増殖し、Ⅱ型肺胞上皮細胞にダメージを与える。すると、肺サーファクタントの分泌が阻害され、肺胞が十分にふくらまず酸素の取り入れ効率が悪くなり、結果として重篤な呼吸不全の症状を起こす（コラム図6・1）。

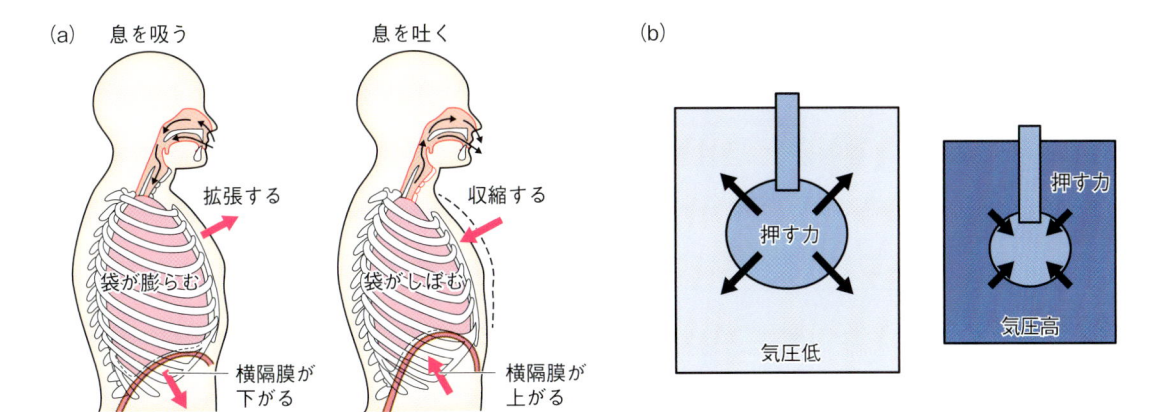

図 6·4　呼吸

(a) 息を吸うと横隔膜が下がり、肺を包む袋（胸膜）が拡張する。息を吐くと、横隔膜が下がって袋がしぼむ。(b) 肺胞の拡張と弛緩。胸膜が拡張すると、胸膜で囲まれた部分の気圧が下がり、結果として肺胞が膨らむ。胸膜が縮小すると、袋の気圧がもとにもどって肺胞も縮小する。

また肋骨筋も収縮することで、胸部が拡張する。ちなみにこれも誤解されやすいのだが、口から入る空気は肺の袋の中に入るわけではなく、あくまで空気は肺胞に入る。ではどのようにして肺胞に空気が入るかというと、肺の袋が拡張することで袋の中の気圧が下がり、その結果として肺胞が膨らむ。つまり空気が肺胞内に入ってくる（図 6·4b：飛行機に乗ると上空で、未開封のお菓子の袋が膨らむのと同じ原理）。逆に、横隔膜が弛緩すると、胸部が狭くなり、肺の気圧が上がって肺胞がしぼむ。このようにして肺は空気を肺胞に出し入れしている。つまり、空気は「吸い込んでいる」のではなく、肺の大きさを変えることで、結果的に空気が中に入ってくるのである。肺に穴があく**気胸**という病気があるが、これは横隔膜・肋骨筋が収縮しても肺から空気が漏れるので気圧が下がらず、肺胞が膨らまなくなるため呼吸不全がひき起こされる。

　肺について、一つの疑問がある。それは消化器系と違い、出口と入り口がなぜ分けられていないのだろう、ということである。おそらく、呼吸器系も一方通行性が維持された方が良いが、そのような呼吸器系をもつ動物はいない。ただし、鳥類だけは、部分的に呼気吸気が一方通行になるような工夫がある（図 6·5）。鳥は**前気嚢**と**後気嚢**をもつ。吸い込んだ空気はまず、後気嚢に貯められる。つぎに吐き出すとき、その空気は直接口に戻らず、**傍気管支**に移動する。さらに息を吸い込んだとき、傍気管支の空気は前気嚢に移動し、最後の吐き出しで口から呼気が出ていく。これは、出入り口が一つしかなくても、吸った空気と吐き出す空気がなるべく混じらないようにするための工夫といえる。

　最後に、呼吸のコントロールについて説明する（図 6·6）。われわれは激しい運動をすると、呼吸数が上昇する。苦しいから脳で呼吸を増やせ、と考えるの

6章

呼吸器系・循環器系

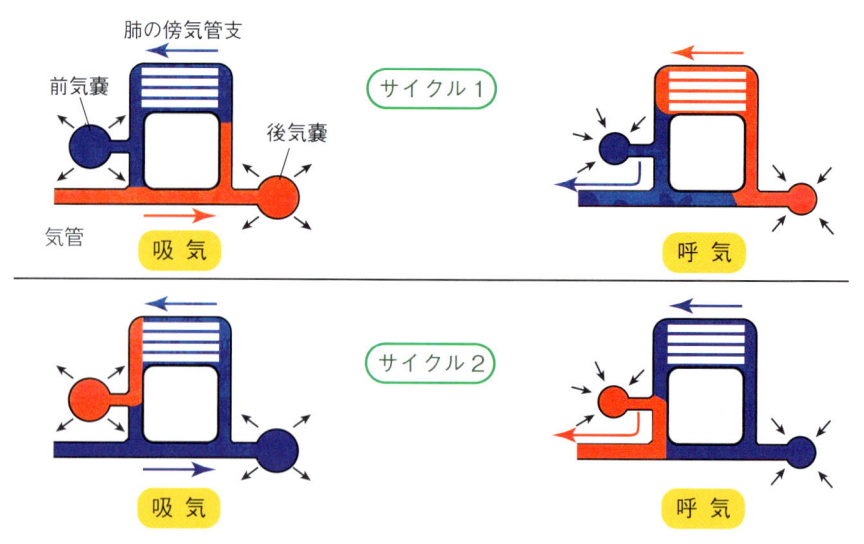

図6·5　鳥類の肺
呼気は最初、後気嚢に送られて酸素が取り込まれる。次の呼吸のサイクルで、後気嚢の空気は傍気管支を経由して前気嚢に送られ、ここで二酸化炭素を受け取って体外に排出される。これにより、酸素を多く含む空気と少ない空気が肺の中で混じり合いにくくなる。

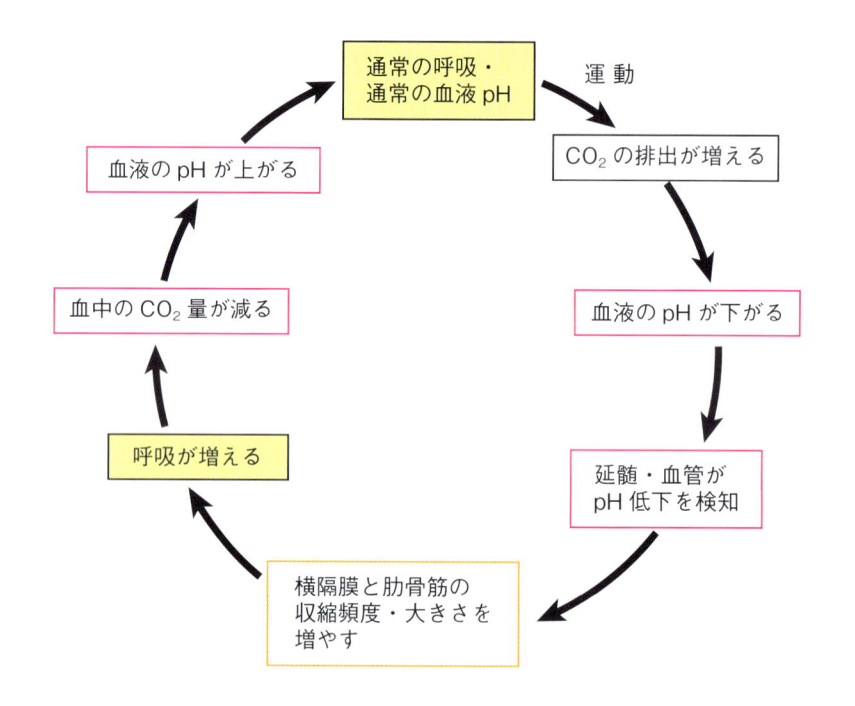

図6·6　呼吸のコントロール
運動をすると血液のpHが下がり（右）、それを感知した脳が呼吸数を増やす（下）。やがて血液のpHが元に戻ると（左）、呼吸は定常状態に戻る（上）。

かというと、皆さんご存じのように呼吸数は自動的に増える。では、どのように制御されているのかというと、実は血液にポイントがある。運動などで代謝が亢進しCO_2を多く排出すると、血液の pH は下がる。後述するように、排出されたCO_2の一部は**炭酸水素イオン**（HCO_3^-）に置き換えられるが、これは陰イオンであり、CO_2とともに血液の pH が下がる原因となる。このことを血管、あるいは直接延髄が感知し、肋骨筋や横隔膜の収縮・弛緩の速度や大きさを増やすように指令を出す。呼吸数が増えたり深くなるとCO_2の排出が進み、血液の pH はもとに戻る。するとそれを感知した延髄は呼吸数や深さをもとに戻す。

6·3　血管と循環系

6·3·1　循環系の意義

　そもそも、血管や血液はなぜ必要なのだろう。酸素や栄養を個体の外と直接やりとりするような海綿動物では、血管系の必要がない。多くの動物では、当たり前だが細胞が体の内部にも存在していて、仕組みが何もないと酸素や栄養を供給することができない。つまり循環系は、交換面（小腸や肺）と細胞をつなぐために必要なのである。さらに、細胞が出す老廃物や不要な物質の排出、ホルモンといった体内の環境をコントロールする物質の輸送にも必要である。

6·3·2　血管の構造

　血管には**動脈**、**静脈**、**毛細血管**の3種類があることは、おそらくこの本の読者であればご存じだと思う。では、この三つは何が違うのだろうか。動脈は酸素を多く含む血が、静脈は二酸化炭素が多い血が流れている……は例外はあれどおおむね正しいのだが、ここでは構造上の違いに触れたい。動脈と静脈はどちらも外膜、中膜、内膜から構成され、中膜には平滑筋が含まれる（図6·7a, b）。動脈と静脈の違いは、これらの厚さである。平滑筋層は、動脈は厚く、静脈は薄い。その理由は、動脈は収縮運動を行うとともに、心臓から出る圧力の高い血の流れから血管を保護するためであると考えられる。一方、ほかの層の厚みは動脈と静脈で変わらず、また動脈と静脈の直径も大きくは違わない。その結果、管の内径に違いが生じる。管の内径は、静脈の方が大きい。これは、末梢組織に到達した血を効率よく心臓に戻すためであろう。もう一つ違うのは、静脈には弁（**静脈弁**）が存在することである。これは圧力が弱まった血流を、末梢→心臓の方向に逆流させないためである。なお、同じ動脈の中では、大動脈、動脈、細動脈と分類でき、太さも違っている。大動脈の最も太い部分では、直径が2

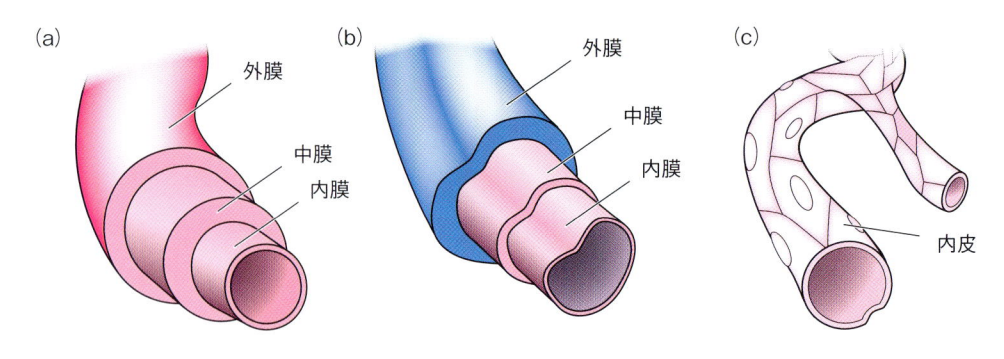

図 6・7　血管の構造
(a) 動脈。(b) 静脈。(c) 毛細血管。構造の違いをわかりやすくするため縮尺は変えている。

センチ以上もある。

　以上のように、動脈、静脈は違いがありつつ類似点も多い。一方、毛細血管はまったく異なる構造である（図 6・7c）。中でも最も重要な違いは、毛細血管は一層である点である（☞ 4・2・1 項）。それだけでなく、その一層も非常に薄い。それはなぜか。毛細血管の最も大事な役割は、運んできた栄養やガスを細胞に届けることであるが、当然それらは血管壁を通して行われるので、血管に厚みがあればあるほど、その効率は悪くなる。よって、毛細血管壁はなるべく薄く作られているのである。また、動脈から毛細血管に分岐する部分には括約筋が備わっている。この括約筋が収縮すると、その先の毛細血管には血液が流れなくなる。これにより、栄養やガスが十分に供給されている部分の血流量を減らすことができる。また、括約筋の収縮は定常的に起こっており、毛細血管の血流に強弱をつけることで、一定の血流強度に比べ末端まで血液が流れやすくなっているともいわれている。

6・3・3　血管ネットワーク

　次に、全身の血管のネットワークについて概説する（図 6・8a）。まず、肺（肺胞の毛細血管）から心臓に向けて肺静脈がつながっており、心臓の左心房に入る。心臓の左心室からは大動脈が発出しており、全身に血液を流す。全身からは大静脈が心臓につながり、心臓の右心房に入る。右心室からは肺動脈が発出し、肺につながる。以上の「一方通行性」のおかげで、肺からの酸素を多く含む血液と、全身から戻ってきた二酸化炭素を多く含む血液が混じり合うことはない。ここまでは高校までの学習ですでに知っている方も多いと思うが、それ以外にも重要な血管のルートがある。門脈は、上記の肺—心臓—末梢—心臓—肺とは異なる経路で、いくつかの種類があるが、最も知られるのは**肝門脈**である（図

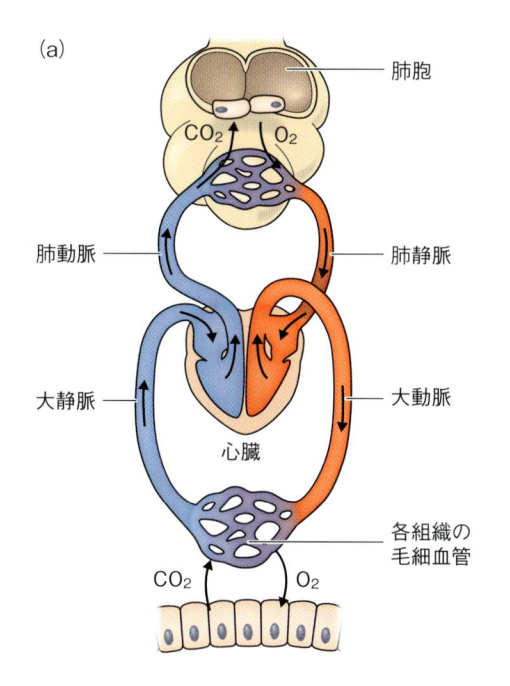

(a)

肺胞

CO_2　O_2

肺動脈

肺静脈

大静脈

大動脈

心臓

各組織の
毛細血管

CO_2　O_2

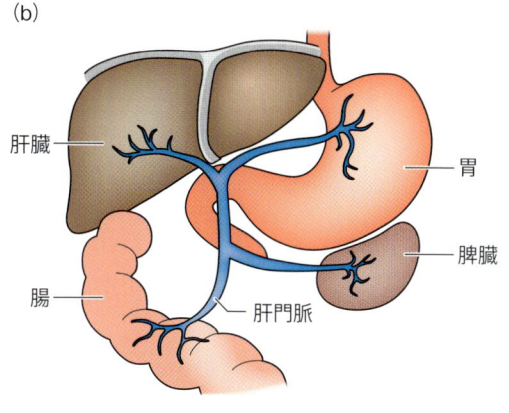

(b)

肝臓

胃

脾臓

腸

肝門脈

図6・8　血管のネットワーク
(a) 全身の血管網。心臓を出た動脈血は大動脈を経て組織の毛細血管に送られる。静脈血は心臓に戻り、肺動脈を経て肺に到達し、ガスを交換する。酸素を含む血液は心臓に戻る。(b) 肝門脈。腸と肝臓をつなぎ、吸収した栄養を運ぶ。

6・8b）。肝門脈は、消化管や膵臓から肝臓につながる血管で、腸で吸収した栄養や脾臓で分解された物質を肝臓に運ぶために重要な役割を果たす（5・7節も参照）。**門脈**は肝門脈だけでなく、脳下垂体や副腎につながるものもある。

6・4　心　臓

ここで改めて、**心臓**の構造などについても説明する。

6・4・1　心臓の構造

　脊椎動物の**心臓**は、**心房**と**心室**から構成されている（図6・9）。心臓に入ってきた血液はまず心房に送られ、次いで心室に移動する。ここで強い拍動を受けて勢いよく心臓を出ていく。心房と心室の数であるが、魚類は1心房1心室、両生類は2心房1心室、爬虫類・哺乳類は2心房2心室である。魚類では、肺を通過した酸素を多く含む血液が心臓に入り、体全体に供給される。末梢で二酸化炭素を多く受け取った血液は、そのまま直接肺に移動する。両生類では、肺には行かず心臓に戻り、心房→心室を経て肺に戻る。ただ、心室は一つしかないので、ここでは酸素を多く含む血液と二酸化炭素を多く含む血液が混じり合ってしまう。2心房2心室では、心室も左右に区切られているので、両者は混じり合わず、完全な一方通行性を実現している。

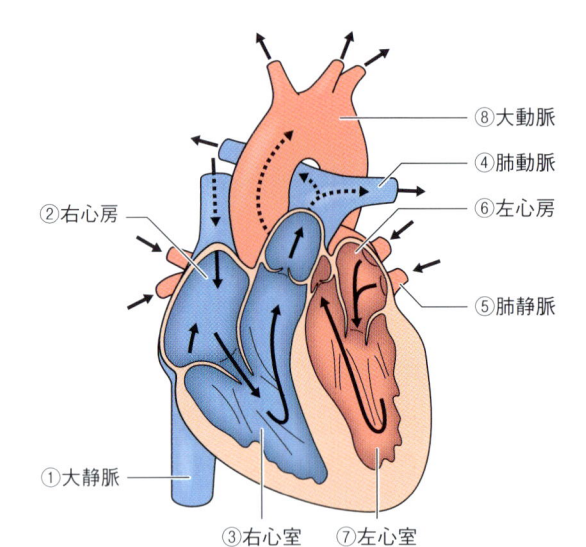

図 6·9　心臓の構造
静脈血が全身から戻ってきてからの
血流の順序を数字で示す。

①大静脈　②右心房　③右心室　④肺動脈　⑤肺静脈　⑥左心房　⑦左心室　⑧大動脈

　一方通行性だけを考えると、1 心房 1 心室でも良いのであるが、2 心房 2 心室のメリットは、肺に血を送り出す力と全身に血を送り出す力を変えることができる点である。当然ながら、全身に血を送り出す力の方が強い必要があり、実際 5 〜 6 倍の違いがある。この違いを生み出すことは、1 心房 1 心室では難しい。

6·4·2　心臓の拍動

　さて、心臓が血を肺や全身に送り出すためには拍動することが必要である。心臓の拍動は全体がシンクロしているかというとそうではなく、心房の収縮と心室の収縮のタイミングがずれている。これを生み出すのが、**洞房結節**と**房室結節**という、二つの器官である（図 6·10）。洞房結節は右心房壁に存在する細胞集団で、電気インパルスを発生させる。このインパルスは、神経における脱分極（☞ 11·1·2 項）と同じである。この脱分極が心筋に伝わることで、心房の心

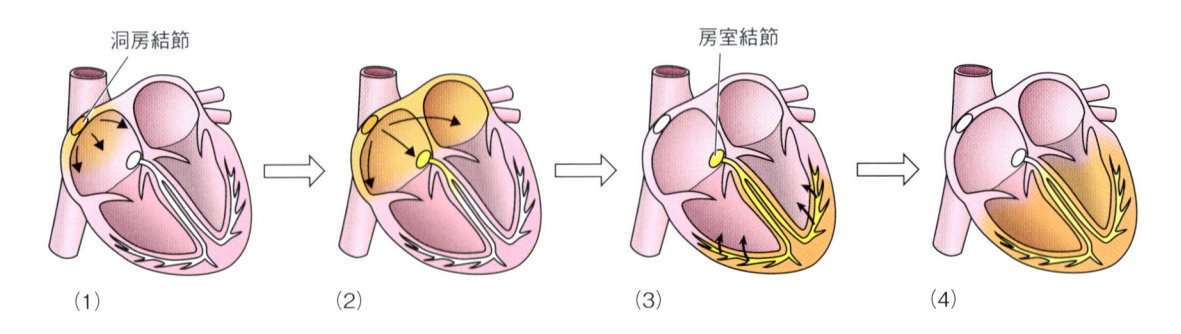

(1)　(2)　(3)　(4)

洞房結節　房室結節

図 6·10　心臓の拍動
洞房結節が電気インパルスを発生させると (1)、その電気信号が心房に伝わり心房が収縮する (2)。また、この電気信号は房室結節の電気インパルスを発生させ (3)、電気信号が心室に伝わって心室を収縮させる (4)。

筋が収縮する。このとき、電気インパルスは、左右の心房を仕切る壁に存在する房室結節にも伝わる。房室結節では新たに電気インパルスが発生し、この脱分極は心室の心筋に伝わり、収縮をうながす。ポイントは、洞房結節で発生する電気インパルスと房室結節で発生する電気インパルスのタイミングがずれることである。これにより、心房をまず収縮させて心室に血液を送り、次に心室から全身に血液を送り出す、という一連の動きが可能となる。以上の電気信号を記録したものが心電図である（コラム図6・2a）。

6・4・3 血 圧

心臓の拍動によって、心臓に貯められた血液に圧力が発生し、血液が全身に送り出される原動力となる。これが血圧であるが、当然ながら血圧は一定では

心電図と血圧測定

6・4・2項で説明したとおり、心臓の拍動は洞房結節と房室結節で生じる電気インパルスと深い関係がある。この微弱な電流を捉えるのが**心電図**である。典型的な心電図をコラム図6・2aに示す。まず洞房結節で生じる電気インパルスはP波として計測される。次いで、約0.1秒後に大きな波（下向きのQ波とS波、上向きのR波、併せてQRS波とよばれることもある）が観測される。最後に観測されるT波は、心室の再分極に対応するピークで、心室の収縮が元に戻るときに発生する。心電図では、脈拍の異常だけでなく、このような一連の波の高さや幅などから心臓の異常を知ることができる。

血圧測定では、腕章のように腕にまき、空気を入れることで上腕を圧迫するカフが用いられる（コラム図6・2b）。カフに多くの空気が入り強く腕が圧迫されると、カフ下の脈拍が聞こえなくなる。このときの圧力を**収縮期血圧**とする。カフの空気を抜くとやがて脈拍が聞き取れるようになるが、さらに空気を抜くと、再びカフ下の脈拍が聞こえなくなる。このときの圧力が**弛緩期血圧**となる。収縮期血圧と弛緩期血圧の測定を通し、ヒトの血管や心臓の状態を知ることが可能となる。

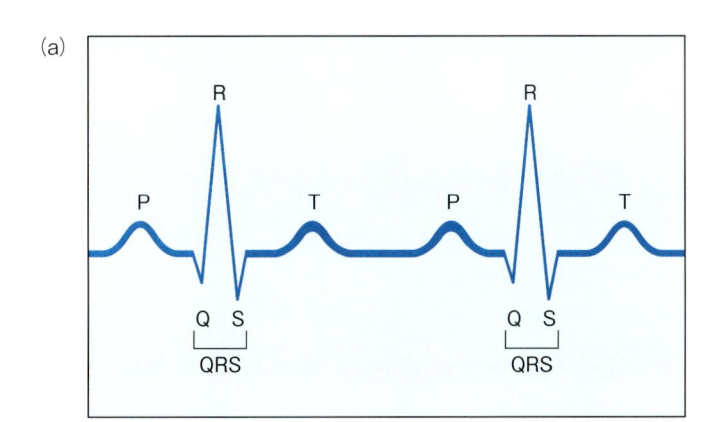

(a)

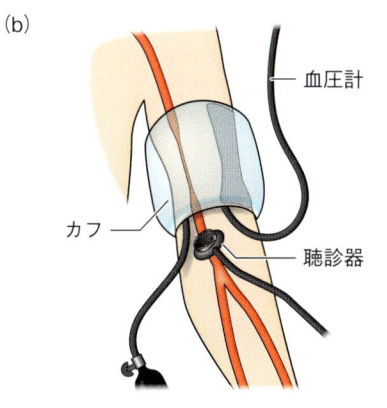

(b)

血圧計
カフ
聴診器

コラム図6・2 (a) 心電図。(b) 血圧測定

ない。心室が収縮したとき、血圧は最も高くなる。これを**収縮期血圧**とよぶ。逆に、心室が拡張したとき（心電図の T 波に対応する期間（コラム参照））に血圧は最も下がる（ただし血圧は生じている）。これを**弛緩期血圧**とよぶ。

　血圧もまた、いくつかの仕組みによってコントロールされている。その一つは細動脈の収縮である。血管が収縮すると血液の通り道が狭くなり、結果として血圧は上昇する。逆に血管が弛緩すると、血管内の血圧も下がる。運動時、動脈は広がって多くの血液を供給するように働くが、血圧が下がってしまうため、心臓からの血液の拍出量を上げることで血圧を維持する。心臓からの血液拍出量はとりもなおさず心拍数によってコントロールされる。つまり、血管の収縮・弛緩と心拍数のコントロールは協調して行われる。

心臓・血管系の疾患

　これまで説明してきたように、心臓は一生脈を打ち続け、血管内では血圧がかかった状態で一生血液が流れ続ける。当然ながら加齢とともに両者の機能は衰えてくる。

① **動脈硬化**　5 章 p.61 のコラムでも説明したように、脂質・コレステロールを含むリポタンパク質は血液中を移動する。脂質などの過剰摂取が常態化すると、血液中の余分なリポタンパク質が血管中に滞留するようになる。また血管壁が損傷を受けると白血球の働きで損傷部位にコレステロール・脂肪が沈着する。これらがどんどん増殖すると、やがて血管壁が硬くなり、また血管内が閉塞していく。さらには、老化に伴い血管壁そのものも硬くなっていく。弾力性が少ない血管壁は外力に対して脆弱で、血管損傷のリスクが高まる。

② **心筋梗塞・狭心症**　心筋もまた多くの酸素や栄養が必要であり、そのため心筋を覆う血管網が存在する（冠動脈という）。冠動脈も上記のとおり、高脂質・高コレステロールの状態が続くと血管の硬化をひき起こす。冠動脈の閉塞が進むと、十分に心筋に酸素や栄養を供給できなくなり、それは心筋の機能不全に直結する。狭心症は、冠動脈の内径が狭まった状態である。心筋梗塞は完全に冠動脈が塞がった状態で、症状はより重篤である。

③ **脳梗塞**　脳も心臓同様、多量の酸素・エネルギーが必要であり、結果として血管も非常に多く分布している。当然ながら、脳の血管が閉塞すると脳神経の壊死を引き起こす。この状態が脳梗塞である。どの血管が閉塞したかによって、生じる症状は多様である。

6·5　血　液

　ここまでは、循環系の構造を中心に話を進めてきたが、次に循環系の中身、すなわち**血液**について説明する。血液の構成成分は**赤血球**、**白血球**、**血小板**、**血漿**である（**表 6·1**）。血液の働きはいろいろとある。まず重要なのは酸素や栄養を体の隅々まで送り届けることである。また、それらの細胞で消費された結

表 6·1　血液の構成成分

① 血漿　約55%		
・水、イオン（Na^+、K^+、Ca^{2+}、Mg^{2+}、Cl^-、HCO_3^- など）		
・タンパク質		
・ほかの物質（栄養素、老廃物、酸素・二酸化炭素、ホルモンなど）		
② 血球　約45%		
	大きさ	数
・赤血球	6〜9 µm	400〜500 万個／1 µL
・白血球	9〜25 µm	4000〜8000 個／1 µL
・血小板	2〜4 µm	20〜40 万個／1 µL

果出てくる二酸化炭素を肺に戻し、また老廃物は腎臓に運び濾し出す。白血球はさらにいくつかの種類に分けることができ、さまざまな免疫反応に重要な役割を果たす。これらについては、7章および9章で詳しく述べることとし、この章では、酸素や二酸化炭素の運搬について説明する。

6·5·1　呼吸色素

ヒトにおいては、酸素の運搬には赤血球がもつ**ヘモグロビン**が使われる（図6·11）。ヘモグロビンは呼吸色素の一つで、四つのサブユニット（タンパク質）と**ヘム**とよばれる錯体から構成されている。ちなみに呼吸色素はヘモグロビン

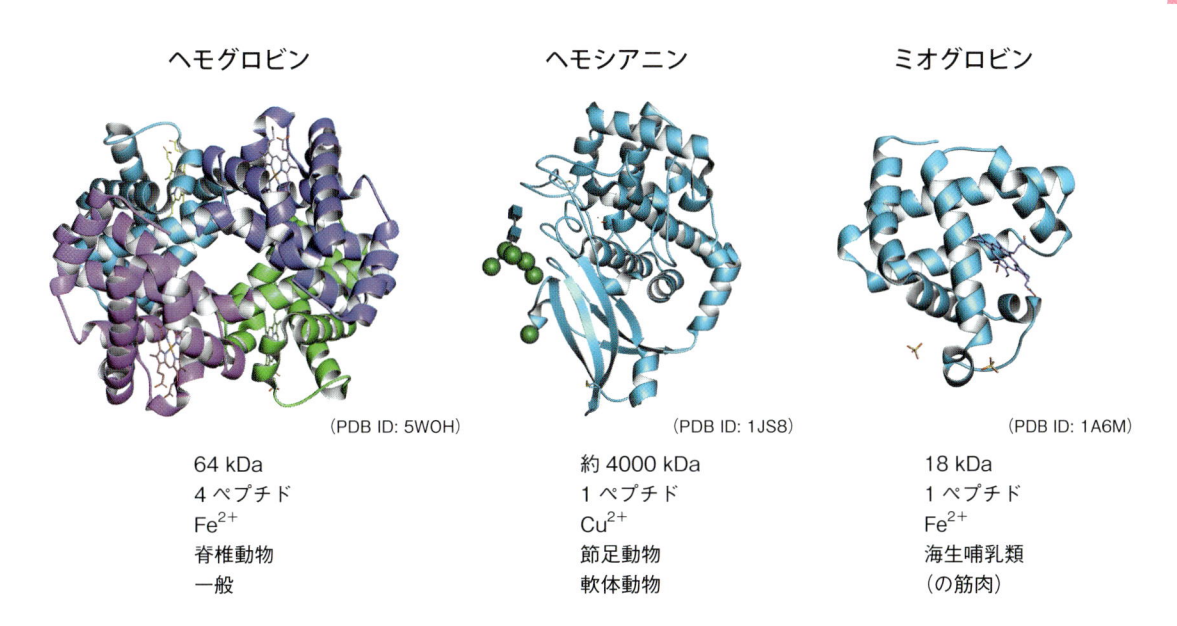

ヘモグロビン	ヘモシアニン	ミオグロビン
(PDB ID: 5WOH)	(PDB ID: 1JS8)	(PDB ID: 1A6M)
64 kDa	約 4000 kDa	18 kDa
4 ペプチド	1 ペプチド	1 ペプチド
Fe^{2+}	Cu^{2+}	Fe^{2+}
脊椎動物	節足動物	海生哺乳類
一般	軟体動物	（の筋肉）

図 6·11　さまざまな呼吸色素
分子構造、分子量、ペプチド数、架橋されるイオン、存在する生物種を示す。

以外にもある。例えば節足動物や軟体動物では**ヘモシアニン**という呼吸色素が使われている。違いは、色素に含まれる二価イオンの種類であり、ヘモグロビンはご存じのように赤色であるが、ヘモシアニンは青色である。また、同じく呼吸色素の一つとして**ミオグロビン**が知られており、これは筋肉中に存在することで酸素を保持することに役立つ（もちろんヒトにも存在している）。

6·5·2　ヘモグロビンと酸素運搬

　ここで、ヘモグロビンの性質を少し詳しく説明する。上述のようにヘモグロビンの重要な性質として、酸素を保持できることが挙げられる。しかし、あまりにもしっかり保持しすぎると、今度は酸素を必要とする末梢組織のところで酸素を手放すことができず、それでは役目を果たせない。つまり、ヘモグロビンは、酸素を保持すべきところでは保持し、手放すべきところでは手放せるような性質が必要である。それがヘモグロビンの**酸素飽和度**である。酸素飽和度は何パーセントのヘモグロビンが酸素と結合しているかを示すが、これは血液中に酸素がどれくらい溶けているか (つまり酸素分圧がどれだけか) に依存する。横軸に**酸素分圧**、縦軸に酸素飽和度をプロットしたグラフを**酸素解離曲線**という (図6·12a)。これを見てみると、酸素分圧が高いほど酸素飽和度が高い。言い換えると、血中の酸素が多いほど、より多くのヘモグロビンが酸素を保持できる、ということになる。このことは、状況に応じて酸素を保持したり離した

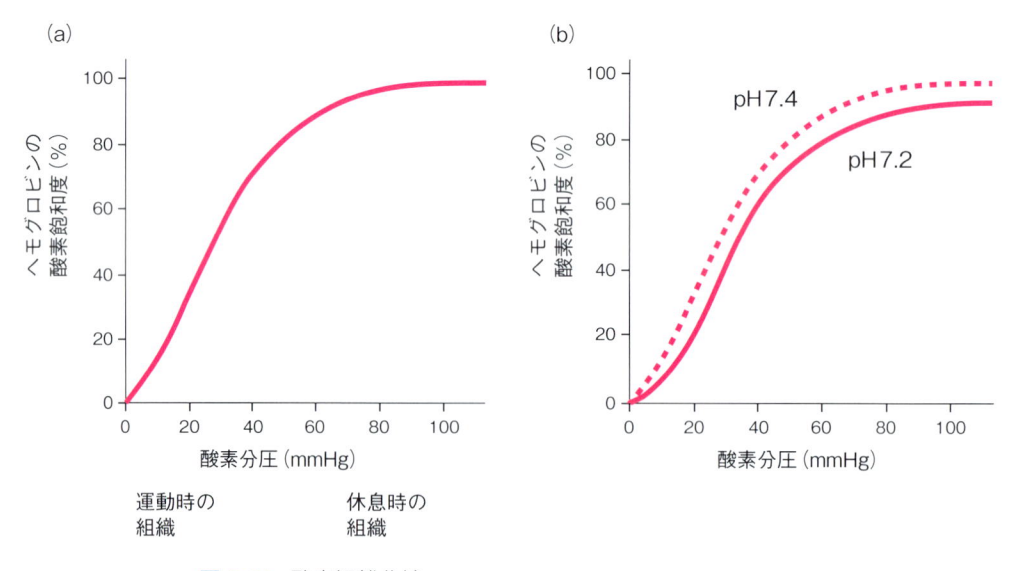

図6·12　酸素解離曲線
　(a) 休息時より運動時の方が飽和度が下がる。(b) 血液pHの低下によるグラフの右方変位。

りできるという、酸素運搬系の最も大事な性質をヘモグロビンがもっていることを意味している。

　ヘモグロビンのもう一つの大事な性質は、飽和度が pH に依存する点である（図6·12b）。ヘモグロビンは、血液の pH が下がると、同じ酸素分圧でも飽和度が下がる（解離曲線が右にずれる。これは**ボーア効果**とよばれる）。この違いはどのような意味があるのだろうか。これは、活発な代謝によって発生する二酸化炭素と関係がある。運動などによって細胞の呼吸量が増えると血液の二酸化炭素（CO_2）分圧が上がるが、二酸化炭素は水にとけると炭酸イオンとなり、pH は酸性側に傾く。つまり、二酸化炭素が増えると pH が下がり、ヘモグロビンはより多くの酸素を手放すのである。これは、単に酸素が多いか少ないか（つまり血液が肺にいるか細胞近くにいるかということ）だけではなく、体の状態にも対応できる仕組みが備わっているということである。

6·5·3　血液による二酸化炭素の運搬

　これまで説明したように、酸素はヘモグロビンによって運ばれる。では、細胞呼吸によって排出された二酸化炭素はどのように運ばれるのだろう。ヘモグロビン自体が酸素と同じように二酸化炭素も運ぶことができるが、実は総量の一部であり、約1割といわれている。また、血漿中に溶け込むことは上述のとおりであるが、肺への運搬という観点では、排出される二酸化炭素の総量のやはり1割程度である。残り8割の二酸化炭素はどのようにして運ばれるのだろう。二酸化炭素は、ヘモグロビン中で**炭酸水素イオン**に変換され、これが血漿中に溶け込むことで運ばれるのである。肺では、ヘモグロビンのところで逆の反応が起こり、二酸化炭素となって肺胞から体外に放出される（図6·13）。

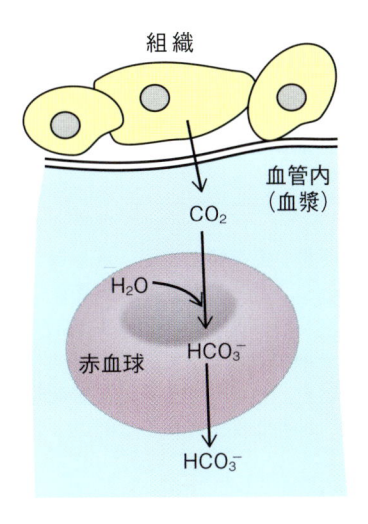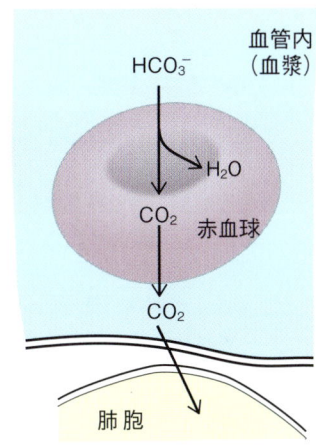

図6·13　二酸化炭素の運搬
（左）組織から出た二酸化炭素は、主に赤血球で炭酸水素イオン（HCO_3^-）に変換され、血漿に溶け込んで肺まで運ばれる。（右）逆に肺では、赤血球で炭酸水素イオンから二酸化炭素に変換されて肺胞に移動する。

6·5·4　血液凝固

　血液の重要な特徴の一つに凝固がある。血液は液体であり、体の損傷によって血管壁が破れると、血液は容易に体外に流出してしまう。これを防止するため、血液は空気に触れると凝固して損傷部位を埋める。その仕組みを説明する（図6·14）。

　血管が損傷を受けると、血管壁の結合組織が血液と接触する。これが血液凝固の始まりで、損傷部位に血小板が付着するようになる。付着した血小板は活性化して血液凝固物質を放出する。すると、血液中の**プロトロンビンがトロンビン**となる（この反応にはいくつかの因子が関わるが、ここでは省略する）。また、血小板が損傷部位に**血栓**を形成する。次に、トロンビンはやはり血液中にある**フィブリノーゲンをフィブリン**に変換する。フィブリンは繊維状のタンパク質で、これが**フィブリン血餅**を作り、血栓を強化して損傷部位を塞ぐ。

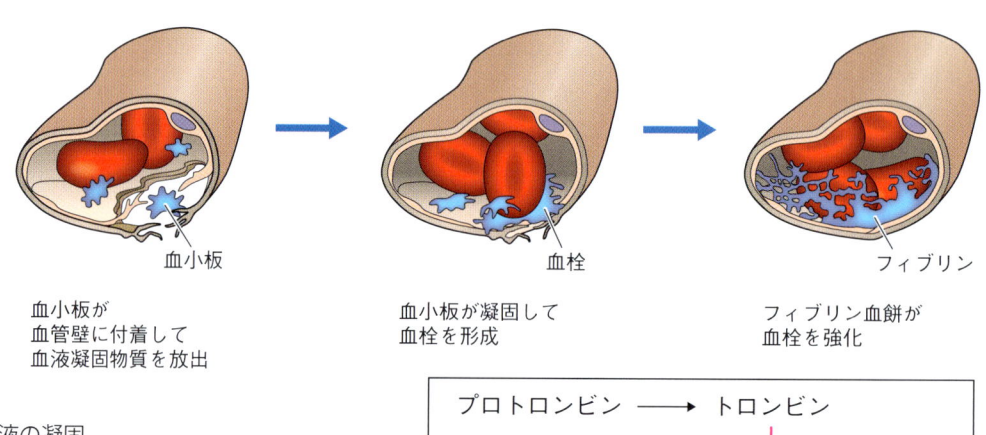

血小板が
血管壁に付着して
血液凝固物質を放出

血小板が凝固して
血栓を形成

フィブリン血餅が
血栓を強化

血小板 / 血栓 / フィブリン

プロトロンビン ⟶ トロンビン
フィブリノーゲン ⟶ フィブリン

図 6·14　血液の凝固
　血管が損傷すると、損傷部位に血小板が集まり血栓となる。また、血小板から放出された血液凝固物質によって血液中のプロトロンビンがトロンビンとなり、これがフィブリノーゲンからフィブリンを作り出して血餅を作り、損傷部位を塞ぐ。

血液の疾患

　血液にまつわる疾患はいろいろ思い当たると思うが、ここでは代表的なものをいくつか紹介したい。
① 貧血　貧血は、簡単にいうと血液中のヘモグロビン量が減ることによる酸素不足で、めまいや立ちくらみ、息切れなどがひき起こされる疾患である。貧血の多くは、鉄分不足による鉄欠乏性貧血であるが、鉄以外に、ある種のビタミンや亜鉛不足も貧血の原因となる。もちろん、血液そのものを多量に喪失した場合も、貧血の症状が出る。
② 血友病　血友病は血液が凝固しづらくなる疾患である。上記のとおり、血液凝固はさまざまな血液凝固物質によってひき起こされるが、遺伝的にこの凝固物質の働きが十分でないと血液が固

まりづらくなる。そのため血友病の治療では、正常に機能する血液凝固物質の補充療法が一般的である。ただ、外から導入した凝固物質に対する免疫が働き、思った効果が出ないこともある。また、後天的に凝固物質に対する抗体が作られてしまう、後天性血友病という疾患もある。この場合は、免疫抑制治療を併用するなどの工夫が必要となる。

③ 白血病　白血病は、造血幹細胞に変異が入り、骨髄中で異常な血液細胞（白血病細胞）が増殖す

るため、正しい造血幹細胞が減り、正常な血液細胞が作られにくくなる疾患である。白血病といわれるが、正常な白血球は減少するため、免疫不全によるさまざまな症状（感染症など）が生じ、また赤血球の減少により貧血がひき起こされる。また、白血病細胞が血液を介してさまざまな臓器に浸潤転移し、ほかの臓器・器官に影響を与える。白血病の治療としては、抗がん剤に加え、正常な造血幹細胞の移植も行われる。

6章のまとめ

- 動物のガス交換は、肺、鰓（えら）、皮膚などで行われるが、基本はすべて濃度の高低差を利用したものである。

- ヒトの肺には肺胞があり、肺胞上皮と毛細血管との間でガス交換が行われる。横隔膜が収縮して胸部が拡張すると、肺内の気圧が下がって肺胞に空気が取り入れられる。これが息を「吸う」である。

- 血管には動脈・静脈・毛細血管があり、それぞれ構造が異なる。細胞にガスや栄養を供給するのが毛細血管の役割である。

- 血管ネットワークには、肺→心臓→末梢組織→心臓→肺の経路に加え、消化管と肝臓をつなぐものを含む、門脈という経路がある。

- 心臓の拍動は、二つの結節からの電気信号によってコントロールされている。また血圧は、心室の収縮時と拡張時で異なっており、運動時には動脈拡張による血圧降下を防ぐため心拍数が上昇する。

- 血液の構成成分は赤血球、白血球、血小板と血漿である。赤血球に含まれるヘモグロビンが酸素を輸送するが、酸素の結合・解離は周辺の酸素濃度やpHによってコントロールされる。

- 末梢組織から肺への二酸化炭素の運搬では、血漿や赤血球が直接運ぶよりも、赤血球で炭酸水素イオンに変換されて運搬される割合の方が多い。

- 血液の凝固には、いくつかの血液凝固物質が関わっている。

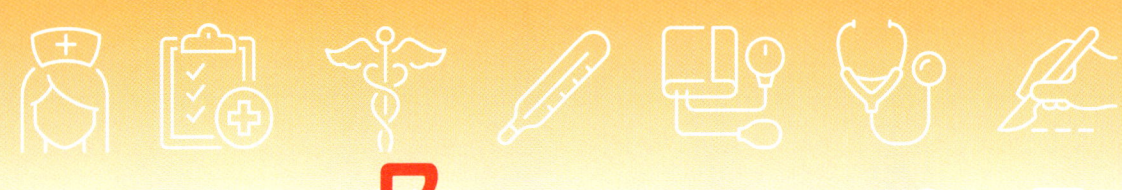

7章 泌尿器系

動物は、取り込んだ酸素や栄養をもとに体のさまざまな部分で代謝を行う。その結果、動物はエネルギーを得ることができるが、同時に不必要な物質も生成される。その中には体に有害なものもあり、それらは体外に排出されねばならない。ただ、問題になるのはその方法で、代謝物は組織液に「溶けた」状態で存在するため、その排出は水やイオンとともに行われる。しかし、陸上動物にとって水分や塩分の喪失は生死に関わるため、排出された水やイオンの再吸収も重要な役割の一つとなっている。動物は海水、淡水、陸上で生活するが、それぞれ水やイオンの収支が異なる。この章では、浸透圧のことにもふれた上で、泌尿器の仕組みや役割について概説していく。

7·1 体内の水分量・塩分コントロール

動物が生きる上で**水**は必須である。そもそも細胞を満たす細胞質基質はほとんどが水で構成されている。また、さまざまな酵素反応の場にもなるし、血液のように栄養やガスを運ぶ溶媒としても利用される。したがって、ほとんどの生物は水がないと死んでしまう。ただ、いくら水が必要といっても、ありすぎも良くない。例えば淡水に住む魚は水に事欠かない（もちろんこの水がなければ生きていけない）が、そのために体内のイオンは外に出ていきやすい。つまり、体内環境を一定に保つためには、単に水が必要というだけでなく、体内の水分を適切な量に保つ必要がある。

ヒトにおける水の収支は表7·1のとおりである。体全体では、水分割合は男性で約60％、女性で約55％である。乳児は約80％と少し多い。水の出入りについて、摂取量は約2.5リットルであり、その内訳は水そのものの摂取が1.5リットル、食物からの摂取が0.8リットル、そして代謝により生じる水が0.2リットルと意外に多い。一方、排出量の内訳は、尿が1.4リットル、便が0.1リットル、皮膚からの蒸散が0.6リットル、呼気に含まれる水分が0.4リットルであり、尿や便以外による水の喪失が思いのほか多いことに気づくだろう。

体からの水分の喪失を防ぐことは重要であるが、これは体内の老廃物の排出

表7·1　ヒトにおける水の収支

体液区分の水分割合

区分	成人男子	成人女子	乳児
身体全体	60	55	77
細胞内液	45	40	48
細胞外液	15	15	29
組織液	11	10	24
血漿	4.5	4	5.5

（体重%）

健康成人（男子）の水出納

水分摂取, in の内訳（mL/日）	水分排泄, out の内訳（mL/日）
・経口摂取・・・・・・1500 mL	・腎（排尿）・・・・・1400 mL
・固形食料・・・・・・・800 mL	・消化管（排便）・・・・100 mL
・酸化的代謝・・・・・・200 mL	・皮膚（不感蒸散）・・・600 mL
	・肺（不感蒸散）・・・・400 mL
計 2500 mL	計 2500 mL

（Heart 2: 216- (2012) より）

とトレードオフ、つまり「水を失いたくない」ということと水を「使いたい」ということが相反している。

　動物の生息環境は、おおむね三つに分けることができる。淡水、海水、そして陸上である。これらのことを考える上で重要な化学的原理である浸透圧について少し説明する。溶質濃度の異なる二つの溶液が**半透膜**（溶媒は通過できるが溶質は通過できないような膜）で仕切られているとき、溶質濃度の低い方から高い方に**溶媒**が移動する。このときにかかる圧力が**浸透圧**である。イメージしにくいので、図7·1を使って説明する。

　濃度の違う食塩水を用意し、半透膜で仕切ると、両者は濃度を一定にしようとするが、食塩は膜を通過できないので、逆に水が低濃度側から高濃度側にかけて移動する。その結果、両者の水面の高さが変化するが、途中で力の釣り合いが生じて移動はストップする。このとき、水の移動を抑える力が濃度の濃い食塩水側にかかっている。これを「浸透圧」と考えてよい。このような水の移動原理は、泌尿器における水の取り込みの仕組みと直接関係がある。つまり、泌尿器では後ほど詳しく述べるように、細胞と尿の濃度差をうまく利用して水を上手に再吸収している。

　さて、動物においては、周囲の浸透圧と個体の浸透圧が同じもの、違うものがある。前者は**浸透圧順応型動物**とよばれ、約3.3%という、海水の非常に高い塩濃度に自分の体の塩濃度をあわせることで、浸透圧の違いをなくしている。

7章

泌尿器系

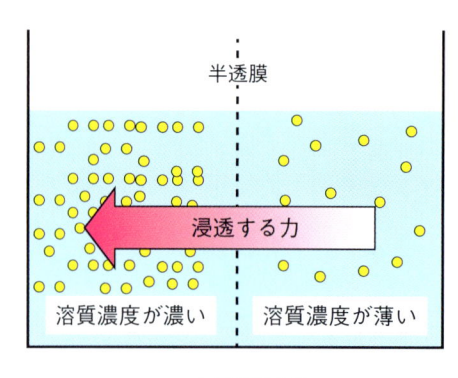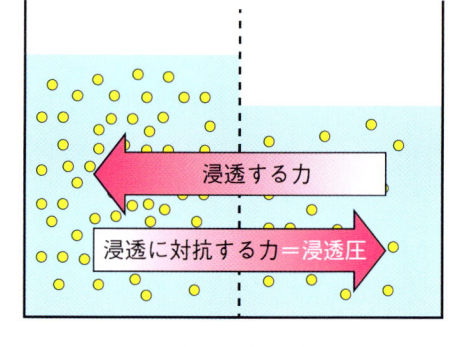

半透膜

浸透する力

溶質濃度が濃い　　溶質濃度が薄い

水が移動する

浸透する力

浸透に対抗する力＝浸透圧

水の移動が止まる

図7·1　半透膜と浸透圧
①溶質濃度の異なる二つの溶液の間に、溶質を通さない半透膜があると、薄い溶液（右）から濃い溶液（左）に向けて溶媒が移動（浸透）し、結果として左右の水面の高さに違いがでる。②やがて溶媒の移動（浸透）は止まる。このとき、溶媒が浸透する力（左向きの矢印）と、それに対抗する力（右向きの矢印）が釣り合うが、この対抗する力が浸透圧である。

　一方後者のような、体内の浸透圧を環境の浸透圧とは異なる状態で維持する動物は**浸透圧調節型動物**とよばれ、個体の水分量を一定に合わせる仕組みが必要となる。

　ここで、海水・淡水・陸上で生きる浸透圧調節型動物における、水と塩の収支について考える。まず海水で生きる動物は、体の周りには水も塩も豊富にあるものの、海水の塩濃度は組織液よりはるかに高いため、結果的に水は体から出ていく方向、塩は体に取り込まれる方向となる。つぎに淡水で生きる動物は、体の周りにあるのは水だけで、塩濃度はきわめて低い。そのため、水は体に取り込まれ、塩は体から出て行く。陸上で生きる動物は、水も塩も体から出て行く。以上のことは表7·2にまとめた。

表7·2　海水動物、淡水動物、陸上動物における水・塩類（ナトリウムイオンなど）の出入り

	水	塩類
海水中で生活	減る（周囲に存在はする）	増える
淡水中で生活	増える	減る
陸上で生活	減る	減る

　こういった収支バランスがある中、動物の個体では水分量あるいは塩の量を一定に保つための工夫がなされる。ここでは海水魚と淡水魚を例に挙げ、水・塩の排出コントロールについて少し詳しく触れる。海水魚では、塩は能動輸送によって鰓から積極的に体外に排出される。また、腎臓からはなるべく濃い尿を排出する（ただし、血液の塩濃度より高い尿を排出することはできない）。一方、淡水魚では、薄い尿を排出することで積極的に水を体の外に逃がす。

💓 7・2　尿の成分

　動物の体内では代謝によってさまざまな物質が生じるが、特にアミノ酸の代謝によって生じる窒素化合物は体にとって毒性が強いものが多いため、速やかに体外に排出する必要がある。しかし、摂取した食物とは異なり細胞で出されたものなので、これらは消化器系とは別の仕組みで排出する必要がある。これが**尿**である。

　排出する尿の種類は、動物によってさまざまである（図7・2）。魚類（硬骨魚類）ではそのまま**アンモニア**を排出するが、両生類や哺乳類ではアンモニアを**尿素**に変換したあと排出する。一方、爬虫類や鳥類は尿として**尿酸**を排出する。これらの違いは何だろう。まず、アンモニア・尿素・尿酸の中で毒性が一番高いのはアンモニアである。ただ、魚類は水生動物であり、すみやかに外に排出することができるので、わざわざほかの物質に変換する必要がない。一方、爬虫類や鳥類は硬い殻で覆われた卵の中で発生を進めるため、尿を卵の外に排出することができない。そこで、水に溶けにくい尿酸を固形として（卵内に）排出することで、容量を極力抑え、また流動性を減らして胎児への影響を減らす工夫がなされている。

　改めて、ヒトの尿に含まれている成分を考える。水以外の成分としては、まずはナトリウムイオン、カリウムイオン、塩化物イオンが含まれる。また上記のとおり尿素が多く含まれているが、尿酸・アンモニアも含まれている。また、タンパク質の代謝産物であるクレアチニン、消化器系で使われた胆汁が変化したウロビリン（これが尿の色（黄色）のもとである）をはじめ、さまざまな固形物質も含まれる。このうち、必要なものは腎臓で再吸収される。その仕組みについては後ほど詳しく説明する。

7章

泌尿器系

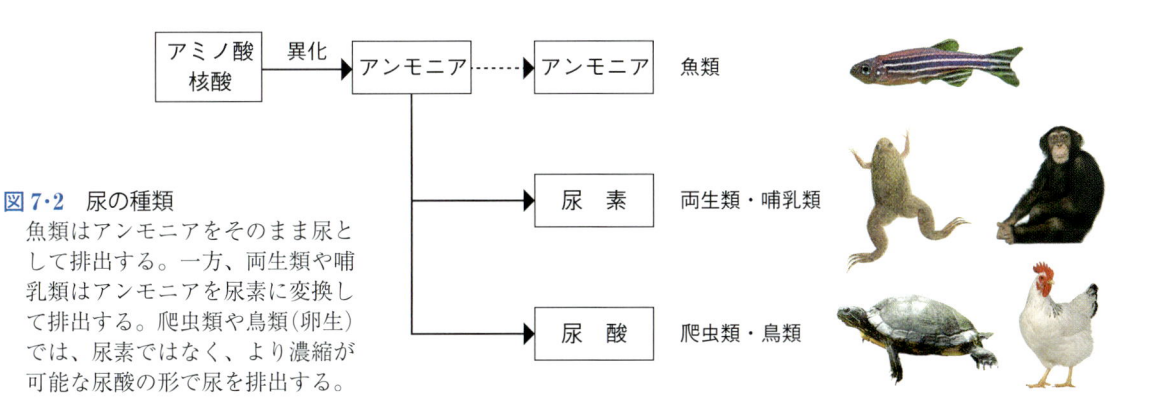

図7・2　尿の種類
　魚類はアンモニアをそのまま尿として排出する。一方、両生類や哺乳類はアンモニアを尿素に変換して排出する。爬虫類や鳥類（卵生）では、尿素ではなく、より濃縮が可能な尿酸の形で尿を排出する。

♡ **7·3　さまざまな動物の泌尿器系**

　腎臓は泌尿器系における主役である。ヒトの腎臓の話をする前に、ここではさまざまな動物の泌尿器系について少し説明する。

　プラナリア：プラナリアにおいては、排出管系が体全体に張り巡らされている。炎細胞という、繊毛の束のような構造がある部分に体腔の液体が入り、排出管を通って、排出孔から体外に排出される（図 7·3a）。

　ミミズ：ミミズでは、体を区切る体節一つ一つに排出器官が備わっている。体腔内に開く形で腎口があり、ここから体腔液が腎管を流れ、毛細血管で水などが再吸収された後に、腎管排泄孔から尿が排出される（図 7·3b）。

　昆虫：昆虫における排出器官はマルピーギ管であり、体内から水と老廃物が集められる。またカリウムなどのイオンは能動輸送により管に排出される。マルピーギ管は腸に開口しており、最終的に尿は便とともに排出される（図 7·3c）。

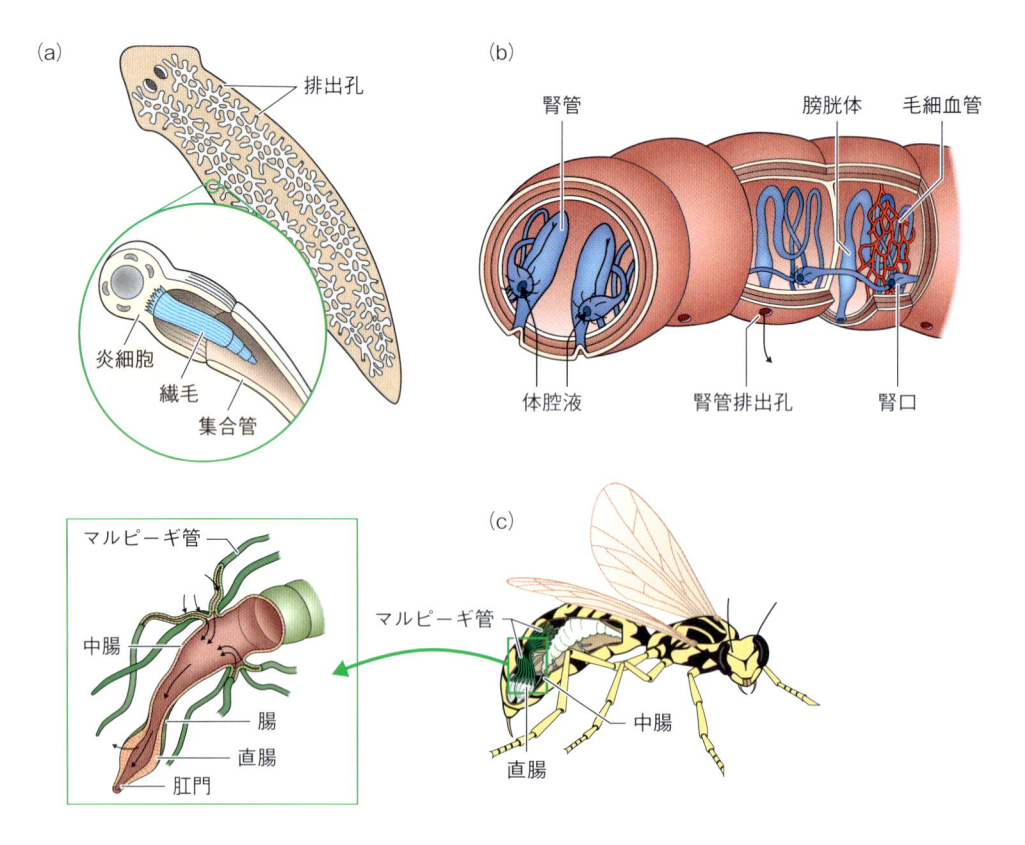

図 7·3　さまざまな動物の泌尿器系

　以上のように、動物における泌尿器系は多様性に富んでいるが、これはどのような環境（水中、土中、陸上）で生育しているかに依存していると思われる。

7·4　ヒトの腎臓

　さて、次にヒトの**腎臓**の構造を図に示す（図7·4）。腎臓は腰のあたりに一対あり、腎臓からは**輸尿管（尿管）**が出て**膀胱**につながっている。また、腎臓には腹部大動脈・下大静脈から分岐した太い血管（腎動脈・腎静脈）が進入している。腎臓の断面を見ると、おおまかには腎皮質、腎髄質、腎盂に分かれている。腎皮質・髄質に存在し、老廃物の排出の主役となるのが**ネフロン**である。ネフロンは腎臓一つあたり約100万個あるとされている。その一つを取り上げ、詳しく見ていきたい（図7·5）。

　ネフロンは、糸球体、ボーマン囊、近位尿細管、ヘンレのループ、遠位尿細管、集合管、そして毛細血管から構成される。まず、腎動脈は分岐を繰り返し、**ボーマン囊**にとりかこまれた**糸球体**という構造をとる。ここで老廃物やイオンを含む水分が濾過される。糸球体の血管壁は少し特殊な構造をとっており、内皮にはところどころ穴があいている（図7·6）。その外側が基底膜でおおわれており、さらにその外には「足突起」とよばれる突起構造がある。足突起同士はスリット膜でつながっている。このスリットが重要で、水は通過できるが大きな物質

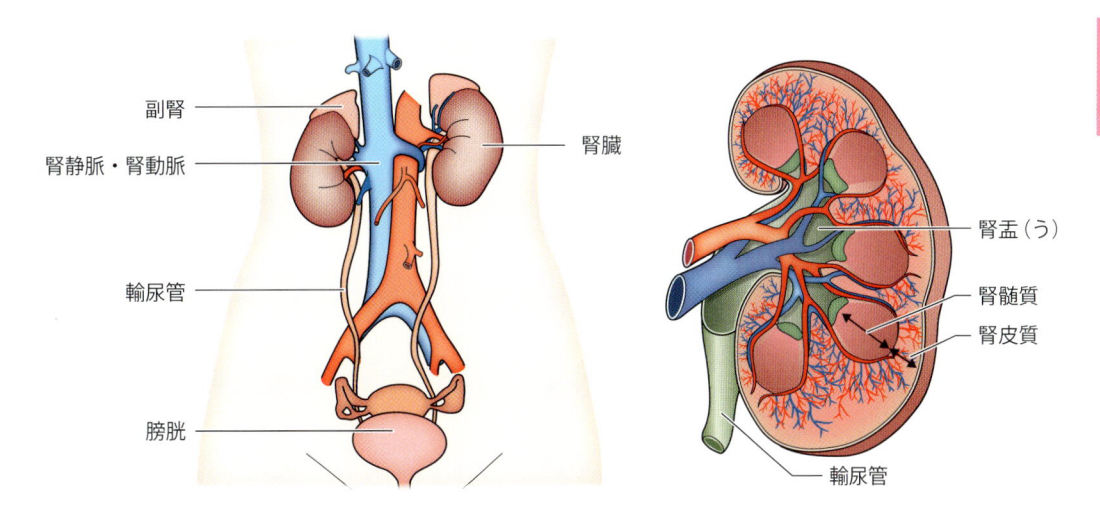

図7·4　ヒトの腎臓
（左）腰部に一対存在し、動脈・静脈から血管が入り込んでいる。腎臓は輸尿管を介して膀胱とつながっていて、尿を排出する。（右）腎臓の断面。血管は腎皮質・腎髄質に入り込んでいる。濾過された尿は腎盂に貯められ、さらに輸尿管に送られる。

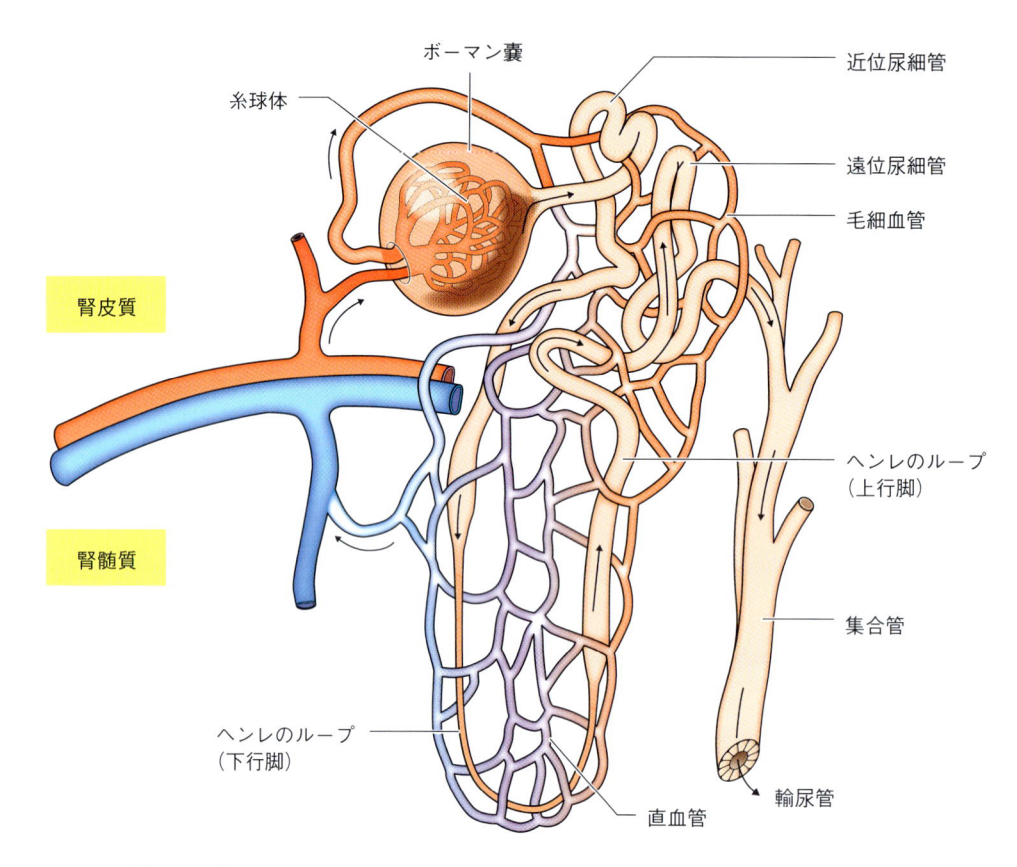

図7・5　ネフロン
　動脈血は糸球体に入って濾過され、濾し出された原尿はボーマン嚢に貯まる。さらに原尿は近位尿細管、ヘンレのループ、遠位尿細管を経て集合管に集められ、腎盂に送られる。ボーマン嚢で原尿が濾過された血液は、腎皮質の尿細管、腎髄質にあるヘンレのループの近傍を通過した後、静脈として腎臓の外に送られる

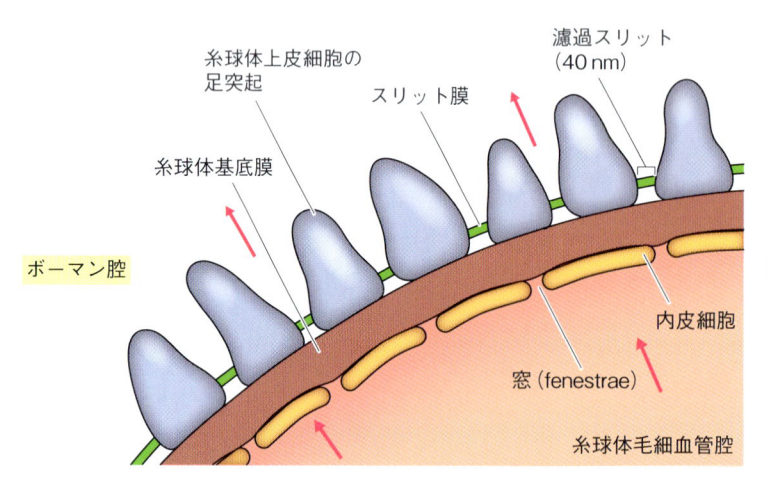

図7・6　ボーマン嚢の表面
　右下は毛細血管。血液中の老廃物は水・イオンとともに、窓、糸球体基底膜、足突起と結合した濾過スリットを通ってボーマン嚢の中（ボーマン腔、左上）に送り出される。

（例えば赤血球やタンパク質など）は通過できない。通過した液体が原尿であり、これがボーマン嚢に蓄えられる。驚くべきことに、ヒトにおいて、**原尿は1日約150リットル**も血液から濾し出される。すでに述べたように、最終的に排出される尿の量が1.4〜1.5リットルであることを考えると、いかに後述する水分の再吸収が重要であるかがわかる。なぜなら、再吸収なく全量をそのまま排出するとすれば、毎日ヒトは150リットルもの水を摂取する必要があるからである。

さて、濾し出された原尿は、つづいて**近位尿細管**に移動する。これ以降の腎臓の役割は、イオンと水の再吸収である。近位尿細管では、まずナトリウムイオンが能動輸送によって管の外に排出され、腎皮質に移動する。それが続くと、次に、塩化物イオンが管から排出される。この原動力は、「電荷」である。つまり、ナトリウムイオンはプラスの電荷をもっているので、排出されると、引きつけられるようにマイナスイオンである塩化物イオンも外にでていくのである（図7・7）。この二つの作用により、原尿からイオンが排出され、原尿の溶質濃度が下がる。すると今度は浸透圧の差を使い、水が外に出て行く。

続いて原尿は、**ヘンレのループ**のうち下行脚という部分にさしかかる。ヘンレのループは腎髄質の部分に位置している。腎髄質そのものは塩濃度が高い状態にあり、また管には水チャネル（**アクアポリン**）が存在しているため、腎髄質より浸透圧の低い原尿の水分子がアクアポリンを経て腎髄質に漏出する。ちなみにここではナトリウムチャネルがないため、イオンは髄質に移動しない。なお、腎髄質に移動した水は、毛細血管を通して速やかに回収されるため、定常的に腎髄質の塩濃度は高く維持される。次にヘンレのループは皮質側に伸びる（この部分を上行脚とよぶ）。下降脚で溶質濃度が非常に高くなった原尿のナ

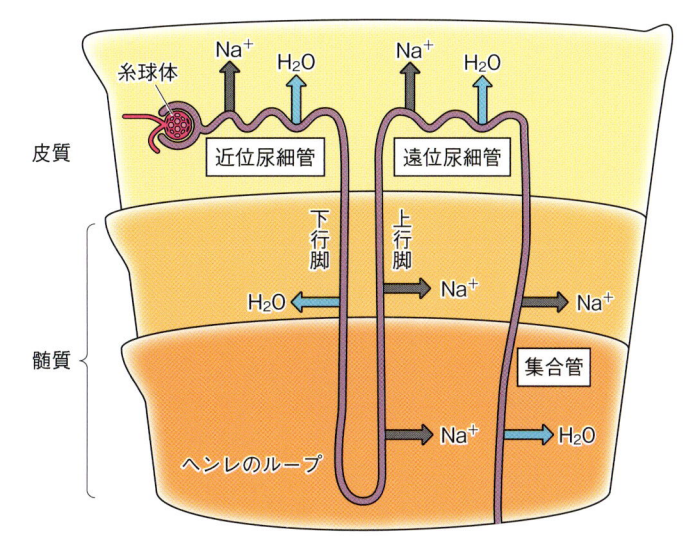

図7・7　尿細管・ヘンレのループでの水・イオンの出入り
近位尿細管では、原尿からNa^+（能動輸送）と水が移動する。ヘンレのループでは、まず下行脚で水が、上行脚ではNa^+がそれぞれ髄質中に再吸収される。さらに遠位細尿管・集合管では、ホルモンに調節されたイオン・水の再吸収が行われる。

トリウムイオンは、ナトリウムチャネルを通って髄質に移動する。さらにナトリウムイオンを回収するため、皮質に近い部分では能動輸送が行われる。以上のように、水やイオンがヘンレのループで多く再吸収される。その後、原尿は**遠位尿細管**、そして**集合管**に移動する（図 7・7）。

　ここではホルモンの働きにより、体内の水分量が多いときには水の再吸収が抑えられ、逆に体内の水分量が少ないときにはさらに水が再吸収する方向に働く（具体的なホルモンについては、内分泌の 10 章で詳しく説明する）。

　このようにしてみると、腎臓の働きのなかで、水やイオンの再吸収が重要な役割を果たしていること、そしてそれが腎管と腎皮質・髄質との浸透圧の差をうまく利用することで行われていることがよくわかる。

人工透析

　本文中にも記載したように、ヒトは腎臓で原尿を毎日約 150 リットルも濾過している。つまり、人生 90 年だとすると 150 × 365 × 90、一生の間に腎臓は原尿をなんと約 500 万リットルも処理していることになる。腎臓にはそれだけ大きな負担がかかっているともいえるだろう。腎臓の調子が悪くなり、原尿をうまく濾過できなくなると、老廃物だけでなく余分な水や塩分も血液から取り除けなくなり、生死に関わる状態となる。そこで、これを回避するため**人工透析**が行われる（コラム図 7・1）。人工透析の主流である血液透析では、血液を体外に流出させ、人工フィルターを通過させることで不必要な物質を回収する。人工透析ではこの治療を 1 回数時間、週に数回行う必要があり、QOL（生活の質）に大きな影響を与える。近年は腹膜透析という方法も行われる。腹腔に入れた透析液を介して水分や老廃物を取り出す方法で、1 日に複数回交換が必要であるが、自分で操作ができ、通院の頻度が少ないことから日常生活の自由度が高くなる。

　腎臓疾患を発症する要因として、喫煙・飲酒・肥満・ストレス・運動不足が挙げられている。日頃の生活を正しいものにし、「働き者」の腎臓を少しでもいたわりたいものである。

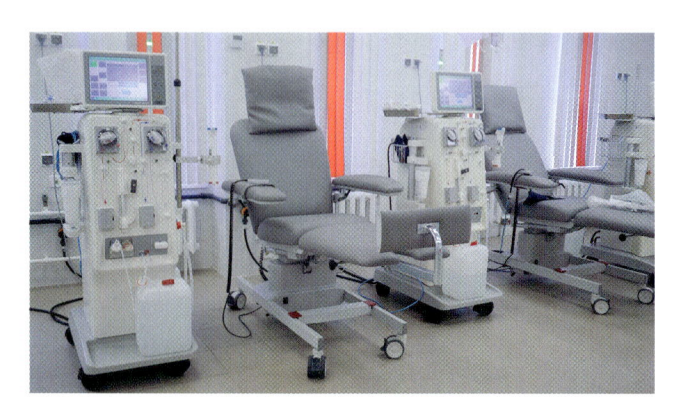

コラム図 7・1　人工透析の装置

ヘンレのループの長さと生育環境

　以上のように、**ヘンレのループ**は水分の再吸収に重要な働きを果たす。ただ、どんな動物も再吸収が必要かというと、例えば淡水魚では上述のとおり生育環境に水が豊富に存在するため、さほど水の再吸収を行わなくてよい。逆に、砂漠に住むような動物では、極限まで水を再吸収して濃い尿を排出することが、生死に直結する。実はヘンレのループの長さは、同じ個体でも長いものと短いものがある。長いループをもつネフロンは傍髄質ネフロン、ループが短いネフロンは皮質ネフロンとよばれる。傍髄質ネフロンと皮質ネフロンの存在比は、生育環境によって異なる。淡水で生きる動物では皮質ネフロンが多く、逆に砂漠に住む動物では傍髄質ネフロンの比率が淡水動物よりも高くなる。これもまた、できるだけ多くの水を再吸収する必要がある生育環境に生きる動物の工夫と言えよう。

7章のまとめ

・体の水分量のコントロールは、浸透圧と大きな関係がある。

・陸生動物、海水魚、淡水魚で、それぞれ水・イオンの外界への出入りが異なっている。

・体内で不要になった窒素化合物は、魚類はアンモニア、爬虫類と鳥類は尿酸、両生類と哺乳類は尿素の形で体外に排出する。

・動物によってさまざまな泌尿器官がある。

・ネフロンは糸球体、ボーマン嚢、近位尿細管、ヘンレのループ、遠位尿細管、集合管、毛細血管から構成される。ヒトの腎臓一つあたりネフロンは100万個存在する。

・血液の老廃物は糸球体で濾し出され、ボーマン嚢に貯められる。

・近位尿細管、ヘンレのループ、遠位尿細管では、管の外との濃度差を利用して水とイオンが腎臓に再吸収される。

・遠位尿細管・集合管では、ホルモンの働きによって水・イオンの再吸収の量がコントロールされている。

7章

泌尿器系

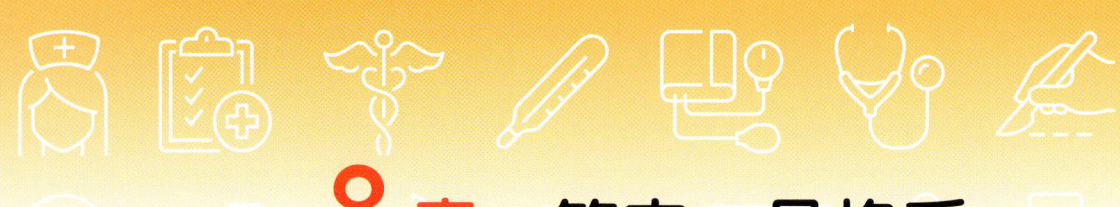

8章　筋肉・骨格系

　筋肉や骨格系は、スポーツをしている人にとってはもちろん、昨今では高齢者にとっても関心の高い器官系ではないだろうか。また筋肉は、骨格筋だけではなく体内のさまざまな場所に存在している。ここでは、それらの構造や機能について順番に説明していく。

8·1　筋肉組織の分類

　筋肉は、平滑筋、心筋、そして骨格筋の3種類に分類される。共通する特徴は伸縮して臓器や効果器を動かす組織であるということだが、それぞれ異なる特徴もある。以下、それぞれについて説明する。

8·2　骨　格　筋

8·2·1　骨格筋の構造

　筋肉といってまず思い浮かべるのは**骨格筋**だろう（図 8·1a）。図に沿って説明する。筋肉が力を発生することができるのは、束になっているモータータンパク質の**ミオシン**が**アクチン繊維**と相互作用し、首のような構造を折り曲げることによる。アクチンとミオシンが規則的に並んだ繰り返し構造を**サルコメア**といい、これが筋肉の最小単位である（図 8·1b）。一つのサルコメアには、ミオシンの束とアクチン繊維が見いだされる。ミオシンの束はサルコメアの中央に取り付けられているように見える。この線を **M 線**という。一方、両端にはアクチンをつなぎとめる構造があり、これは **Z 線**（**Z 帯**）とよばれる。M 線や Z 線は筋繊維の中で間隔をおいて縞のように見える。そのため、このような筋は**横紋筋**とよばれる。

　次に、骨格筋の構造を階層という観点から説明する（図 8·1c）。上記のサルコメアはいくつも並んで**筋原繊維**という構造をとる。筋原繊維は、**骨格筋細胞**の中にいくつも並んでいる。骨格筋細胞も一列に連なり、これが複数本の束になることで**筋繊維束**となり、さらに筋繊維束が何本か集まり、最終的に一つの骨

格筋ができあがっている。骨格筋は**腱**という結合組織によって骨とつなぎ止められている。以上のように、骨格筋の構造を理解する上では階層性に留意することが重要である。

　さて、この骨格筋細胞は、筋原繊維を何本も含んでいることからわかるように、実は非常に大きい。骨格筋細胞は、分化の途中で小さい筋芽細胞が融合して大きな細胞となる（図 8·2）。実際、1 つの骨格筋細胞には複数の核が存在する。

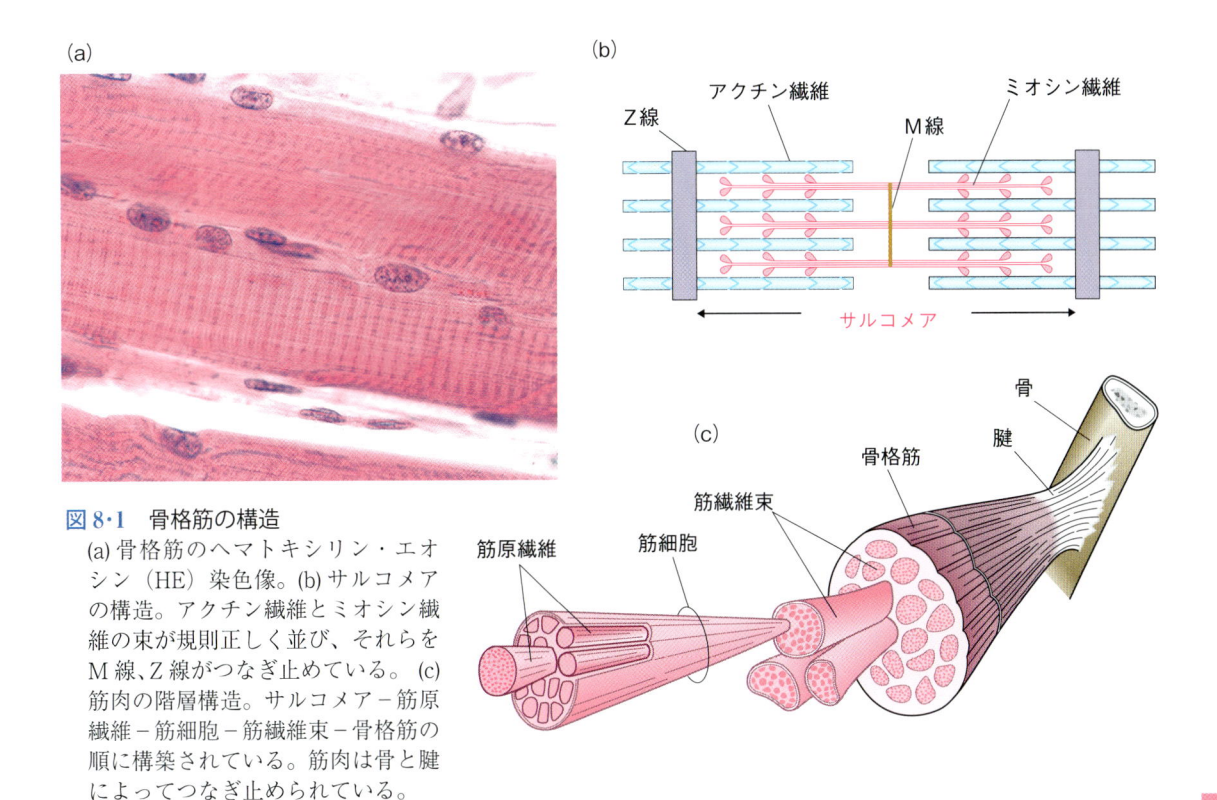

(a)

図 8·1　骨格筋の構造
(a) 骨格筋のヘマトキシリン・エオシン（HE）染色像。(b) サルコメアの構造。アクチン繊維とミオシン繊維の束が規則正しく並び、それらを M 線、Z 線がつなぎ止めている。 (c) 筋肉の階層構造。サルコメア－筋原繊維－筋細胞－筋繊維束－骨格筋の順に構築されている。筋肉は骨と腱によってつなぎ止められている。

8 章

筋肉・骨格系

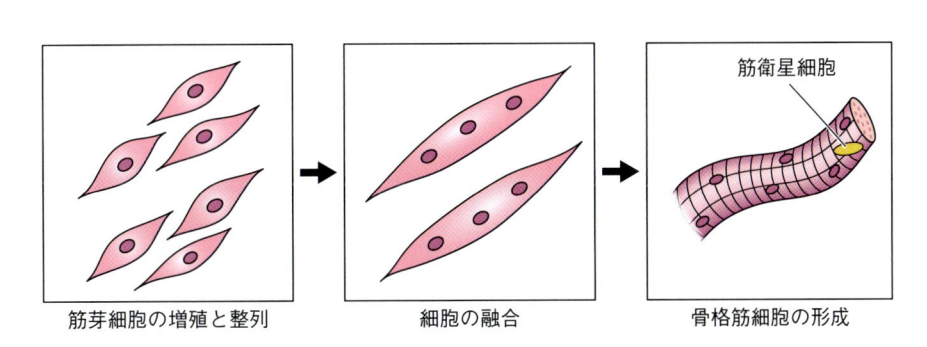

筋芽細胞の増殖と整列　　細胞の融合　　骨格筋細胞の形成

図 8·2　骨格筋細胞ができる過程
　筋芽細胞が増殖して数を増やし、さらに整列する。次に細胞が融合し、その後分化が進んで骨格筋細胞ができる。骨格筋細胞の近くには筋衛星細胞があり、損傷などのときに増殖して骨格筋細胞を新たに生み出す。

これが骨格筋細胞の特徴でもある。なお、骨格筋細胞の近傍には**筋衛星細胞**が存在する（図8·2右）。この細胞は通常休止状態であるが、筋肉が損傷を受けたときに増殖と分化を再開し、筋組織を修復することに働く。

8·2·2　骨格筋の収縮の仕組み

　ここで、骨格筋がどのように収縮するか、その仕組みについて説明する。収縮を担う分子がアクチンとミオシンであることはすでに説明したが、ではどのようにして実際に収縮するのだろうか。ポイントは、<u>ミオシン頭部の動きとアクチン−ミオシンとの結合</u>である。これを、<u>ATPの結合と分解によってコントロール</u>している。図8·3に沿って説明する。まずミオシンがATPと結合すると、ミオシンの頭部がアクチンから離れる（①）。次に、ATPがADPとリン酸に分解されると、ミオシン頭部の向きが立ち上がるように変化する（②）。そして、リン酸がミオシンから離れると、アクチンに結合し（③）、次いでミオシン頭部の向きがもとに戻る（④）。この戻りがいわゆる「パワーストローク」とよばれる運動で、これによりミオシンはアクチンを引き寄せるような運動を実現する。最後にADPが離れ、最初の状態に戻る（⑤）。

　以上が基本的なミオシン・アクチンの動きであるが、実際の筋収縮は、脳からの指令によって引き起こされる。そのコントロールは別の仕組みによる（図8·4a）。ニューロンの活動電位が骨格筋細胞の近くまで到達すると、ニューロンから神経伝達物質が放出されて骨格筋細胞の脱分極が促される（ここまでの詳細は11·1·2項で改めて説明する）。生じた活動電位は、骨格筋細胞がもつ**横**

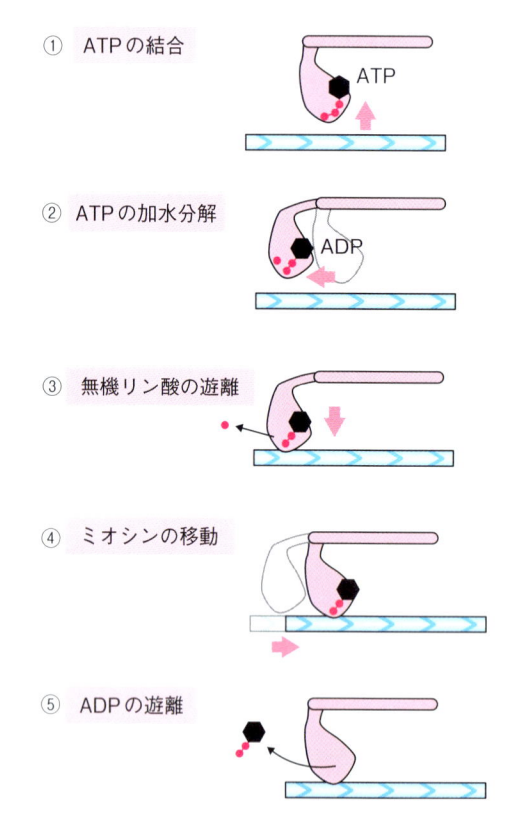

① ATPの結合

② ATPの加水分解

③ 無機リン酸の遊離

④ ミオシンの移動

⑤ ADPの遊離

図8·3　ミオシンとアクチンの相互作用による筋肉収縮の仕組み
①ATPの結合によるミオシン頭部の脱離、②ATP加水分解による頭部の立ち上がり、③リン酸脱離によるアクチンへの結合と④頭部の曲がりによりミオシンはアクチンに対して移動する。⑤この後ADPがはずれて定常状態となる。

行管（T管ともいう）を経て細胞の内部にある筋小胞体に伝わる。詳細は省くが、この情報は筋小胞体に存在するCa²⁺チャネルの開放につながり、結果として細胞の内部にCa²⁺が放出される。

　実はこのCa²⁺が筋収縮と大きく関係する。骨格筋細胞の**アクチン繊維**には、トロポニン、トロポミオシンというタンパク質が結合している（図8·4b）。これらのタンパク質は、ミオシンがアクチンに結合することを妨げていて、筋収縮が起こらないようにしている。ところがここにCa²⁺がふりかかると、Ca²⁺がトロポミオシンやトロポニンに結合してタンパク質の構造を変える。すると、ミオシンと結

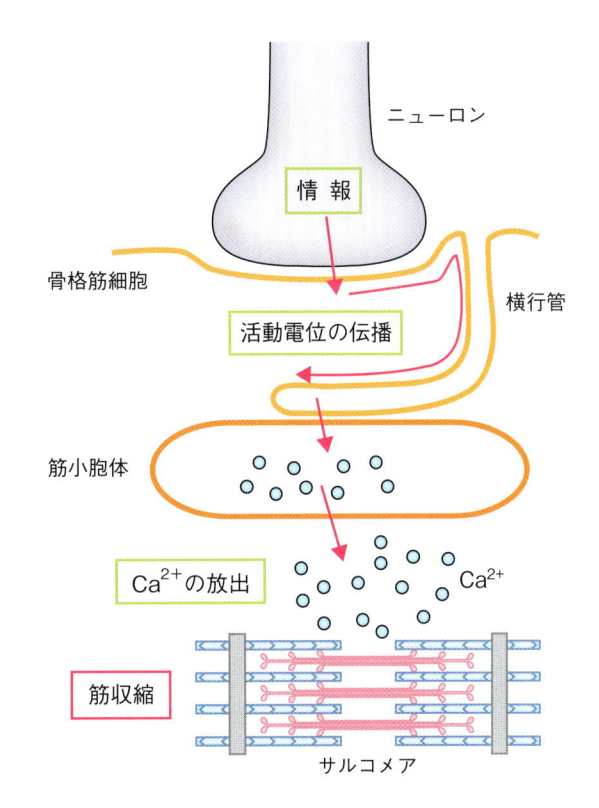

図8·4a　神経の情報伝達と筋収縮
ニューロンの情報は、神経伝達物質を介して骨格筋細胞に伝わる。活動電位は筋細胞の横行管という構造を経て細胞内部の筋小胞体に伝わる。すると筋小胞体からCa²⁺が放出されてサルコメアにふりかかり、アクチン・ミオシンの相互作用が可能になる。

合する場所が露出してミオシンと結合できるようになり、結果として筋収縮が起こるようになる。以上が脳からの指令で骨格筋が収縮する仕組みである。骨格筋のさまざまな働きについては、後ほど説明する。

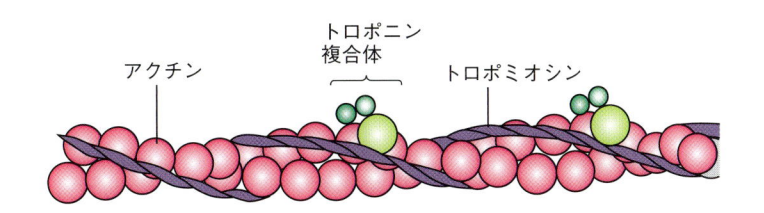

図8·4b　アクチンに結合するトロポニン複合体とトロポミオシン
Ca²⁺が結合するとこれらの構造が変化し、アクチンとミオシンが結合できるようになる。

♡ 8·3　心　筋

　心筋は言葉のとおり、心臓の拍動を担う筋組織であり、意識的にコントロールできない**不随意筋**である。骨格筋と同様、心筋細胞の中には**筋原繊維**が存在するため、心筋にも骨格筋に見られるような横紋が観察される。一方、心筋細胞は骨格筋細胞と異なり、細胞融合を起こさないことから、一つの心筋細胞に存在する核は一つだけである。かわりに、心筋細胞同士の境界には板のようなものが見える。これを**介在板**（図 8·5a）とよぶ。ただ実際に板状の構造が備わっているのではなく、細胞同士をつなぐ**ギャップ結合**や**デスモソーム**とよばれる接着装置が複数存在しており、それが板のように見えているのである（図 8·5b）。ギャップ結合は、管のような構造で細胞同士を直接つなぎ、イオンなどのやりとりを可能にする。また、電気的にもつながっているので、活動電位を隣の細胞に伝えることができる。この重要性は、心臓の拍動が**洞房結節**や**房室結節**からの電気信号によってコントロールされていることを考えれば明らかである（☞ 6·4·2 項）。心筋細胞にはミトコンドリアも多く含まれている（骨格筋細胞の細胞質に占めるミトコンドリアの割合が 2 パーセント程度であるのに対し、心筋細胞では細胞質の約 4 割を占める）。これは心筋細胞が一生を通じて絶え間なく筋収縮を行うため、骨格筋よりも多くの ATP 産生を必要としていることを示している。

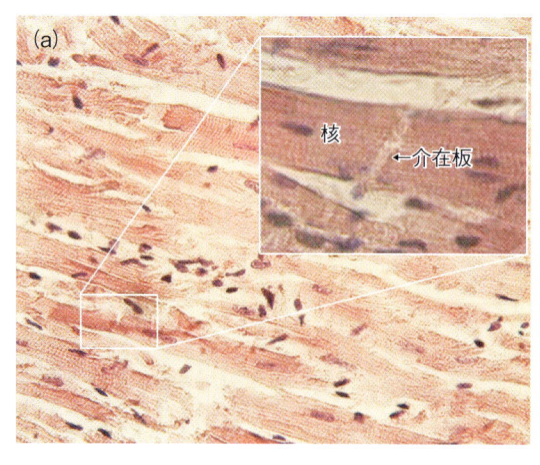
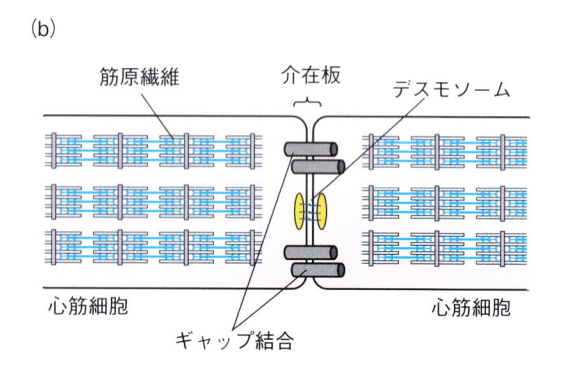

図 8·5　心筋
(a) 心筋組織の HE 染色像（Wikipedia より）。心筋細胞は融合してできているわけではないので核は一つである。(b) 心筋細胞の構造。細胞と細胞の境界が筋のように見える。これが介在板である。ここにはギャップ結合やデスモソームといった接着装置が存在する。心筋細胞の中には骨格筋と同様に筋原繊維が存在する。

心筋梗塞

心筋梗塞は日本人の病気による死亡原因の第二位である。発症の原因は、心筋に酸素を供給する冠動脈が、動脈硬化や血管閉塞などにより酸素を運べなくなり、心筋が壊死することによる。特に、コレステロールが血管に付着するとその部分が盛り上がって血管が損傷しやすくなる。すると血栓が生じ、さらに冠動脈を塞ぐ原因となる。心筋梗塞の治療のため、血栓を溶かす薬の投薬や、カテーテルによる冠動脈閉塞の改善、あるいは冠動脈のバイパス手術が行われる。

8·4 平滑筋

　平滑筋は、人間だけでなくさまざまな動物に見いだされる、最も初期の形の筋肉である。脊椎動物においては、消化管、膀胱、動脈などに存在する。平滑筋も心筋と同様、自分の意識で動かしたり止めたりできない不随意筋である。平滑筋の特徴は、骨格筋や心筋と異なり、横紋が見られないことである（図8·6a）。その理由は、平滑筋細胞の中に存在するアクチン・ミオシンの並びが完全には揃っておらず、ランダムな配向をしているためである。そのため、骨格筋のように収縮の方向が決まっておらず、細胞全体が収縮・弛緩する。このことは、消化器のように、組織全体を収縮させることができるというメリットがある。平滑筋細胞は両端が細くなった形をしていて、心筋と同様細胞融合はしていないため、細胞一つあたりの核は一つだけである。また、細胞の表面にはアクチン・ミオシンから構成される構造が多数あり、これらが協働して細胞の収縮力を生み出す（図8·6b）。

(a)

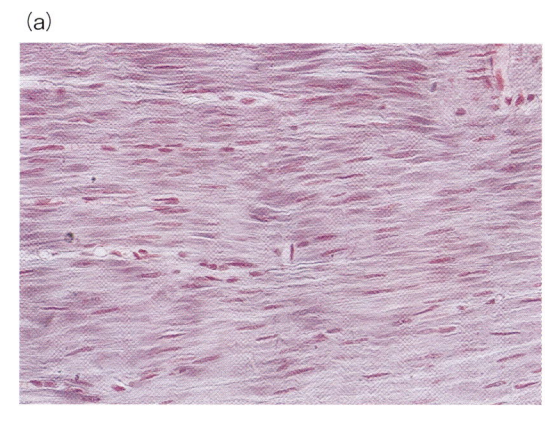

(b)

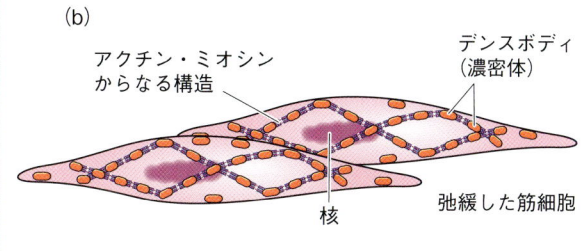

アクチン・ミオシンからなる構造　デンスボディ（濃密体）　核　弛緩した筋細胞

図 8·6　平滑筋
(a) 平滑筋の組織染色像。骨格筋や心筋と異なり、横紋は観察されない。(b) 平滑筋細胞の形と構造。細胞表面付近に、アクチン・ミオシンからなる構造が多数存在し、これが収縮力を生み出す。

8章　筋肉・骨格系

　平滑筋の収縮もアクチン・ミオシンの相互作用が関係するが、骨格筋と異なり、アクチンとトロポニン・トロポミオシンではなく、**ミオシン軽鎖キナーゼ**が関わる。ほかの筋肉と同様、収縮のスタートは Ca^{2+} の細胞質への流入であるが、Ca^{2+} はカルモジュリンというタンパク質の活性化を経てミオシン軽鎖キナーゼを活性化する。このキナーゼの働きにより、ミオシンはアクチンと相互作用できるようになる。

💗 8・5　骨格筋の働き

　骨格筋は体のいろいろな場所にあり、その働きもいろいろである。例えば、同じ運動器を動かす筋肉は一つではなく、拮抗的に働く筋肉が別々に存在する。例えば太ももに存在する**大腿二頭筋**は名前のとおり上端が二つに分かれていて、一つ（長頭）は座骨に、もう一つ（短頭）は大腿骨に、そして下端は腓骨につながっている（図8・7）。大腿二頭筋の役割は、膝関節を屈曲させ、脚を曲げることである。一方、曲がった膝関節を戻し、脚を伸ばすことに働く骨格筋（**伸筋**）は**大腿四頭筋**である。ほかにも、体のいろいろな部分は曲げ伸ばしができるが、それぞれ両者を備えている（例えば腕の場合は**上腕二頭筋（屈筋）**と**上腕三頭筋（伸筋）**といった具合である）。

　筋肉の制御の大きさでも区分ができる。一つのニューロンが制御する筋繊維の数を、**筋肉の運動単位**という。例えば、前述のような膝関節の曲げ伸ばしは大きな力を生み出す必要がある一方、数ミリ単位の運動の精密性は必ずしも求められない。このような運動では、一つのニューロンが多くの筋繊維をコント

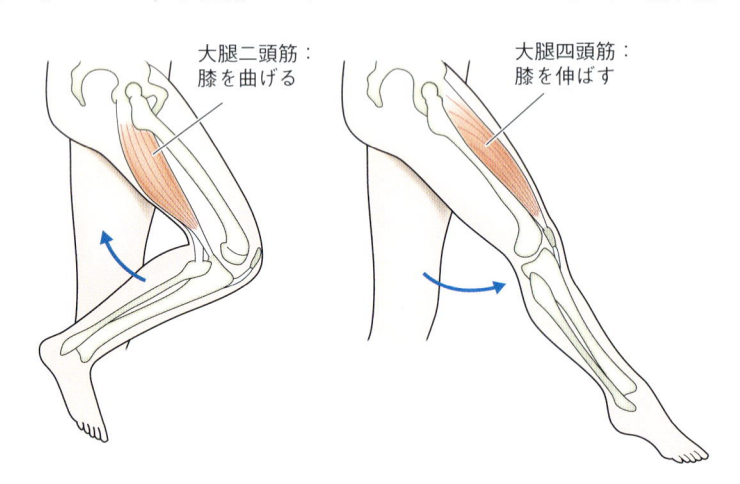

図8・7　屈筋（左）と伸筋（右）
脚においては、屈筋として大腿二頭筋が、伸筋として大腿四頭筋が、それぞれ役割を担う。これらを併せて拮抗筋とよぶ。

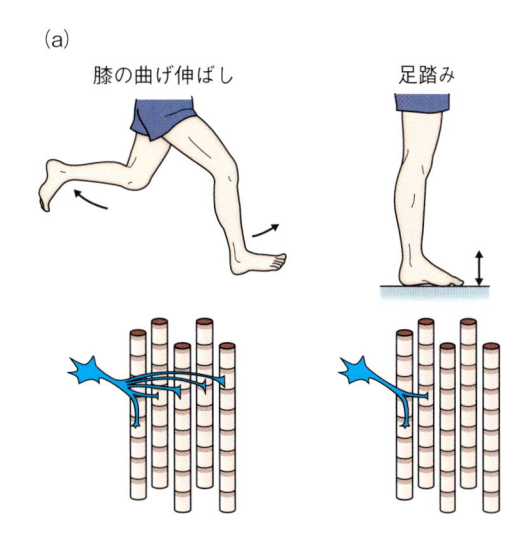

(a)

膝の曲げ伸ばし　　　足踏み

図8·8a　筋肉の運動単位
足のつま先の筋肉は、一つの
ニューロンが指令を与える筋繊
維の数が少なく、より細かい動
きが可能となる。一方、太もも
の筋肉では、一つのニューロン
の指令で多数の筋肉を動かすこ
とが可能となる。

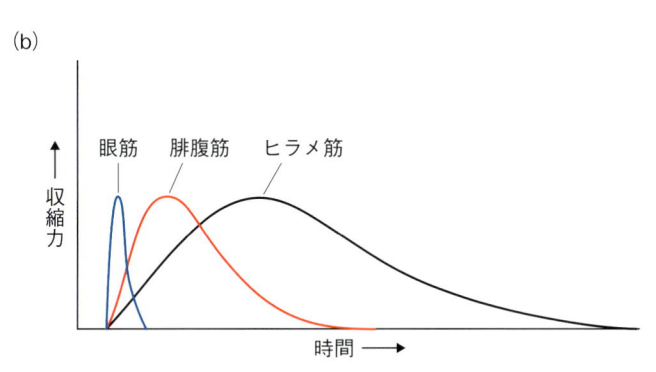

(b)

図8·8b　速筋と遅筋
まぶたを動かす眼筋はすみやかに動かせるが収縮の持続時間
は短い。一方、ヒラメ筋（下肢の裏側の筋肉）の反応は眼筋
ほど速くないが、収縮の持続時間が長い。腓腹筋（これも下
肢の筋肉）はヒラメ筋と眼筋の中間である。

ロールする方が合理的である。一方、つま先の上げ下げは膝の曲げよりは精密
な筋収縮のコントロールが必要である。このような筋肉では、一つの運動単位
で支配される筋繊維の数は少ない（図8·8a）。同様に、筋肉の反応の速さと収縮
の持続時間も筋肉によってそれぞれである。眼筋（まぶたの開閉に関わる筋肉）
は反応時間が非常に速い。これは異物からすばやく目を守るために重要である。
一方、ヒラメ筋はふくらはぎを構成する下腿三頭筋の一つで、反応速度はそれ
ほど速くないが、収縮の持続力がある。同じふくらはぎの筋肉でも腓腹筋は、
足の曲げに直接関係する筋肉であり、ヒラメ筋より反応速度が速い（図8·8b）。
　ここで活動電位と筋収縮の関係についても触れる（図8·9）。ニューロンを伝
わり筋細胞に届く一回の活動電位で引き起こされる筋収縮はせいぜい 0.1 秒程度
にすぎない。しかしそれではわれわれは困る。持続的な筋収縮は、複数回の活

8章

筋肉・骨格系

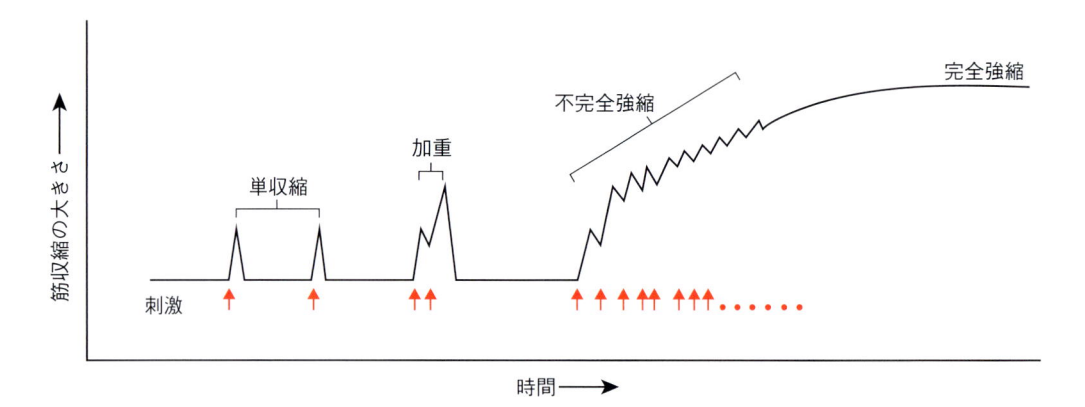

図 8·9　活動電位と筋収縮の関係
1回の活動電位で生じる筋収縮は短いが、複数の活動電位により
加重され、収縮の時間が延び、筋収縮も強くなる。活動電位の数
がさらに多くなると強縮が起こる。

動電位の伝播と、それによって生じる加重により行われている。活動電位の頻度がより高くなると強縮が起こり、筋肉が収縮したままの状態になる。足が「つる」経験をした人は多いと思うが、これも強縮の一例である。

8·6　関節と靱帯

　すでに述べたように、骨格筋は骨に付着している。しかし、ただそれだけでは体を動かすことはできない。なぜなら、硬骨はわずかに「たわむ」ものの、基本的には曲がらないからである。体の動きを可能にするのが**関節**である。関節は、大きく3種類に分けることができるが、共通点は硬骨同士がつなぎ止められていることである。一つは可動関節で、これが皆さんの想像する「関節」である。関節は、硬骨同士をつなぎ止める部位であるが、その境界部には**滑膜**という構造が存在し、潤滑の役割を果たしている（図 8·10a）。骨同士は筋肉や靱帯でつなぎ止められており、その結果骨を動かすことができる。以上が可動関節であるが、関節は他にもある。半関節は背骨に見られ、軟骨でつなぎ止められているため、可動関節には及ばないがある程度の曲げが可能である。そして三つ目が不動関節である。動かないのに関節？と思う人がいるかもしれないが、関節の定義は「硬骨同士がつなぎ止められた場所」であり、当然動かない関節もあり得るのである。不動関節の典型は頭蓋骨である。頭蓋骨は実はいくつかのパーツに分かれていて、それらが繊維性の結合組織でつなぎ止められている。

(a) 可動関節

下肢帯

大腿骨頭

大腿骨

(b) 半関節

(c) 不動関節

縫合

繊維性の
結合組織

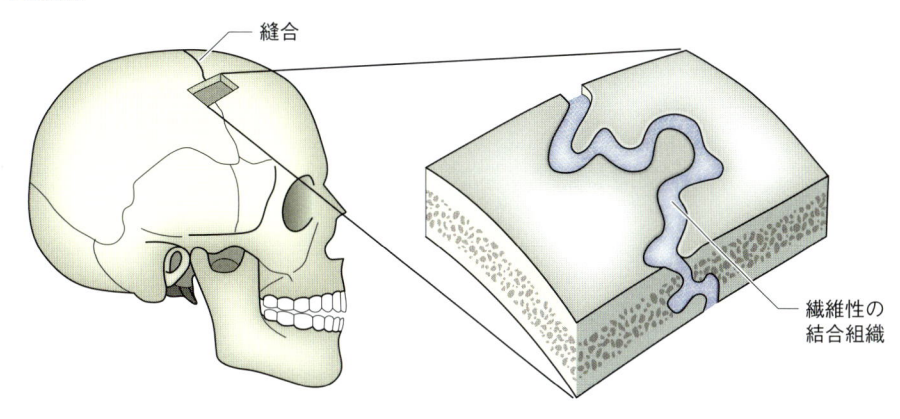

図 8・10　関節
(a) 可動関節。ここでは股関節の一部を示す。骨盤と大腿骨が連結している。(b) 半関節。ここでは脊柱を示す。脊柱骨同士が軟骨でつなぎ止められている。(c) 不動関節。ここでは頭蓋骨を示す。骨同士は繊維性の結合組織でつなぎ止められている。この部位は縫合とよばれる。

8章

筋肉・骨格系

　骨同士、特に可動関節のつなぎ止めに重要な構造が**靱帯**である（図 8・11）。靱帯は結合組織の一つで、コラーゲンが主成分である点で腱と類似している。靱帯は膝や肘の靱帯に代表されるように、関節の強度を増すだけでなく、関節の可動域を制限する役割も果たす。靱帯があるため、関節でつなぎ止められた骨はあちこちにグニャグニャ曲がることはない。なお、よく耳にする半月板は、骨と骨の間に存在する C 形の板状の軟骨組織である（図 8・11）。

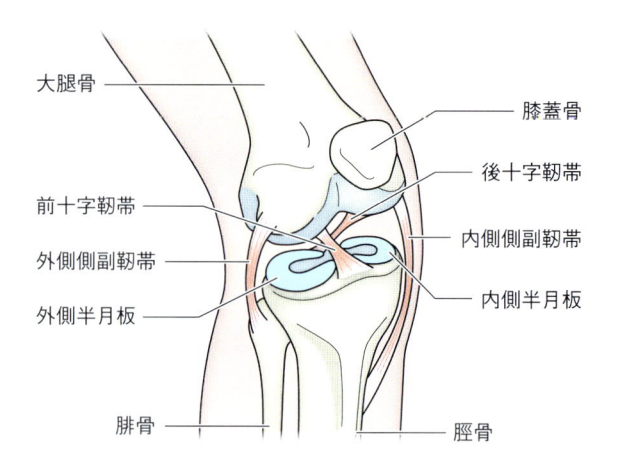

図 8·11　膝関節における靱帯と半月板

靱帯・半月板の損傷

スポーツ選手のけがで、靱帯断裂や半月板損傷という言葉をよく聞く。本文で説明したように、靱帯はそもそも関節の可動域を制限する働きがあるので、関節に無理な力がかかったり、たとえそこまででなくても強い力が長期間恒常的にかかった状態が続くと、靱帯が切れたり、炎症を起こすことになる。靱帯は断裂といった重度の損傷を受けた場合、特に血流の少ない部分にある膝の前十字靱帯などは自然に再生することは基本的に難しいため、手術によりほかの部分から移植して治療する必要がある（野球の投手が肘の靱帯損傷を治療するため、肘の靱帯を切除して代わりに手関節の靱帯を移植する、いわゆるトミー・ジョン手術はこの一例である）。一方、血流などが多く比較的再生が可能な靱帯もある。半月板は骨と骨の間に位置することから、損傷すると関節の可動に影響を及ぼす。半月板も血流が比較的少ない場所にあり、自然治癒がしづらい構造であるとされている。半月板の治療は、切除、あるいは縫合によって行われることが多いが、最近では幹細胞から半月板を再生し移植するという治療の開発も進められている。

8·7　骨格系

　硬骨と軟骨の違い、硬骨の中の構造などは 4·2·3 項ですでに説明したとおりであるが、最後に骨格系全般について少しだけ説明する（図 8·12）。脊椎動物はみな体の中に硬骨をもっている。このような骨格は**内骨格**とよばれる。一方、節足動物や一部の軟体動物のように、体の外側に骨格をもつものも存在する。このような骨格は**外骨格**とよばれる。これですべてかというと、ミミズのような環形動物は、体の区画が体液でパツパツに満たされており、これが体の構造そのものを支えていて、これを**流体静力学的骨格**とよぶ。以上のように、骨格

系というと人間の白骨を連想する人が多いかもしれないが、骨格系にはいろいろなものがあることを今一度理解してほしい。

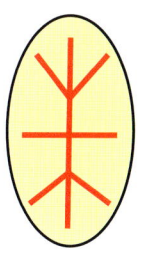 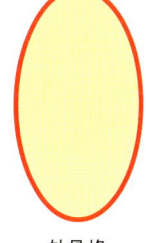 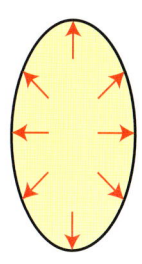

内骨格
（ヒトなど）

外骨格
（カブトムシなど）

流体静力学的骨格
（ミミズなど）

図 8・12　内骨格・外骨格・流体静力学的骨格

8章のまとめ

・筋肉組織は骨格筋、心筋、平滑筋に大別される。

・骨格筋は、サルコメア・筋原繊維・骨格筋細胞・筋繊維束・筋肉と階層構造を形成している。骨格筋細胞は多核であり、横紋が観察される。

・筋収縮は、そして ATP の結合・分解によるアクチン・ミオシンの結合とミオシン頭部の構造変化の制御によって行われる。

・骨格筋の収縮は、骨格筋細胞の膜を伝わる活動電位により、筋小胞体から Ca^{2+} が放出され、これがサルコメアに降りかかることにより引き起こされる。

・心筋は横紋が観察されるが単核である。介在板にはギャップ結合があり、これが心筋同士の活動電位の伝播に必要である。

・平滑筋は消化器などに見られ、アクチン・ミオシンからなる繊維状構造がきれいに配向しておらず、細胞全体が収縮するように動く。

・骨格筋には、反応の速さ、持続性などが異なるさまざまな種類のものが存在する。

・関節にもさまざまな種類がある。また、関節では骨同士を靱帯がつなぎ止めている。

・さまざまな動物がもつ骨格には、内骨格・外骨格・流体静力学的骨格の3つがある。

8章

筋肉・骨格系

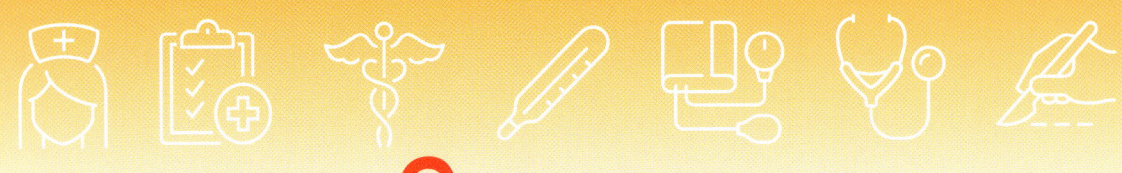

9章 免疫系

　細菌やウイルスなど、異物から体を守る免疫系は、体内環境を維持する重要な仕組みの一つである。ここでは、免疫系を構成する三つの段階を一つずつ説明する。免疫の分野は高校でも比較的詳しく学習する内容であるが、知識の確認として読み進めてほしい。

9·1　生体防御の三つの段階

　免疫系と言えば抗体、と考える人が多いかもしれないが、それ以外にも生体防御に関するさまざまな仕組みが体には備わっている。感染から体を守る生体防御の仕組みは大きく分けて三つある。第一の防御は物理的・化学的な防御、第二の防御は自然免疫、そして第三の防御は獲得免疫である（図9·1）。それぞれについて、以下に詳しく説明する。

細菌・ウイルス
などの侵入

第一の防御：
物理的・化学的防御

第二の防御：
自然免疫

第三の防御：
獲得免疫

図9·1　生体防御の三つの段階

9·2　物理的・化学的な生体防御

　生体を防御するということを考える上では、そもそも細菌やウイルスがどこから体に入ってくるのかを理解する必要がある。4·2·1項で説明したように、われわれの体は皮膚で覆われている。ここから侵入するかというと、実際にはなかなか難しい。その理由は、皮膚の表面がいわば鎧のように体を守っているか

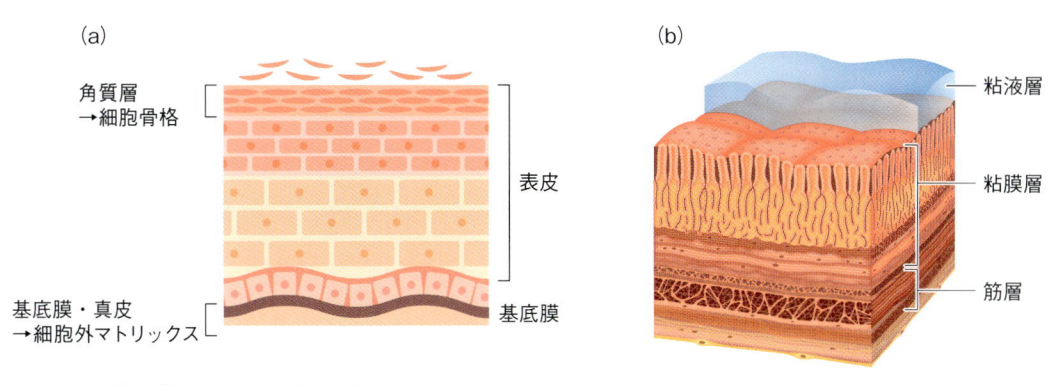

図 9·2　物理的・化学的な生体防御
表皮において、角質層には細胞骨格が、基底膜・真皮には細胞外マトリックスがそれぞれ豊富に含まれ、病原体などの侵入を防ぐ(a)。また胃上皮では、粘膜層から粘液を分泌して細胞を守る(b)。

らである。われわれがもつ鎧はなにか。それは**細胞骨格や細胞外マトリックス**である（図 9·2）。これもすでに述べたように、皮膚の表面は死んだ上皮細胞に覆われていて、これにはケラチンなど中間径フィラメントが含まれる。これが何層にも重なっているため、まず細菌は簡単に体内に入ることができないし、よりサイズの小さいウイルスも侵入は容易でない。また、上皮組織の表面は汗などの働きにより pH が低く抑えられていて、組織表面での細菌の生息には不向きであるし、さらにはさまざまな分解酵素も存在しているため、体表での細菌・ウイルスの繁殖も可能な限り抑えられる。

　しかし実は、体の表面よりも生物の侵入を許しやすい場所がある。それは「体の中」である。ただ、体の中というと誤解を招くので少し説明する。胃や腸などの消化管は体の中の中にあるため、イメージとして体の内部であると思われがちだが、実は消化管の中は「体外」である。なぜなら、体外との境界である口と直接つながっているからである。そう考えるととたんに、われわれの体には頑丈な鎧が備わっていない場所がたくさんあることに気づく。その一つは**口**（口腔）である。上顎を舌でなめてみると、そこは柔らかい粘膜層に覆われている。ここはまず、体の中でも最も細菌やウイルスの侵入を許しやすい場所の一つである。しかし、例えば消化器系のところで説明したように（☞5·3·2項）、胃上皮は粘液に覆われ、また胃酸や消化酵素が分泌されて、病原菌などの繁殖が抑えられる。このような作用は、れっきとした生体防御の一つである。

♡ 9·3　自然免疫

　次に、第二の生体防御、**自然免疫**について説明する。皮膚のようなかたい組

織が物理的な生体防御の役割を果たしているものの、もちろん完璧なものではなく、また前述のとおり、扁平重層上皮では覆われていない外界との接触部分がある。そのため、やはりある一定頻度で細菌・ウイルスが体内に侵入してしまう。ここで働くのが自然免疫である。後に出てくる獲得免疫の方が病原体に対抗する能力は高いが、効果を発揮するまでには少なくとも数日かかる。そのため、それまで病原体に対する対応は、まずは自然免疫に任される。

　まず、病原体の侵入に対して、体はさまざまな反応をする。その一つは**発熱**である。風邪を引いて熱が出るのはイヤなものであるが、体としては侵入した生物を弱めるためにわざわざエネルギーを使って熱を出している。例えば、インフルエンザウイルスは 42℃ において増殖効率が落ちることが知られている。つまり、発熱は一種の生体防御といえる。また、転んですりむいたり、何かにぶつかったとき、患部が赤く腫れる。これが**炎症反応**である。皮膚が赤くなる理由は、想像どおりであるが、傷口付近の血管が拡張して傷口に血液が集まるからである。これにより、血液が患部に十分に行き届き、リンパ球などが集まりやすくなる。

　自然免疫で主に登場する**リンパ球**は、**好中球**、**マクロファージ**、**ナチュラルキラー（NK）細胞**、あとは**樹状細胞**である。まず、好中球とマクロファージはどのようにして病原体を除去するかというと、これらはいずれも**食作用**による。簡単にいうと、病原体を細胞内に取り込んで「溶かしてしまう」のである（図9・3a）。ちなみに、マクロファージは食作用により病原体を取り込んだ後も生き

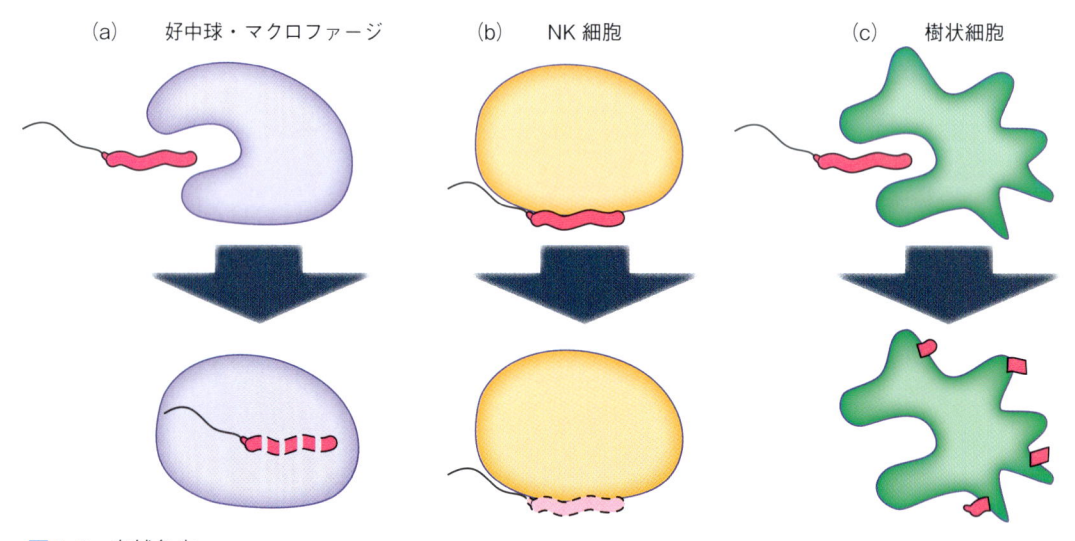

図9・3　自然免疫
(a) 好中球・マクロファージは病原体を食作用により分解する。(b)NK 細胞は、病原体に穴を開けて殺す。
(c) 樹状細胞も食作用により病原体を分解するが、主な役割は抗原提示である。

続けるが、好中球の寿命はそれほど長くない（数十時間から数日）。ただ、好中球は血液中の白血球の半数を占めるほど数が多い。一方 NK 細胞では、細胞内に病原体を取り込むのではなく、細胞に「穴」をあけ、そこからタンパク質を注入して病原体や感染した細胞の細胞死を促す（図9·3b）。樹状細胞は各器官・組織に分布しており、病原体が侵入すると好中球などのように食作用で病原体を殺すことで自然免疫の役割も果たすが、樹状細胞はむしろ病原体を減らすというよりは、後ほど獲得免疫の項で説明する、抗原提示（☞9·4·1項）の役割の方が重要である。そのため、樹状細胞は自然免疫と獲得免疫をつなぐ働きがあると言える（図9·3c）。

9·4 獲得免疫① 細胞性免疫

9·4·1 獲得免疫の概要

自然免疫に続いて、第三の生体防御機構として**獲得免疫**が作動する。獲得免疫に働く細胞が **T 細胞**と **B 細胞**である。T 細胞も B 細胞も骨髄で産生されるが、T 細胞は骨髄から胸腺に移動して成熟し、機能が発揮できるようになる。T 細胞にはいくつかの種類があり、**ヘルパー T 細胞**、**キラー T 細胞**（細胞傷害性 T 細胞ともいう）などが知られる。ヘルパー T 細胞とキラー T 細胞が関わるのが**細胞性免疫**、ヘルパー T 細胞と B 細胞が関わる免疫を**体液性免疫**とよぶ。これでわかるように、両者ともヘルパー T 細胞が関わる。まず、ヘルパー T 細胞の活性化について説明する（図9·4）。

獲得免疫の第一段階は、**抗原提示細胞**による、抗原の「提示」である。**抗原**とは、獲得免疫が作用する根拠となる物質で、病原体、あるいはその分解産物が抗原の代表であるが、ほかのさまざまな物質も抗原になりうる。抗原提示細

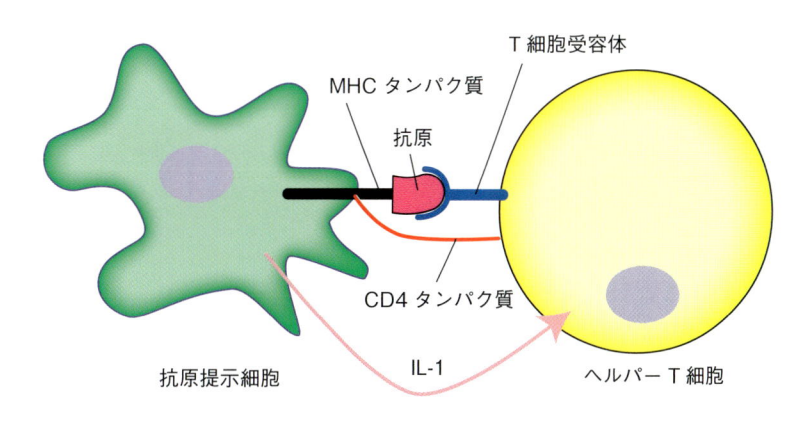

T 細胞受容体
MHC タンパク質
抗原
CD4 タンパク質
IL-1
抗原提示細胞
ヘルパー T 細胞

図9·4 抗原提示とヘルパー T 細胞の活性化

胞としては上述のとおり**樹状細胞**が知られるが、それ以外にも、**マクロファージ**、後述する **B 細胞**なども抗原提示細胞である。さて、抗原提示細胞は、病原体を取り込んで細胞内で分解するだけでなく、その分解産物を手のように細胞外に差し出す。これが**抗原の提示**である。このときの差し出す「手」は、**MHC** [*9-1] とよばれる膜タンパク質である。

　抗原が MHC によって提示されると、血液の流れによって絶えず循環している**ヘルパー T 細胞**がこれを発見し、自らを活性化する。このとき MHC によって提示された抗原を認識するのは、ヘルパー T 細胞がもつ **T 細胞受容体**（TCR とよばれる）である。さらに **CD4** とよばれる膜タンパク質が相互作用すること、抗原提示細胞から**インターロイキン 1**（IL-1）が分泌されること、これら三つが起こることでヘルパー T 細胞は活性化する。

9·4·2　細胞性免疫

　抗原提示を受けて活性化されたヘルパー T 細胞は、次に**キラー T 細胞**を活性化する。キラー T 細胞の活性化には、ヘルパー T 細胞が分泌する**インターロイキン 2**（IL-2）が必要とされる（図 9·5）。重要な点として、ヘルパー T 細胞は同じ抗原提示を受けたキラー T 細胞のみを活性化することが挙げられる。つまり、ヘルパー T 細胞はその辺にいるキラー T 細胞を適当に活性化するのではなく、必要な T 細胞のみを活性化する。その理由は明らかである。免疫は、病原

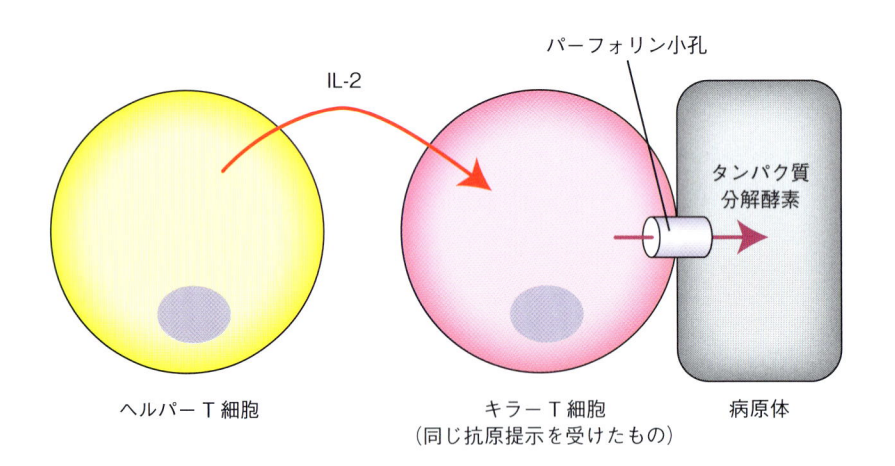

パーフォリン小孔

IL-2

タンパク質
分解酵素

ヘルパー T 細胞　　　　　　キラー T 細胞　　　　病原体
　　　　　　　　　　（同じ抗原提示を受けたもの）

図 9·5　キラー T 細胞の活性化
　ヘルパー T 細胞は同じ抗原提示を受けたキラー T 細胞に IL-2 を分泌して活性化する。活性化された T 細胞は、抗原のもとである病原体にパーフォリン小孔を開け、タンパク質分解酵素を注入してアポトーシスを誘導する。

[*9-1]　主要組織適合抗原複合体：major histocompatibility complex

体の駆除に大きな役割を果たすが、それだけ作用が強い。まったく関係ない物質（例えば体内にあるべきもの）に応答するキラー T 細胞まで活性化されると、今度はこれが自分を攻撃する細胞となってしまう。当然、そういうことを避ける仕組みが備わっているということである。

　次に、ヘルパー T 細胞によって活性化されたキラー T 細胞は、病原体やウイルス感染を受けた細胞の攻撃を行う。キラー T 細胞の標的攻撃方法は、食作用ではなく「穴開け」パターンである（図9·5）。キラー T 細胞は標的の細胞（感染細胞の提示抗原、あるいは病原体など）を見つけ、T 細胞受容体を介して結合すると、**パーフォリン**というタンパク質をふりかけ、標的細胞に小さな**穴（パーフォリン小孔）**を作り出す。この穴を通して、キラー T 細胞はあるタンパク質分解酵素を標的細胞に送り込み、**アポトーシス**（プログラム細胞死の一つ）を引き起こさせて細胞を殺す。殺す細胞であるが、病原体に感染した細胞だけでなく、異常な細胞、たとえば**がん細胞**も殺すことができることは興味深い。

9·5　獲得免疫②　体液性免疫

　もう一つの獲得免疫である、**体液性免疫**について説明する。ここで初めて**抗体**が登場する。抗体産生細胞は **B 細胞**である。B 細胞も自ら抗原を認識して活性化され、さらに同じ抗原によって活性化されたヘルパー T 細胞と出会うと細胞増殖が起こってその数を増やすとともに、それぞれが**抗体**を産生する。B 細胞が抗原を認識するのは**免疫グロブリン（イムノグロブリン；Ig）**という、T 細胞における TCR と対応するタンパク質による。免疫グロブリンは重鎖と軽鎖各 2 分子、計 4 分子からできている（図9·6a）。重鎖、軽鎖ともに、**定常領域**

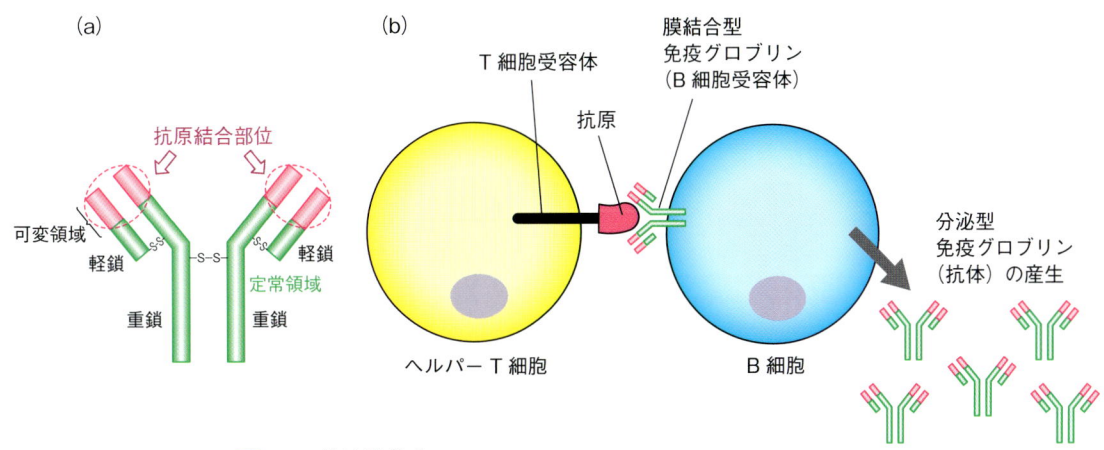

図 9·6　体液性免疫
(a) 免疫グロブリンの構造。(b) ヘルパー T 細胞による B 細胞の活性化。

と**可変領域**があり、可変領域に**抗原**が結合する。つまり、この抗原結合領域こそがB細胞ごとに異なっている部分で、さまざまな抗原に反応できる根拠となっている。

さて、B細胞は抗原を提示したT細胞受容体と相互作用して活性化される（図9·6b）。この仲立ちをするのが、膜結合型の免疫グロブリンである（B細胞受容体ともよばれる）。ここで必要な説明がある。細胞から分泌して働く、いわゆる「抗体」も免疫グロブリンである。つまり、免疫グロブリンには、膜結合型と分泌型の2種類がある。当然、一つのB細胞では、膜結合タイプも分泌タイプも同じ可変領域をもつ、すなわち同じ抗原を認識する。ということで、同じ抗原を認識したB細胞は、同じ抗原を認識する抗体を分泌できるのである。

B細胞が（大量に）分泌した抗体は、どのように病原体を殺すのだろうか。抗体そのものが病原体を殺すと思っている人がいるかもしれないが、それは間違いである。抗体は細胞に穴をあけたり、まして病原体を食べたりすることはできず、あくまで「殺す対象を示す」ためのマークとなるにすぎない（図9·7）。では、マークされた（＝抗体が結合した）病原体はどのようにして殺されるのだろうか。その一つは<u>マクロファージや樹状細胞などによる**食作用**</u>である。例えばマクロファージは、抗体の定常領域を認識し、それを殺す対象だと認識して細胞内に取り込む。また食作用のほか、**補体**による病原体排除の仕組みもある。補体はいくつかのタンパク質から成り立っていてそれぞれの働きがあるが、これらは抗体によって活性化し、やはり細胞に穴を開けて溶解させる（ただし、キラーT細胞が起こす、パーフォリンを介したアポトーシス誘導とは違う仕組みである）。

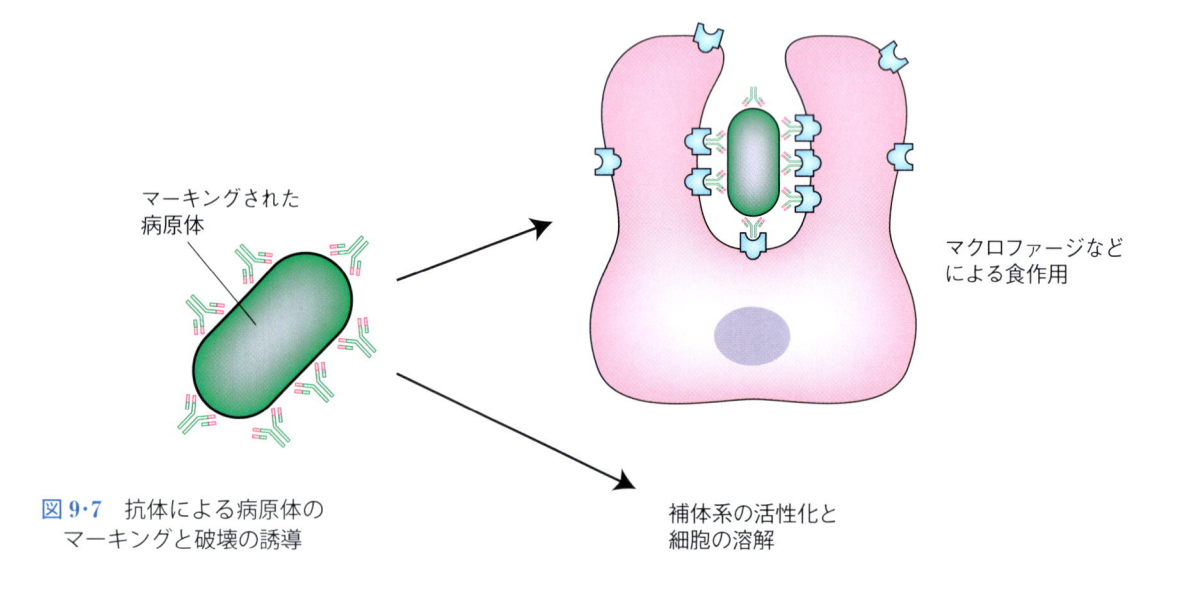

マーキングされた
病原体

マクロファージなど
による食作用

補体系の活性化と
細胞の溶解

図 9·7 抗体による病原体の
　　　マーキングと破壊の誘導

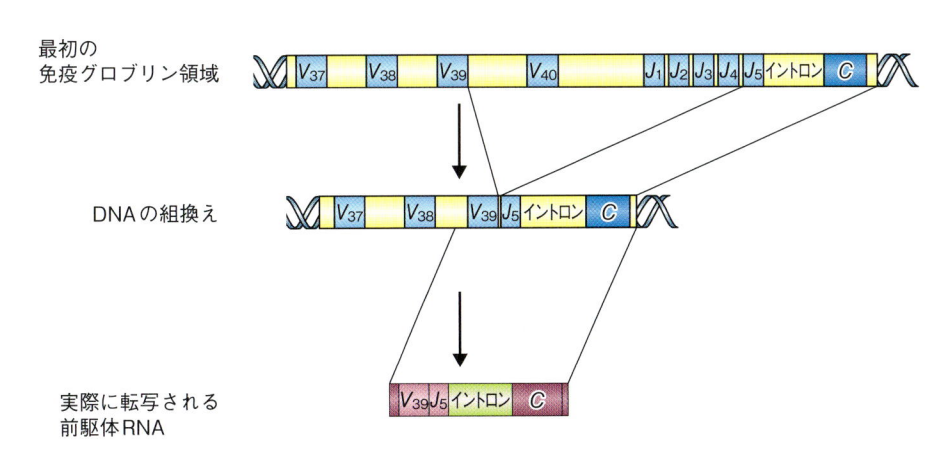

図9·8　免疫グロブリン遺伝子の組換えによる多様性の実現

ここで、免疫グロブリンについてもう少し詳しく説明する。先述のように、免疫グロブリンは重鎖・軽鎖ともに定常領域に加えて可変領域があると説明した。骨髄中で分化を進める過程で、B細胞は免疫グロブリン領域のDNA組換えを起こす。具体的には、免疫グロブリン遺伝子上に並ぶいくつかのユニットが組換えによって抜き出され、免疫グロブリンのコード領域を作り出す。このような仕組みにより免疫グロブリン遺伝子の**多様性**が生み出される（図9·8）。逆にいうと、一つのB細胞は1種類の抗原のみに反応する。

また、定常領域の多様性もある。免疫グロブリンはIgG、IgM、IgEなどのタイプが知られているが、これは重鎖の定常領域の違いによるものであり、すべて遺伝子上に別々に存在する。IgMは免疫応答において、一番最初に作り出される免疫グロブリンで、急性期の免疫応答を担う。IgGはヒトの免疫グロブリンの約7割と最も多くの割合を占める、体液性免疫の主役である。そのほか、IgEはヒスタミン分泌に関わる免疫グロブリンで、アレルギー反応とも関連する（☞ 9·7節）。

すでに説明したように、1つのB細胞は1種類の抗原だけに応答する。しかし、外からやってくる病原体は1種類であるわけがなく、さまざまな抗原に対応する必要がある。これを説明する概念が**クローン選択説**である（図9·9）。B細胞は免疫グロブリン遺伝子の組換えによって、前駆細胞からそれぞれ別の抗原に反応する多くの種類のB細胞が生み出され、休止状態のまま体内に保持される。この状態で病原体が体内に侵入してくると、病原体に反応するB細胞だけが活性化される。つまり、あらゆる抗原に反応できる細胞があらかじめ準備されていることが、すみやかな反応に重要なのである。

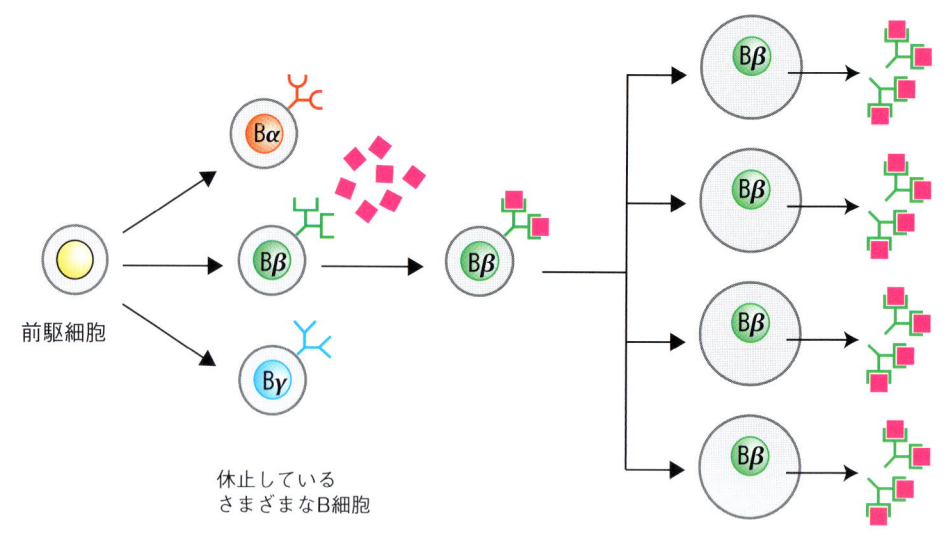

図 9·9 B 細胞のクローン選択説
免疫グロブリン遺伝子の組換えにより、さまざまな抗原に反応する多くの種類の B 細胞が前駆細胞から生み出され、休止した状態で保持される。新しい抗原に出会った B 細胞だけが増殖し、抗体を産生する。

9·6　免疫記憶

　すでに述べたように、免疫の仕組みを「常に」「最大限」維持しておくことにはデメリットがある。なぜなら、細胞を大量に活性化しておくためにはエネルギーが必要で、必要もない免疫細胞を最初から多く維持することは生物にとって無駄である。もう一つ、免疫の機能が働き過ぎると不必要な免疫反応を引き起こしてしまう可能性を高める。例えば、自分の体の中の物質に対して免疫応答してしまうと、自分の体を傷つけることにつながる。このような理由から、免疫の仕組みは、何もないときには働かず、何かあったときに初めて作動するように作られている。

　免疫では、さらにもう一つの工夫がある。それは免疫の「記憶」である。T 細胞も B 細胞も、一度も抗原に触れたことのない細胞を**ナイーブ細胞**とよぶ。ナイーブ細胞が初めての抗原に出会うと二次リンパ器官に移動して活性化され、さまざまな免疫応答を行う（上述）。これらの細胞は**エフェクター細胞（形質細胞）**とよばれる。しかし、一部はエフェクター細胞にはならず、**メモリー細胞（記憶細胞）**となり、実際の病原体・感染細胞の攻撃には参加しない（図 9·10）。このメモリー細胞は、2 度目の病原体侵入による抗原提示によりエフェクター細胞

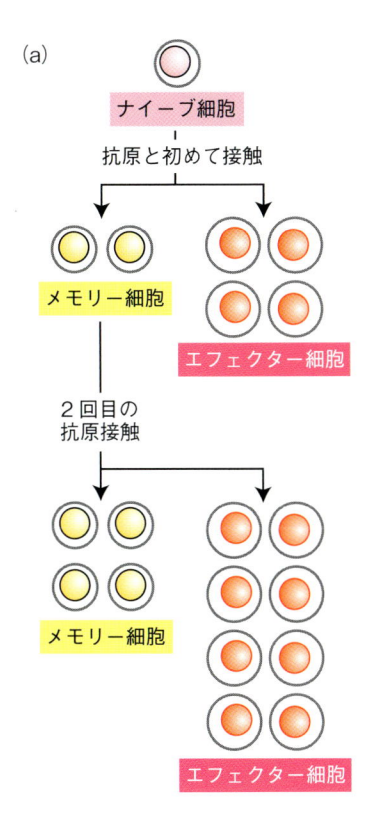

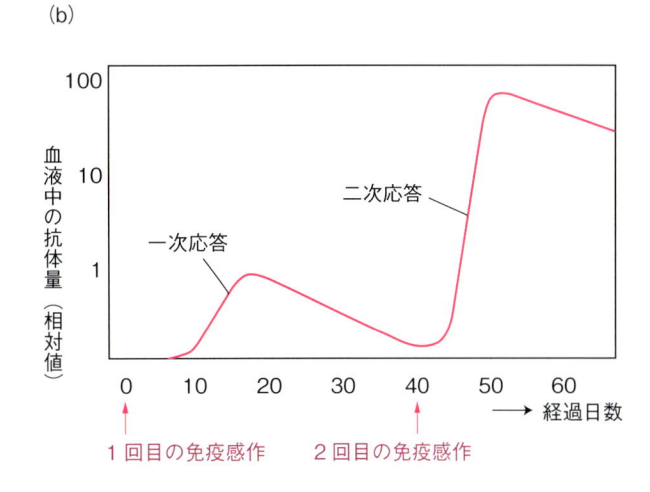

図 9·10 免疫記憶
(a) 未感作の B 細胞が抗原に出会うと、実際に抗体を産生するエフェクター細胞以外にメモリー細胞が作られる。2 回目に抗原と出会うと、記憶細胞はより多くのエフェクター細胞を産生できる。(b) 血液中の抗体量も、1 回目の応答より 2 回目の応答の方が多くなる。

になるが、この応答はナイーブ細胞よりもはるかに速い。これが**免疫記憶**である。免疫記憶をうまく利用した医療技術がいわゆる**ワクチン**である（☞ 9·8·1 項）。

9·7 アレルギー

　春になると、目がかゆくなり鼻水がとまらなくなる ‥‥‥ という方も多い。花粉症はどうして起こり、そして症状はどのようにしてひき起こされるのだろう。アレルギー反応はさまざまな免疫グロブリンが関わるが、花粉症やハウスダストなどに主に関わるのは IgE である。アレルギーをひき起こす物質が**肥満細胞**（**マスト細胞**ともいう）に結合すると、肥満細胞からさまざまな生理活性物質が放出される。その一つが**ヒスタミン**である。ヒスタミンは血管の拡張作用や種々の分泌物の分泌促進作用があり、これが炎症をひき起こす原因となる。ただ、ヒスタミンは神経伝達物質の放出や胃酸分泌などにも関わっていて、悪いことをするためだけにあるのではない。

　強い急性アレルギー反応は**アナフィラキシー**とよばれる。その一例は、ハチに刺されて起こる痛みやショック症状が、初めてより 2 回目の方が強いことである。これもまた免疫記憶が原因である。

❤ 9・8　免疫の応用と問題点

　これまで説明してきたように、免疫は外から侵入してくる敵を排除するために重要な役割を果たす。そのため、実生活においても免疫に関係するさまざまな実例を紹介する。また、免疫のデメリットについても説明する。

9・8・1　ワクチン

　日常生活で「ワクチン」という言葉はよく耳にするが、ワクチンは病気、とくに感染症に対してどのような効果があるのだろうか。多くの人が知っているように、ワクチンを投与してもすでに感染した病気を治療することができるわけではなく、その効用はワクチン接種後に感染した際の重症化の防止である。では具体的にどういう仕組みで防止するのか。これまで説明してきた言葉を使って一言でいうと、その病原体に反応する**メモリー B 細胞**を作る、ということになる。普通であれば、本当に病原体に感染することでメモリー B 細胞が作られるが、それを避けるためなので、本当の病原体には感染せずして、なんとかしてその病原体に対する B 細胞を作りたい。ワクチンのポイントは、完全な病原体を使う必要がないということである。すでに説明したように、B 細胞は病原体の一部分さえ認識できればよい。ワクチンの説明として「弱毒化・無毒化した病原体を体に接種する」というのがあるのは、病原性は失われているが病原

---

mRNA ワクチン

　2019 年終わりから始まった新型コロナウイルス感染症（COVID-19）に対応すべく、わずか一年でワクチンが実用化された。従来のワクチンは、弱毒・無毒化した抗原そのものを増やして作られるが、それでは製造に長い時間を要する。そこで、COVID-19 に対しては、新たに mRNA ワクチンが使われた。COVID-19 の原因ウイルス、SARS-CoV2 は、表面のタンパク質であるスパイクタンパク質がヒト細胞の受容体と相互作用することで侵入する。そこで、このスパイクタンパク質に対する抗体ができればよいと考え、スパイクタンパク質をコードする mRNA を体内に送り込み、ヒト自らの力でスパイクタンパク質を翻訳によって作り出し、それに対する B 細胞や T 細胞の活性化を促す、という方法がとられたのである。重要な点は、スパイクタンパク質だけでは病原性が発生しないことが一つ、もう一つは B 細胞や T 細胞は SARS-CoV-2 の一部（ここではスパイクタンパク質）だけを認識すれば活性化できること、さらにもう一点は、こうして作られた抗体はスパイクタンパク質に結合するので、ウイルスがヒト細胞の受容体と相互作用できなくなることである。実際には、mRNA を特殊な小胞に包み込んだ形でヒトに接種し、mRNA が翻訳されるまで簡単に分解されない工夫がなされている。この技術は、ほかの多くの新しい病原体にも応用が利く点できわめて優れている。またここで指摘しておきたい重要なことは、この技術が COVID-19 の蔓延以前から研究されていた点で、それゆえすみやかなワクチン製造が可能になったという背景がある。

菌の形は（一部分だけでもよい）維持されているものを接種する、ということを意味している。この「一部分だけでもよい」は重要な観点で、mRNAワクチンのコラムでも説明する。

　ワクチンを接種すると、その抗原にB細胞が免疫応答し、メモリーB細胞が作られる。しかし病原性はないので、病原体がひき起こす感染症の症状は出ない。次に働くのは、本当に病原性をもった完全な病原体が体内に侵入してきた時、ということになる。ナイーブB細胞よりメモリーB細胞の方が活性が強いことから、病原体を効率よく攻撃し、症状の重症化が防げる。ここでの留意点は、ワクチンは決して感染を防ぐのではなく、感染はするけれど病原体の攻撃にすみやかに対応できるため、体内で病原体を増やさずに済む、ということである。なので、体の状態が悪く免疫能力が非常に落ちた状態では、せっかくワクチンを接種していてもB細胞の働きが弱く、感染症を発症してしまうという可能性も出てくる。

9·8·2　免疫のデメリット：自己免疫疾患と移植の免疫拒絶

　免疫はもちろん自分の体を守るために必要不可欠な仕組みであるが、時として問題が生じることもある。その一つは自己免疫疾患である。本来はB細胞もT細胞も、分化する段階で自分がもつ細胞や物質に反応する細胞は取り除かれる仕組みがある（**免疫寛容**とよぶ）。しかし、さまざまな理由で自分の細胞を攻撃してしまうことがある。これが**自己免疫疾患**である。その一つは**1型糖尿病**である（☞ 10·6·1項）。1型糖尿病は、先天的にインスリンを作り出す細胞（ランゲルハンス島B細胞）が壊されてインスリンが分泌できなくなることで発症するが、これはB細胞が自己免疫によって攻撃を受けるためである。そのほか**関節リウマチ**や、全身の炎症を示す**全身性エリテマトーデス**も、T細胞やB細胞が自分の細胞に対して働いてしまうために引き起こされると考えられている。

　もう一つの例は**臓器移植**の際の免疫拒絶である。病気などで臓器・器官を摘出せざるを得ないとき、そのかわりにほかの方からの臓器を移植して治療する臓器移植が広く知られている。しかし、他人の細胞を体に入れると、当然ながら免疫システムはそれらを「非自己」と認識し、攻撃を開始する。さて、われわれの体は他人の細胞をどのようにして非自己と認識するのだろう。ここでも**MHC**が関係する。9·4·1項では説明を省略したが、MHCには二つのクラスがある。クラスI MHCは、ほぼすべての細胞の膜表面に存在しており、前述したMHC（抗原提示細胞がもつMHCはクラスIIである）と同様、人によって異なっている。自分のMHCに対しては、T細胞やB細胞は働かないようになってい

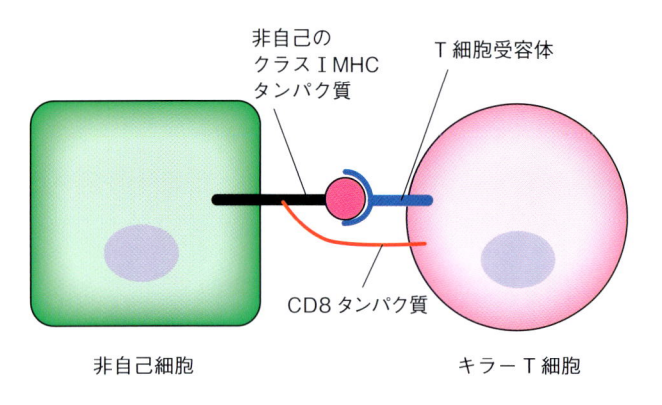

図 **9·11**　免疫拒絶とクラス I MHC
非自己細胞がもつ MHC は自分のものと異なるため、T 細胞などの感知の対象となる。このとき、CD8、T 細胞受容体の働きによりキラー T 細胞が活性化し、免疫拒絶の原因となる。

るのは先ほど説明したとおりである。しかし、他人の MHC は、あたかも自分の MHC が抗原を提示していると免疫細胞が認識してしまい、攻撃を開始する（図 9·11）。これが**免疫拒絶**の機構である。実際の移植では、免疫抑制剤の併用によって免疫拒絶を防いでいるが、逆に本来働くべき免疫も抑制してしまうため、問題点も多い。

9章のまとめ

- 生体防御の機構は 3 段階、つまり物理的・化学的な防御、自然免疫、獲得免疫に分けられる。

- 自然免疫では、好中球、マクロファージ、NK 細胞、樹状細胞などが働く。好中球・マクロファージは食作用、NK 細胞は病原体に穴を開けて殺す。樹状細胞も食作用により病原体を殺すが、抗原提示が主な役割である。

- 獲得免疫は細胞性免疫と体液性免疫に分けられる。細胞性免疫では、抗原提示をうけたヘルパー T 細胞が活性化し、キラー T 細胞の活性化をうながす。キラー T 細胞は、病原体や感染した自分の細胞にやはり穴を開け、細胞の溶解を誘導する。

- 体液性免疫はヘルパー T 細胞によって活性化された B 細胞が担う。B 細胞によって産生された抗体は、病原体に結合し、それを認識したマクロファージなどが食作用により病原体を排除する。

- B 細胞はあらゆる抗原に反応できるよう、多くの種類が休止状態で準備されており、抗原との接触により増殖・活性化する。

- 免疫グロブリンは重鎖と軽鎖からなり、B 細胞は、免疫グロブリン遺伝子の組換えにより多様化する。

- 免疫系は、自己免疫疾患などの問題をひき起こす場合がある。

10章　内分泌系

　個体の体内環境を維持するためには、さまざまな調節物質が必要である。外界の変動を察知したときや、逆に体が何らかのアクションを起こすときには、体全体の働きを同時に調節する必要が出てくる。それを担うのが、ホルモンをはじめとするさまざまな物質である。この章では、末梢器官に指令を出すもう一つの方法である神経伝達との違いは何か、そして内分泌系がどのような方法で生体機能を維持するかについて説明する。

10·1　ホルモンの必要性

　すべての動物は、多細胞生物である。ヒトも約37兆個の細胞から構成されている。よって、体の生体機能を調節するためには多くの細胞を同時にコントロールする必要がある。例えば、とても寒いところにいるとき、人間は体全体の体温を上げるべく、体全体の細胞の代謝を上げる必要がある。しかし、このような体の調節において、細胞単位での厳密性が求められない組織もたくさんあるし、秒単位でのスピードも求められないことも数多くある。これと対比されるのが神経伝達である。細胞単位ではないにせよ、体の一部分を動かすときにはかなりの厳密性が要求される。人差し指を動かそうとして親指が動くようでは

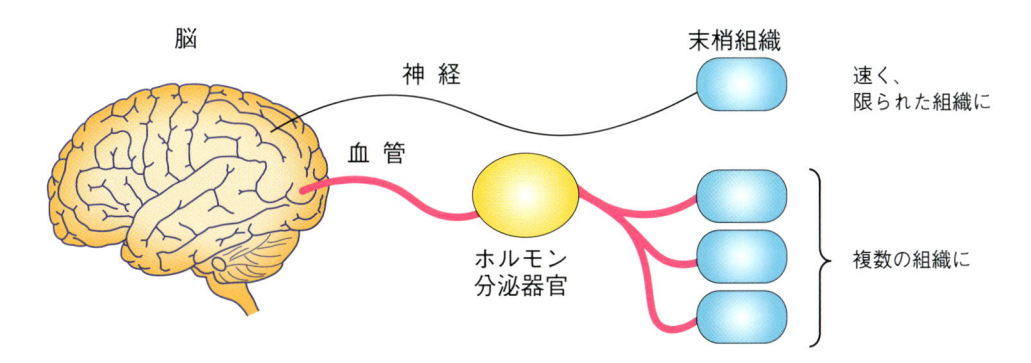

図 10·1　神経系と内分泌系による末梢組織への指令伝達の違い
　神経系の伝達は速く、限られた組織だけに届く。一方、内分泌系の伝達は神経ほど速くはないが、複数の組織に同時に指令を伝達できる。

困るし、また、腕を曲げろと頭で思ってから実際に曲がるまでに 10 秒も 20 秒もかかっていてはまともな行動はできない。しかし、神経伝達の機構では、すべての関節を同時に曲げる、といった仕組みはない（もちろん必要でもない）。このように考えると、①一部分だけにすばやく厳密に指令を与える、②体全体に同時に指令を与える、これら二つはそれぞれにメリットがありそうである（図 10·1）。ホルモンをはじめとする内分泌系では、これらのうち②の働きを担う。

10·2　ホルモンの種類

改めてホルモンについて説明する。ホルモンとは、体内の決められた器官から分泌され、その場所から「離れた」場所の臓器・器官・細胞に影響を与える物質の総称である。離れた場所への輸送は、多くの場合血液が担っている。ホルモンの種類は非常に多いことから、さまざまな観点で分類することが可能である（図 10·2）。

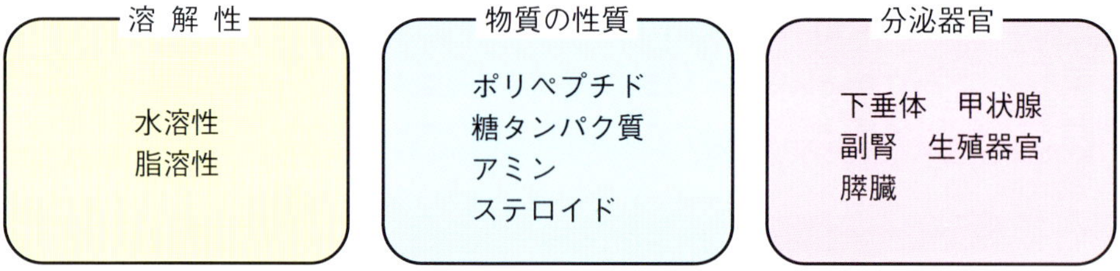

溶　解　性	物質の性質	分泌器官
水溶性 脂溶性	ポリペプチド 糖タンパク質 アミン ステロイド	下垂体　甲状腺 副腎　生殖器官 膵臓

図 10·2　さまざまな観点によるホルモンの分類

まず、ホルモンは水溶性か脂溶性（水に溶けず油に溶ける）に大別できる。**水溶性のホルモン**は、ポリペプチド、糖タンパク質、アミン（詳細は後述）など、**脂溶性のホルモン**はステロイド（これも詳細は後述）がそれにあたる。このように分類される大きな理由は、ホルモンが細胞のどこで受け止められるかを考える必要があるからである。水溶性のホルモンは細胞膜を通過することができないので、すべて細胞膜に埋め込まれた膜タンパク質で受け止められる。一方、脂溶性のホルモンは細胞膜を通過することができるため、細胞内に直接進入して遺伝子発現などの調節を行う。またホルモンは、分泌器官でも分類は可能である。ホルモンはさまざまな臓器から分泌されるが、下垂体、甲状腺、副腎、膵臓、生殖器官などがその代表例である。

10・3　下垂体

　ここでは**下垂体（脳下垂体）**に着目して、代表的なホルモンについて説明する。下垂体は視床下部の下部に位置していて前葉と後葉に区分され、分泌されるホルモンもそれぞれ別である。下垂体前葉ホルモンでは、まず視床下部の神経細胞からホルモンが分泌され＊10-1、それが門脈（血管の一種）を経て下垂体前葉に入ることで、前葉の分泌細胞から別のホルモン（これが下垂体前葉ホルモン）の分泌がうながされ、血管を通って全身に運ばれる（図10・3a）。その一つが**甲状腺刺激ホルモン**である（図10・4）。まず視床下部の神経分泌細胞から分泌された**甲状腺刺激ホルモン放出ホルモン**の作用により、下垂体前葉から甲状腺刺激ホルモンが分泌される。これが血管により甲状腺に運ばれ、甲状腺ホルモンの分泌をうながす。**甲状腺ホルモン**はいくつか知られるが、その代表は**チロキシン**である。チロキシンの主な作用は、細胞における代謝の活性化である。チロキシンは脂溶性ホルモンで、細胞内に入って核内受容体と結合し、ある遺伝子の転写活性を上げる。チロキシン受容体は多くの細胞で発現しているので、チロキシンによる細胞代謝の上昇は全身に及ぶ。なお甲状腺ホルモンそのものは、逆に血液循環によって視床下部や脳下垂体前葉に届けられ、放出ホルモン

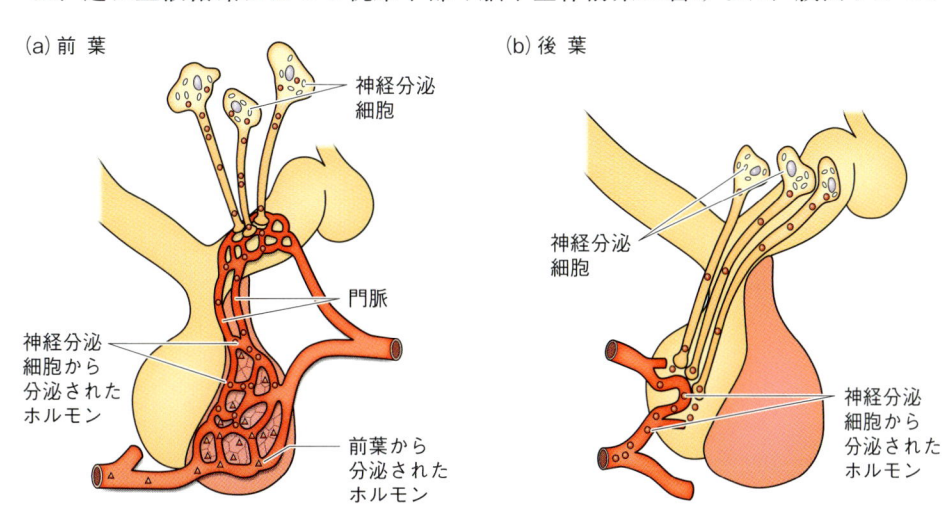

(a) 前葉　　　(b) 後葉

神経分泌細胞／門脈／神経分泌細胞から分泌されたホルモン／前葉から分泌されたホルモン／神経分泌細胞／神経分泌細胞から分泌されたホルモン

図 10・3　下垂体の構造
(a) 下垂体前葉には、視床下部から門脈が通り、神経分泌細胞から分泌された放出ホルモンが前葉に届く。すると、前葉から別のホルモンが分泌される。(b) 下垂体後葉には、視床下部から神経分泌細胞が伸び、血管にホルモンが直接放出される。

＊ 10-1　ホルモンを分泌する神経細胞は神経分泌細胞とよばれる。

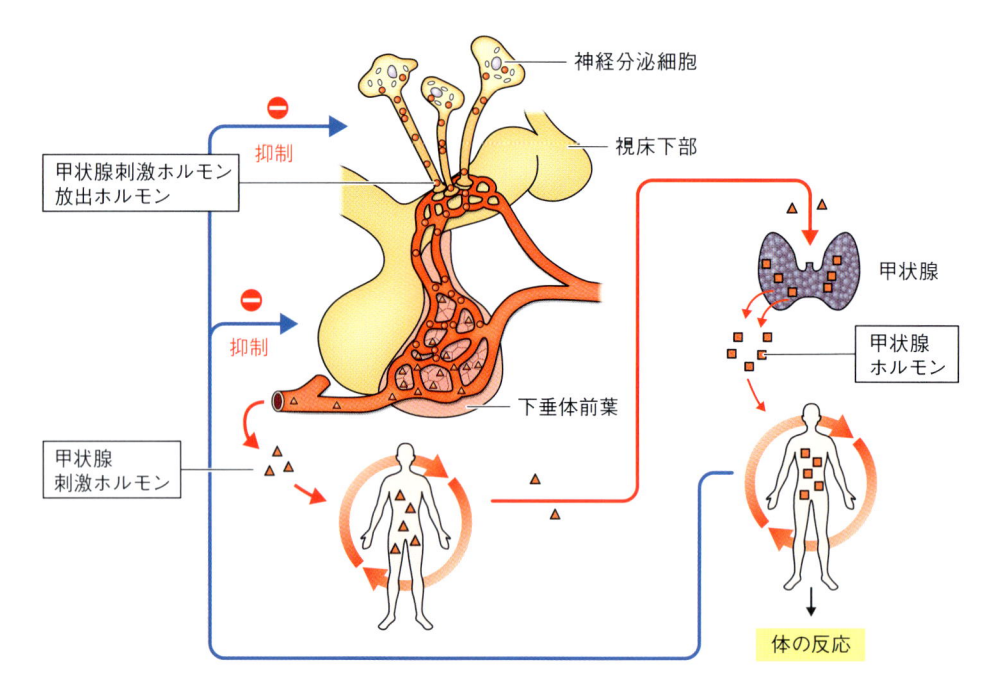

甲状腺刺激ホルモン放出ホルモン

抑制

甲状腺刺激ホルモン

神経分泌細胞

視床下部

甲状腺

甲状腺ホルモン

下垂体前葉

体の反応

図 10·4　甲状腺ホルモンの分泌過程とフィードバック制御

や刺激ホルモンの分泌を抑制する。つまり、**ネガティブフィードバック**がかかる。これによって、ホルモンの分泌量が一定の範囲内に調節されている。下垂体前葉ホルモンとしては甲状腺刺激ホルモン以外に、**副腎皮質刺激ホルモン**、**性腺刺激ホルモン**などが知られる。

　一方、下垂体後葉からのホルモン分泌は前葉とは少し異なっている（図10·3b）。視床下部から発出した神経分泌細胞は後葉まで達しており、ここで後葉の血管に放出されたホルモンはそのまま血流に乗る。これでおわかりのように、下垂体後葉には前葉と異なり、ホルモン分泌細胞そのものはない。下垂体後葉ホルモンの代表例は**バソプレシン**である。バソプレシンは抗利尿ホルモン、つまり尿の排出を抑えるホルモンである（☞ 7·4 節）。バソプレシンが後葉から腎臓に到達すると、腎臓の遠位尿細管や集合管での水分の再吸収が促進され、結果として尿量が抑えられて体内の水分排出が抑制される。下垂体後葉ホルモンとしてはほかに、性ホルモンである**オキシトシン**も知られる。

💗 10·4　副　腎

　副腎は腎臓の上部に位置する器官で（図 10·5a）、皮質と髄質に分けることができる（図 10·5b）。**副腎髄質**から分泌されるホルモンで一番よく知られるのが

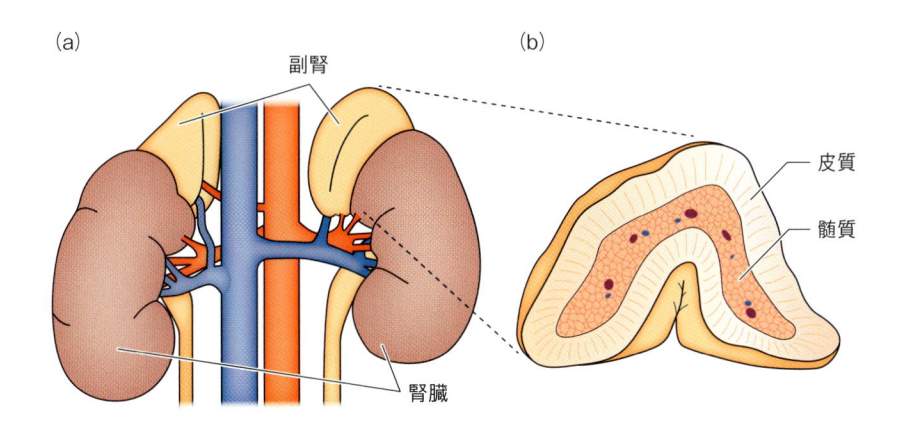

図 10・5　(a) 腎臓と副腎。(b) 副腎の断面
皮質と髄質に分類できる。

アドレナリンである。アドレナリンはアミンという物質（アンモニア（NH_3）の水素が炭素鎖（あるいは芳香環）に置き換わった物質の総称）に含まれる（図10・6a）。体の活発な動きを生み出す必要があるとき（例えば危険にさらされるなど）や緊張状態にあるときに分泌され、代謝の促進に加え、心拍数や呼吸の増加などさまざまな体の反応を促す。

　副腎皮質から分泌されるホルモンとしては、**コルチゾル**が知られる。コルチゾルはいわゆるステロイドの一種である。ステロイドは、三つの六員環（六つの炭素が環状につながった構造）と五員環（同じく五つの炭素が環状につながった構造）の分子構造をもつ化学物質の総称である（図10・6b）。ちなみにコレステロール（☞5章 p.61 のコラム）もステロイドの一種であることは、名前をよく見るとわかってもらえると思う（コレ“ステロ”ール）。コルチゾルの分泌は、下垂体前葉から放出される**副腎皮質刺激ホルモン**の働きによる。コルチゾル自体の働きは、血糖や血圧の上昇、あるいは炎症の抑制にも働く。また、鉱質コ

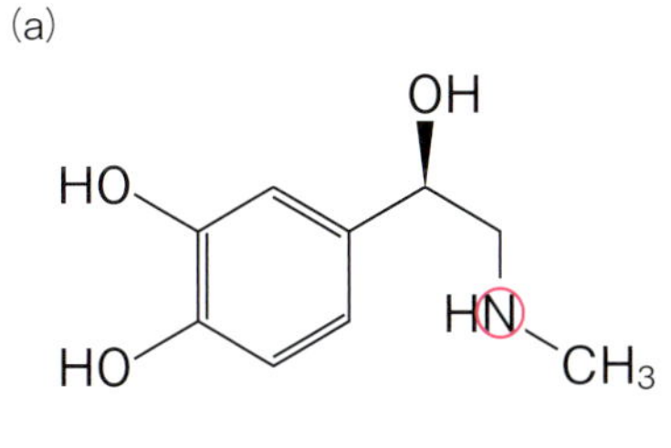

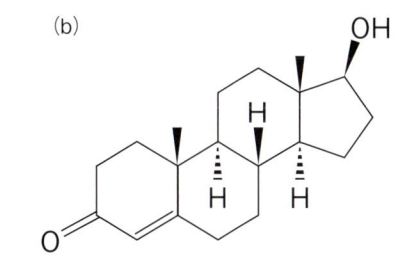

図 10・6a　アドレナリンの構造
　アミンは、アンモニア（NH_3）の水素原子二つが炭素鎖に置き換わった構造の総称。

図 10・6b　テストステロンの構造
　六員環三つと五員環一つからなる化学構造をステロイドとよぶ。

ルチコイドの一つ、アルドステロンも同様にステロイドホルモンの一種で、副腎皮質から分泌され、腎臓に作用して塩分の（そして間接的に水分の）再吸収を促す。

10·5　生 殖 腺

　生殖腺（精巣と卵巣） も、重要なホルモン分泌器官である。生殖腺からはアンドロゲン・エストロゲン・プロゲステロンが分泌される。これらは雌雄ともに分泌されるが、その量は異なっている。

　精巣から分泌される**アンドロゲン**はいくつかのホルモンの総称であり、**男性ホルモン**ともよばれる。アンドロゲンも前述したステロイドホルモンの一種で、最もよく知られるのがテストステロンである。**テストステロンの作用は、精巣など男性の生殖器官の発達に関わるだけでなく、筋肉増強や体毛増加を含む、二次性徴の促進にも関わる。

　エストロゲンもまたいくつかのホルモンの総称で、卵巣から分泌されるので**女性ホルモン**ともよばれ、やはりステロイドホルモンの一種である。エストロゲンの代表は**エストラジオール**で、その作用は女性の二次性徴の促進である。

　プロゲステロンは黄体（卵巣内）から分泌される性ホルモンで、子宮内膜の肥厚化や乳腺の発達、妊娠期における子宮の維持にも関わる。なお、これらのホルモンの合成は、視床下部から分泌される**性腺刺激ホルモン放出ホルモン**の作用を受けて、下垂体前葉から分泌される**性腺刺激ホルモン**（☞ 10·3 節）により制御されている（図 10·7）。性ホルモンの具体的な働きについては 12·2 節で改めて触れることとする。

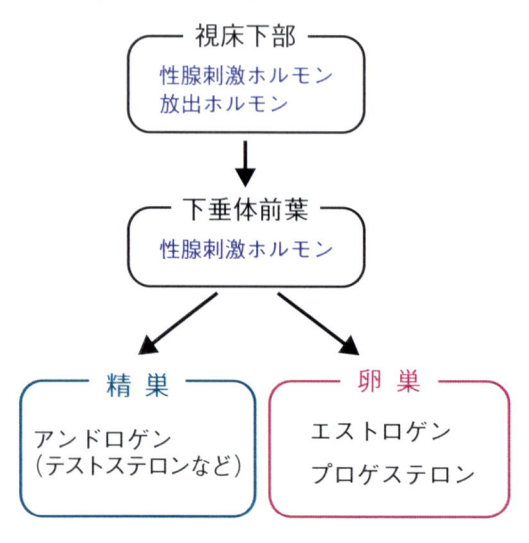

図 10·7　性ホルモンとその分泌調節

ホルモンとドーピング

　テストステロンは別の文脈で聞いたことがある人も多いだろう。テストステロンは、精子の形成や生殖腺の発達などの作用に加え、**筋肉増強作用**もある（タンパク質合成の促進に働くステロイドホルモンで、アナボリックステロイドとよばれる）。この働きに着目したスポーツ選手がパフォーマンス向上の目的で、1960 年ごろから使用するようになった。しかし、トレーニングによらない筋肉増強ということに加え、肝機能障害や血液への悪影響、さらには精神的な障害の原因にもなるなど多くの副作用もある。実際、ドーピングが原因と考えられる心臓疾患で命を落とす有名スポーツ選手もいた。そのような背景があり、スポーツ選手のステロイドホルモン使用は厳しく制限されている。スポーツ選手に限らず、またステロイドホルモン以外でも、治療目的以外でのホルモンの安易な投与は避けるべきだろう。

10・6　そのほかのホルモン

　以上、代表的なホルモンについて説明した。ほかの章とも関連するホルモンをいくつか挙げる。

10・6・1　膵臓から分泌されるホルモン

　膵臓にはホルモンを分泌する組織である膵島（ランゲルハンス島）が存在することは、5・4・2 項で説明したとおりであるが、もう少し詳しく説明する。膵島から分泌されるホルモンとしては、インスリン、グルカゴン、ソマトスタチンなどがある。**インスリン**は 22 アミノ酸、30 アミノ酸という二つの短いポリペプチドが二量体を形成してできている。消化管から分泌されるグルカゴン様ペプチド（GLP）を膵島 β 細胞が受容するとインスリンを分泌する。インスリンは筋肉や脂肪細胞でグルコースを取り込んだり糖の代謝を活性化するとともに、

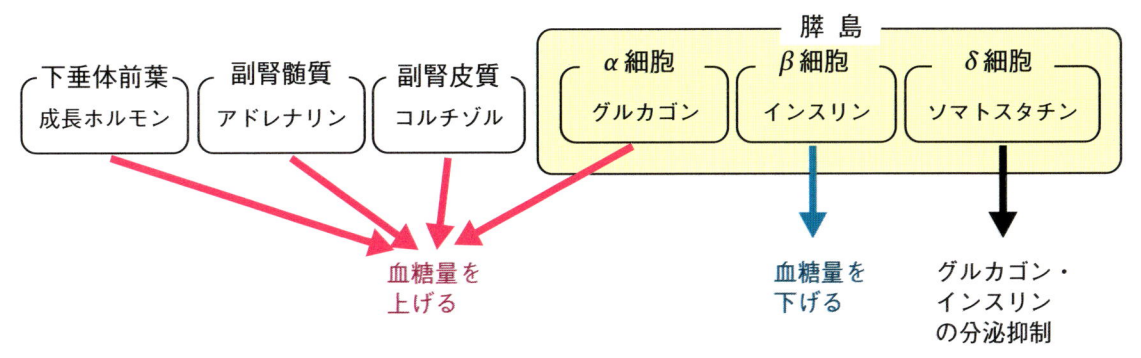

図 10・8　膵島のホルモンと血糖濃度の調節

肝臓の細胞ではグルコースからグリコーゲンの生産を活性化し、結果として血中の<u>グルコース濃度を下げる</u>。**グルカゴン**は膵島の α 細胞から分泌されるホルモンで、インスリンとは逆に血中の<u>グルコース濃度を上げる</u>。ちなみに、血糖量を増やすホルモンとしては、グルカゴン以外にも前述のアドレナリンやコルチゾル、下垂体前葉から放出される成長ホルモンが知られる（図 10・8）。血糖量を下げるホルモンはインスリンしかないが、血糖値を上げるホルモンがたくさんある理由ははっきりしている。血糖量が過剰であっても生存にはすぐに影響はでないが、血糖量が低いということは体内への栄養の供給が不足していることを意味しており生死に直結する。そのため、血糖量を増やすホルモンは多数用意されており、一つのホルモンが機能不全に陥っても問題がないようになっている。

糖 尿 病

糖尿病は、血液中の血糖量が高く維持され、下がらない疾患である。糖尿病には2種類あり、<u>1型糖尿病</u>は膵島 β 細胞が自らの免疫細胞により破壊され（☞ 9・8・2項）、インスリンの分泌ができなくなるために引き起こされる。そのため、1型糖尿病の治療には、インスリンそのものの注射や、膵島移植が行われる。一方、<u>2型糖尿病</u>は飲酒や過度の摂食などによって引き起こされる。糖尿病は生活習慣病と関連付けて議論されることが多いが、正確には2型糖尿病だけが生活習慣病である。2型糖尿病の発症には二つの原因がある。一つは膵島 β 細胞からのインスリン分泌の低下であるが、もう一つの原因は、インスリンが分泌されているにもかかわらず、さまざまな細胞のインスリン感受性が低下し、肝臓における

グリコーゲンの産生や末梢組織でのグルコースの取り込みが行われない、いわゆる「インスリン抵抗性」の状態が生じることによる。インスリン抵抗性が生じると、 β 細胞はそれでも反応を促すため大量にインスリンを分泌し続ける。やがて、 β 細胞は疲弊し、インスリンの分泌も低下し、糖尿病の症状が悪化する。

ちなみに血液中のグルコース量が多いとなぜ問題があるのだろうか。血中グルコース量が高い状態が年単位で続くと、活性酸素が生じ、血管の内壁が傷つく。そこに LDL コレステロールが蓄積し、結果として動脈硬化を起こしたり血管が詰まったりする。このような影響は全身の血管に及び、例えば腎臓の血管の閉塞は腎機能の低下をひき起こし、また脳の血管の閉塞は脳梗塞という重篤な病気の原因となる。

10・6・2　消化器から分泌されるホルモン

消化器から分泌されるホルモンとしては、5・4節で説明したように、胃に食物が入ってくると分泌されて胃液の分泌をうながす**ガストリン**、十二指腸に食物がやってくると小腸から分泌されて膵液・胆汁の分泌が促進される**セクレチン**が挙げられる。セクレチンはホルモンということ自体でも重要であるが、「ホル

モン」として最初に見つかった物質がセクレチンだからでもある。

　これら以外に、食欲をコントロールする**グレリン**と**レプチン**もホルモンである（図 10·9）。摂食しない状況が続くと、胃がそれを感知してグレリンを分泌する。グレリンは下垂体や視床下部に作用し、食欲の増進やほかのホルモン分泌を促進する。逆に、摂食により脂肪細胞からレプチンが分泌され、食欲の減退を促す。

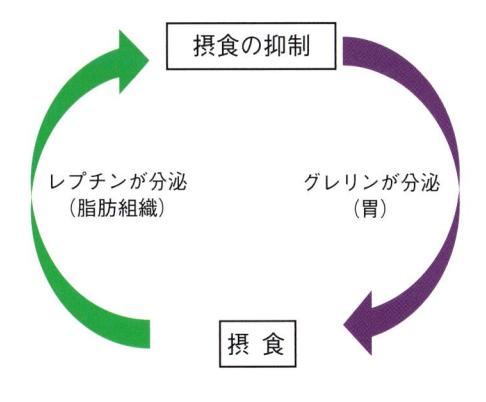

図 10·9　食欲をつかさどるホルモン、グレリンとレプチン

10 章

内分泌系

10 章のまとめ

- 内分泌系は、神経伝達ほど迅速ではないものの、体全体の環境を調節する仕組みとして重要である。

- ホルモンにはさまざまな種類がある。

- 下垂体は前葉と後葉に分かれる。前葉では、視床下部の神経分泌細胞から門脈を通って送られてきた放出ホルモンが作用し、新たなホルモン分泌を促進する。一方後葉では、視床下部から伸びてきた神経分泌細胞が、ホルモンを直接血管に放出する。前葉ホルモンとしては甲状腺刺激ホルモン、性腺刺激ホルモンが、後葉ホルモンとしてはバソプレシンなどが知られる。

- 副腎も皮質と髄質に分かれ、それぞれホルモンを分泌する。副腎皮質から分泌されるホルモンとしてはコルチゾルなどが、副腎髄質からのホルモンとしてはアドレナリンなどがそれぞれ知られる。

- 性ホルモンとしてはアンドロゲン、エストロゲン、プロゲステロンなどが知られる。

- そのほか、膵島から分泌されるインスリンやグルカゴン、消化器から分泌されるガストリン、セクレチン、グレリン、レプチンなどもホルモンの一種である。

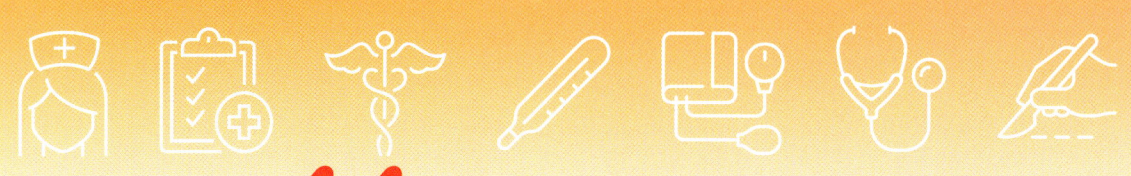

11章 神経と感覚器

　動物は外界からさまざまな情報を取得し、その情報を脳で処理し、指令を体の各部分に伝える。このような情報を感知するために、体にはいろいろな感覚器が備わっている。また感覚器と脳、そして脳と末梢器官との間のやりとりに必要なものが感覚・運動神経である。この章では、これら神経系・感覚系の概要を説明するが、脳の働きや細かな構造については詳しく説明しない。脳科学に関心がある方は、詳しく記載されている図書を別途読まれることをおすすめする。

11・1　神　経

11・1・1　神経組織の構成

　神経細胞はニューロンともよばれるが、その形状は多くの人がなんとなく知っているだろう。通常の細胞に比べ、神経細胞は非常に細長い構造をとる（図11・1a）。多くの神経細胞では、細胞体が真ん中にあり、一方には**樹状突起**が伸びている。その逆側には**軸索**とよばれる細長い構造が伸び、樹状突起から得た神経の情報が伝達されて、ほかのニューロンにその情報を伝える。

　さて、神経組織を構成する細胞は神経しかないのでは、と思う人がいるかもしれないが、そうではない。神経組織には神経細胞だけでなく、**グリア細胞**が

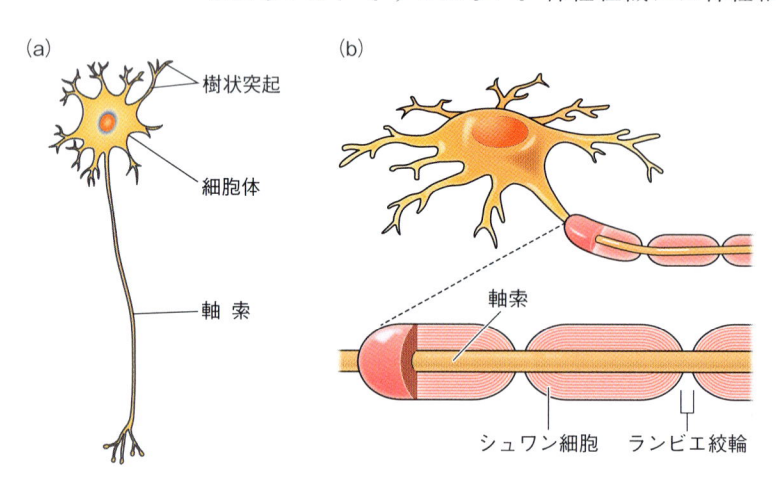

図 11・1　神経細胞（ニューロン）　(a) 神経細胞（無髄神経）の構造。(b) 有髄神経。軸索の周りをシュワン細胞（グリア細胞の一種）が取り囲んでいる。シュワン細胞とシュワン細胞の間の細くなったように見える部分はランビエ絞輪とよばれる。

存在する。実際、脳においては神経細胞よりもグリア細胞の方が数は多い。グリア細胞は、神経細胞に栄養を供給したり、神経細胞を保持する役割を果たす。また、**髄鞘**（ミエリン鞘）とよばれるソーセージ状の構造は、一部の神経細胞の軸索を取り囲み、**有髄神経**を形成する（図 11·1b）。有髄神経は、軸索を伝わる神経伝達のスピードを上げることに貢献する。なお、髄鞘のない神経細胞は**無髄神経**とよばれる。

11·1·2　神経の情報伝達

　神経の情報とは何か。一言で言えば電気シグナルであるが、言い方をかえると、神経細胞の膜電位変化の伝播である。もう少し丁寧に説明する。

　まず、動物細胞の**膜電位**について触れる。細胞の内外にはいろいろなイオンが存在するが、その濃度は異なっている。例えばナトリウムイオン（Na^+）は細胞外で多く、細胞内で少ない。一方、カリウムイオン（K^+）は細胞外で少なく、細胞内で多い（図 11·2a）。このような濃度差は、細胞膜に存在する**Na^+-K^+ポンプ**によって生み出される。このようなイオンの濃度差を受け、細胞膜の電位は外向きにマイナス（細胞の内側がマイナス、の意味）の状態となる。

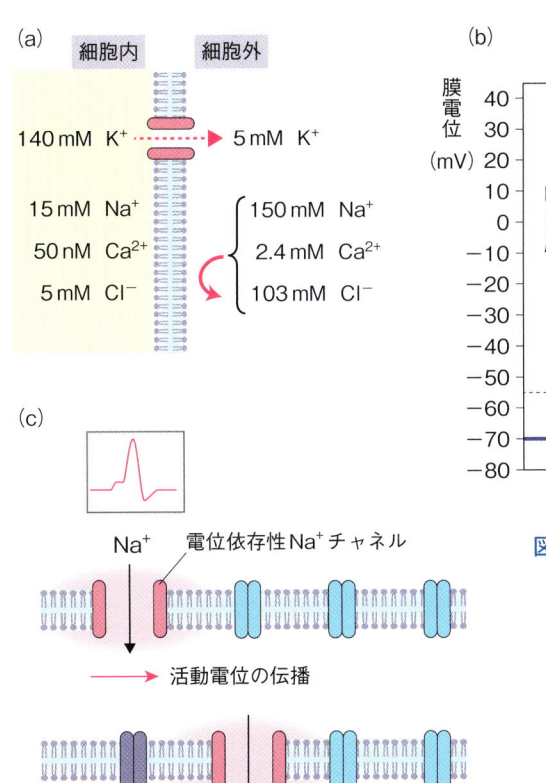

図の (a) 細胞内 / 細胞外

140 mM K^+ → 5 mM K^+

15 mM Na^+　　150 mM Na^+
50 nM Ca^{2+}　　2.4 mM Ca^{2+}
5 mM Cl^-　　103 mM Cl^-

(b) 膜電位 (mV)

Na^+の流入による脱分極　　K^+の流失による再分極

静止膜電位

(c) Na^+　電位依存性Na^+チャネル

→ 活動電位の伝播

図 11·2　細胞内外のイオンによる活動電位の発生と伝搬
(a) 細胞内外のさまざまなイオンの濃度。K^+だけは漏洩チャネルがあり（コラム参照）細胞膜を通過できるが、そのほかのイオンは普段は通過できない。(b) 神経細胞が刺激を受けると、Na^+が細胞内に流入して膜電位が上昇する。これが活動電位である。その後、K^+が流出して膜電位はもとに戻る。(c) Na^+チャネルが開いて活動電位が発生すると、近くにある別のNa^+チャネルが開き、その場所で活動電位が発生する。これが次々に起こるのが活動電位の伝播である。

これを**静止膜電位**という。静止膜電位はおよそ $-70\,\mathrm{mV}$ であるが、これは K^+ の細胞内外の濃度差を反映したものになっている。詳細はコラムで説明するが、難しいことを省略したい場合は、静止膜電位がマイナスであることだけを理解し、次の話に進んでも構わない。

神経細胞の一部（例えば樹状突起の先端）で刺激（化学物質、光、力など）を感知すると、細胞に存在する Na^+ チャネルが開き、正の電荷をもつ Na^+ が細胞外から細胞内に流入する。すると、その場所で膜電位が一過的に急上昇する。これを**活動電位**という（図11・2b）。活動電位が発生すると、その近くにある別

静止膜電位

静止膜電位を詳しく説明するときに必ず出てくるのが「半透膜」と「ネルンストの式」である。半透膜とは、溶媒だけを通して溶質は通さない膜のことで、例えば食塩水であれば、溶質である食塩は通さないが、溶媒である水は通す膜、ということになる（7・1節で出てきた半透膜も同じ）。細胞膜も半透膜であるが、細胞膜にはチャネルがあって、一部のイオンは通過可能である。

さて、ここで K^+ だけを通す半透膜を考える。半透膜の両側の K^+ 濃度が違っていると、この濃度差をなくすために K^+ が濃い方から薄い方にチャネルを通って移動しようとする（ここでは水の移動は考えないことにする）。ここで新たに問題になるのが K^+ の「電荷」である。K^+ は陽イオンであり正の電荷をもっている。K^+ がたくさん移動してしまうと、移動側で正の電荷が増え、これが反発力を生み出して（磁石の同じ極同士が反発するのと同じ）イオンの移動に影響が出る。また、移動元の電荷が別の理由でマイナスになっているときも、今度は吸引力となって陽イオンの移動を妨げる。このように電荷を考慮に入れると、膜の両側で濃度差が解消されていないにもかかわらず、K^+ の移動は止まってしまう。

実は細胞もこのような状態になっている。細胞膜では、K^+ の「漏洩」チャネルというものがあり、細胞膜を通過することができる（図11・2a）。細胞内外の K^+ は大きく異なっているが、細胞膜の内側がマイナスの電荷をもっているため、K^+ は細胞外に出て行きにくくなり、K^+ の濃度差（中で多く外で少ない）は一定に保たれている。この電位（細胞膜の内側がマイナスということ）が静止膜電位である。

この静止膜電位は計算が可能である。以下に示すネルンストの式を使うことで、半透膜の両側にあるイオンの濃度差を維持するために必要な膜電位（E_K）を計算することができる。

$$E_K = 2.3 \times \frac{RT}{zF} \times \log_{10} \frac{[K^+_{out}]}{[K^+_{in}]}$$

ここで $[K^+_{out}]$ は K^+ の細胞外濃度。$[K^+_{in}]$ は K^+ の細胞内濃度。R は気体定数（$8.31\,\mathrm{J \cdot K^{-1}\,mol^{-1}}$）、$T$ は絶対温度（20℃だと293K）、z はイオンの価数（K^+ の場合は1）、F はファラデー定数（$96{,}500\,\mathrm{[C\,mol^{-1}]}$）。また $J = C \cdot V$（Vはボルト）なので、$RT/zF = 0.0252\,\mathrm{V} = 25.2\,\mathrm{mV}$。

例えば、K^+ だけを通す半透膜の外側・内側の濃度をそれぞれ 15 mM、150 mM に保つために必要な膜電位は、$58 \times \log_{10}(15/150) = 58 \times \log_{10} 0.1 = 58 \times \log_{10} 10^{-1} = 58 \times (-1) = -58\,\mathrm{mV}$ となる。実際の細胞での K^+ 濃度は、細胞外が 5 mM、細胞内が 140 mM といわれている（図11・2a）。この値をもとに計算した静止膜電位は $-83.9\,\mathrm{mV}$ である。実際の細胞の静止膜電位は約 $-70\,\mathrm{mV}$ であり、K^+ の濃度差のみで計算した結果に近い。これは上述したように、K^+ には漏洩チャネルがあるが、Na^+ は通常細胞内外を行き来しないためネルンストの式が成り立ちにくいからである。ただ、Na^+ の行き来がまったくないわけではない上、ほかのさまざまな要因もあり、本当の細胞膜の静止膜電位は K^+ だけを考慮して得られる値より少し高い。

のNa^+チャネルが開いて膜電位が上昇する……これが連鎖的に起こることで、活動電位（＝膜電位の上昇）が神経細胞上を伝わっていく（図11・2c）。これこそが、神経細胞における電気シグナルの伝播である。

　活動電位が軸索の終端に来ると、カルシウム（Ca^{2+}）チャネルが開き、**神経伝達物質**が放出される。すると、隣の細胞の細胞膜に存在するNa^+チャネルに結合し、チャネルがひらいてNa^+が細胞に流入する。結果として膜電位が上昇し、新たな活動電位が生じる（図11・3）。

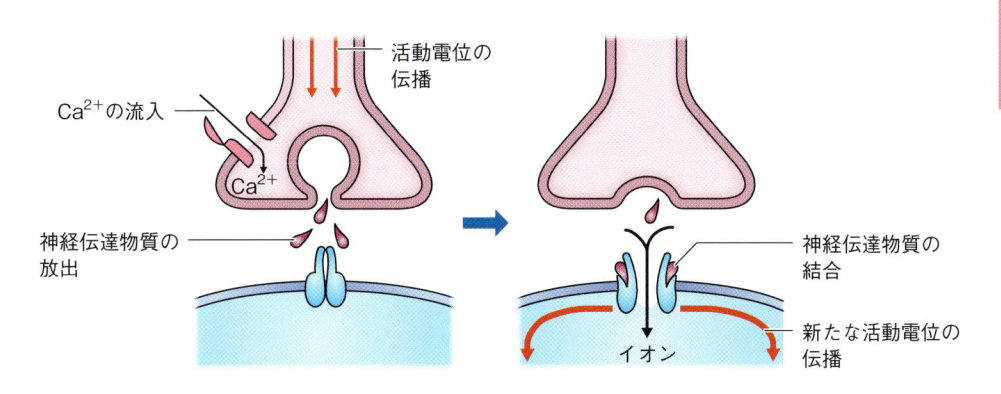

Ca^{2+}の流入

活動電位の伝播

Ca^{2+}

神経伝達物質の放出

神経伝達物質の結合

イオン

新たな活動電位の伝播

図11・3　神経伝達物質を介した活動電位の伝播
シナプス末端に活動電位が届くとCa^{2+}チャネルが開いてCa^{2+}が流入し、神経伝達物質が放出される。すると神経伝達物質が隣の細胞のNa^+チャネルに結合し、Na^+が細胞内に流入して新たな活動電位の伝播が始まる。

11章

神経と感覚器

麻薬・覚醒剤・大麻

　これらはいずれも、報道でよく耳にする。また、所持や使用について強い法律の規制がかかっていることもよく知られている。しかし、これら３つの違いが何かということについては、意外と知らない人が多いのではないだろうか。このことについてここで簡単に触れたいと思う。

　① **麻薬**：ヘロインという言葉を聞いたことがあるだろう。また、強い痛みを和らげる目的で使用されるモルヒネも聞いたことがあるかもしれない。これらはすべて麻薬に分類される。麻薬はもともとケシから生成されるオピオイド類を指し、強い鎮痛作用がある物質であるが、同時に酩酊・幻覚などの症状を誘起する。また、きわめて依存性が高い。ちなみにアヘンはオピオイドの音が変化したもので同じもの、またコカインは原材料も成分も異なる（コカの木から精製されるアルカロイド類）ものの、麻薬に分類される場合もある。コカインの服用による症状は、麻薬のような抑制性（酩酊など）と覚醒剤のような向精神性の両方がある。

　② **覚醒剤**：覚醒剤は麻薬とは異なり精神の高揚をひき起こす。また、覚醒剤も依存性が高い。物質としてはアンフェタミン・メタンフェタミンが相当する。戦後疲労回復剤として市販されていたヒロポン錠、「シャブ」という言葉もメタンフェタミンを指し、やはり覚醒剤である。

　③ **大麻**：大麻は麻の花や葉から作られる薬物で、酩酊状態や幻覚・多幸感をひき起こす。物質としてはカンナビノイド類を指す。マリファナとよばれるものも大麻である。依存性は麻薬よりは低いとされているものの、薬物としてはやはり危険であり、規制が必要な物質であるといえる。

　神経伝達物質にはいろいろな種類がある。その中の一つは**アセチルコリン**である。例えば、骨格筋細胞に存在するアセチルコリン作動性 Na^+ チャネルにアセチルコリンが結合すると、その場所で Na^+ が流入して活動電位が発生する。この情報が骨格筋の内部に伝わり、細胞内の Ca^{2+} が上昇して骨格筋の収縮をうながす（詳細は 8·2·2 項参照）。それ以外にも、**GABA、グルタミン酸、セロトニン、ドーパミン、アドレナリン**などさまざまな物質が神経伝達物質として知られている。

神 経 毒

　フグやヘビが毒をもつことはよく知られているが、どのような仕組みで毒として作用するかは、意外と知らない人が多いだろう。以下に示すように、フグ毒やヘビ毒は、神経毒の一つである。フグ毒として知られるテトロドトキシンは、Na^+ チャネルの開放を妨げることによって活動電位の発生を抑制する。症状としては、運動麻痺や知覚異常などが挙げられる。また、ヘビ毒はいろいろな種類があるが、その一つ α- ブンガロトキシンは、アセチルコリン受容体に作用してアセチ

ルコリンの結合を妨げることで、筋肉を収縮させなくしたり、神経伝達の異常をひき起こしたりする。さらに、ハチ毒も神経毒の一種として作用するが、ハチ毒は神経伝達物質そのものを含んでおり、麻痺ではなく強い痛みやアナフィラキシーショックをひき起こす原因となる。
　なお猛毒として知られるシアン化水素は、ミトコンドリア中のシトクロムや赤血球に含まれるヘモグロビンのヘム鉄（Fe^{3+}）に結合することで呼吸障害を引き起こすが、これは神経細胞特異的に作用するわけではないので、神経毒には含まれない。

11·2　中枢神経と末梢神経

11·2·1　中枢神経

　中枢神経は、**脳**と**脊髄**から構成される。上記のとおり、脳の機能については多くの人が関心をもっており、詳しく説明されている書籍もおびただしく存在するので、本書ではごく簡単に説明をすることとする。脳は、全身の情報を集約して全身に対して指令を与える場所である。脳は大きく**前脳・中脳・後脳・延髄**に分類され、前脳はさらに**大脳**と**間脳**、後脳は**橋・小脳**に分けることができる（図 11·4a）。間脳の下部が**視床下部**で、そのさらに下には**下垂体（脳下垂体）**が位置する。

　大脳は記憶を司り、また外界からの刺激に基づき神経細胞を経て入力された情報を分析・統合し、随意運動を制御する部位である。大脳はさまざまな「**野**」といわれる領域に区分され、それぞれの役割を果たす（図 11·4b）。

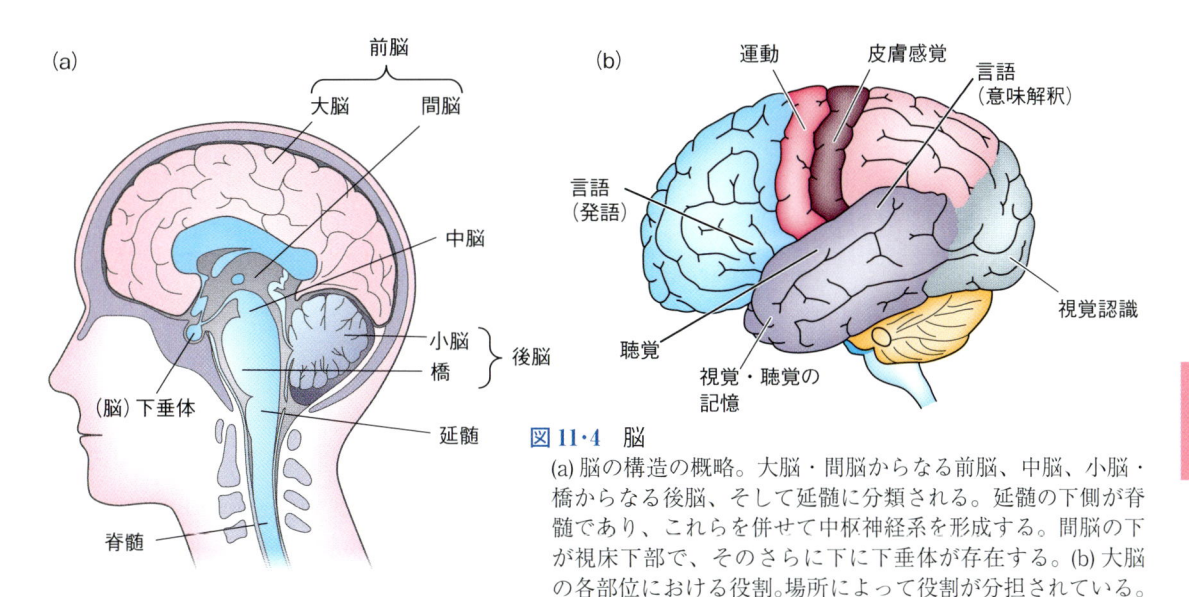

図 11·4　脳

(a) 脳の構造の概略。大脳・間脳からなる前脳、中脳、小脳・橋からなる後脳、そして延髄に分類される。延髄の下側が脊髄であり、これらを併せて中枢神経系を形成する。間脳の下が視床下部で、そのさらに下に下垂体が存在する。(b) 大脳の各部位における役割。場所によって役割が分担されている。

　中脳は大脳脚と四つの「丘」とよばれる場所などからなり、視覚や聴覚の中継所としての役割を果たす。橋は中脳と延髄の間に位置し、大脳から小脳につながる神経の多くは橋を経由する。また、三叉神経など顔面に関わる複数の脳神経が発出する場所にもなっている。

　延髄は橋と脊髄との間に位置し、大脳からの情報を脊髄に伝えるだけでなく、呼吸や循環など、不随意の生体機能を担う。また、延髄からも多くの脳神経が出ており、顔周りの知覚・運動に関わる。

　小脳は大脳の下部に位置し、**前葉・後葉・片葉小節葉**からなる。主な役割は運動機能の制御で、前葉（旧小脳ともいう）は聴覚や視覚などの信号を受け取って大脳に伝えるとともに、四肢運動の制御にも関わり、後葉（新小脳）は大脳皮質の発達とともに大きくなった部位で、運動野などに信号を送り、運動の精密な制御を担う。

　以上の脳に加え、脊髄を併せたものが中枢神経、ということになる。

11·2·2　末梢神経

　末梢神経は、簡単にいうと脳と脊髄（＝中枢神経）以外の神経すべてを指す。末梢神経のうち、脳とつながる末梢神経系は脳神経、脊髄とつながる神経は脊髄神経であり、それに加え、脳神経や脊髄神経とつながるほかの神経細胞が、全身にくまなく存在している。

　体のさまざまな場所で感知した情報は、**感覚神経（感覚ニューロン）**を経て脊髄神経に入り、ここから情報が脳に伝わる。逆に脳からの指令は脊髄神経を

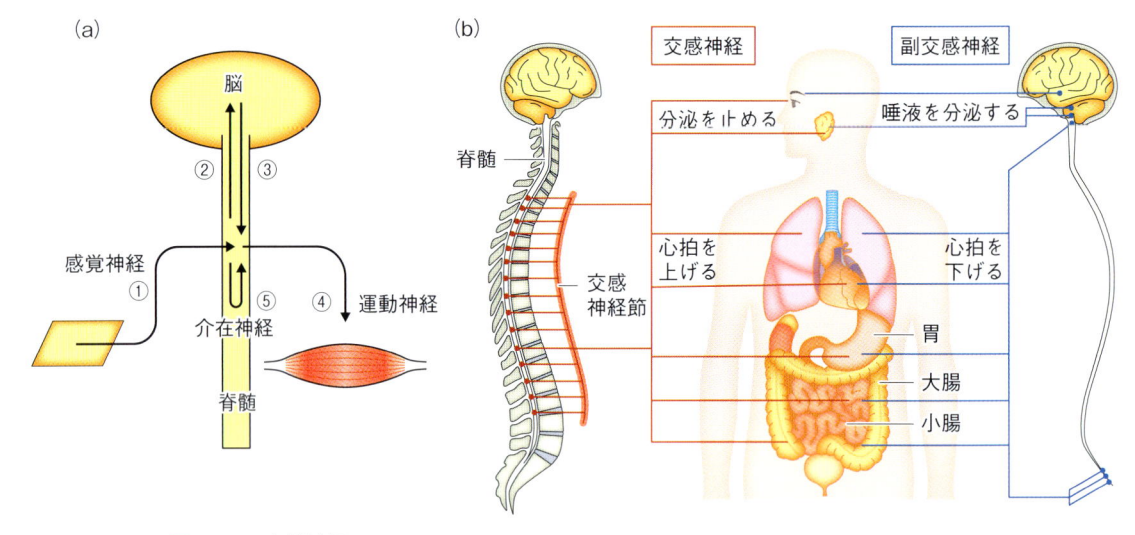

図 11·5　末梢神経

(a) 感覚神経・介在神経・運動神経。末梢器官（例えば皮膚）で受容した情報は、感覚神経を経て①脊髄に入り②脳に伝達される。脳からの指令はやはり脊髄を通り③運動神経に伝わって④さまざまな反応をする。感覚神経の情報は介在神経を経由して⑤直接運動神経に伝わる場合もある。(b) 交感神経と副交感神経による各臓器の制御。

経て、**運動神経（運動ニューロン）**に伝わることで、全身各所の応答につながる（**図 11·5a**）。なお、脊髄には感覚神経と運動神経を直接つなぐ**介在神経（介在ニューロン）**も存在しており、脳を経由せず感覚神経と運動神経が情報を伝達する反射という現象の根拠となっている（膝の下側を叩くと意図せず足が持ち上がる現象はよく示される例である）。脳神経も種類があり、重要な役割を果たす。例えば視神経（☞ 11·3·7 項）は視覚に関する脳神経で、網膜と脳をつなぐ非常に太い神経束である。それ以外にも、嗅覚や味覚などに関係する感覚神経や、逆に目や舌を動かす運動神経も脳神経の一つである。

　ここで、**自律神経**についても触れておく。自律神経は自分で考えて指令を出すのではなく、脳の自動的な指令に支配される神経の総称である（自分の意思で支配される機能に関する神経は、**体性神経**とよばれる）。自律神経の機能は、心臓の拍動、呼吸、体温調節、内分泌など多岐にわたる。自律神経はさらに**交感神経**と**副交感神経**に分かれる（**図 11·5b**）。交感神経は、脊髄のそばにあり胸部・腰部の脊髄と連結している**交感神経節**という部分から体の各臓器を結んでいて、主に体の状態が変化したときに作用する神経である。例えば、体が緊張状態になったとき、心拍数が上がったり唾液の分泌が止まったりするのも、交感神経の働きによる。逆にその状態が収まったとき、もとの状態に戻すのは副交感神経の働きによる。副交感神経は交感神経と異なり、延髄や脊髄から各臓器とつながっている。交感神経はアクセル、副交感神経はブレーキとよく表現される

のは、各臓器はそれぞれ交感神経、副交感神経両方の支配を受けているからである。

♡ 11・3　感　覚　器

11・3・1　感覚器の概要

われわれは、環境からさまざまな情報を受け取る。おおまかに分けると、**化学物質、力、温度、電磁波**（光など）であり、それぞれの**受容器**がある。受容器も、化学受容器、機械受容器、温度受容器、電磁受容器がある。これらに加え、受容器の分類の一つとして痛覚受容器もある。われわれは、痛みという感覚により、体に害を及ぼすものを直接感知することができる。

感覚器は、それが**神経細胞**か**非神経細胞**かで区分できる。後述するさまざまな感覚器のうち、嗅細胞、皮膚感覚の受容細胞は神経細胞でもある。

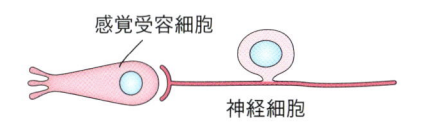

神経終末

感覚受容細胞

神経細胞

感覚毛

感覚受容部をもつ
神経細胞

図 11・6　感覚受容器の二つのタイプ
左は感覚受容器（神経終末や感覚毛）が神経細胞でもあるタイプ、右は感覚受容細胞と神経細胞が別のタイプ。

しかし、視覚の受容細胞や味細胞は、近くにある別の神経細胞に情報を伝えるものの、それ自身は神経細胞ではない（図 11・6）。

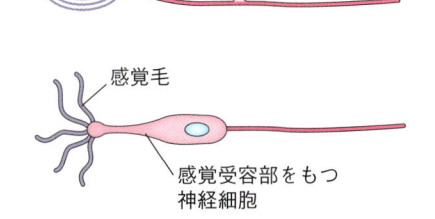

熱さ　軽い接触　痛み

表皮

真皮

神経

強い圧力

図 11・7　皮膚に備わる、さまざまな感覚受容器
熱さや痛さ、軽い接触に対する受容器は皮膚の表面近くに、強い圧力に対する受容器は皮膚の内側に存在する。

11・3・2　皮膚感覚

皮膚の感覚は皮膚に「埋まって」いる感覚受容器が感じ取る（図 11・7）。皮膚の感覚はいろいろなものがある。熱い・冷たいもそうだし、痛いもそうである。そもそも、触られたという感覚も、皮膚の重要

な感覚の一つである。これらは図に示すように、それぞれ専用の感覚器が行っている。興味深いのは感覚受容器の位置で、例えば軽い接触を感知する受容器は皮膚表面に近いところ、逆に強い圧力を感知する受容器は比較的表面から深いところに位置する。これは微妙な触覚を感知するためには表面に近く、逆に強い力の感知は表面から遠い方が都合がよいからである。なお、皮膚の感覚受容器は神経細胞でもあるタイプである。

11·3·3　嗅　覚

　匂いの感知は、われわれの感覚受容の中でももちろん重要であるし、ほかの哺乳類（例えばイヌ）はヒト以上に重要な感覚として利用しているものも多い。ヒトにおいて、匂いの感知を鼻で行うことは誰もが知っている。ちなみにある種の昆虫で、嗅覚受容器が脚に存在しているものがある。つまり脚で匂いを嗅いでいるのである。

　さて、話をヒトに戻す。鼻に存在する嗅覚受容器は嗅細胞とよばれる。嗅細胞は神経細胞でもあるので、嗅神経細胞ともいう。嗅細胞には、匂いを受け止める受容体である嗅覚受容体が細胞膜に埋め込まれている。嗅覚受容体はGPCR（Gタンパク質共役受容体）とよばれる受容体の一種で、ヒトには900種類ほどある。一つの嗅細胞には、実は1種類の嗅覚受容体しかない。つまり、一つの嗅細胞は1種類の化学物質だけを受容する。ところが、われわれが理解できる匂いは1種類であるはずがなく、想像どおり嗅細胞も複数種存在する。化学物質を受容した嗅細胞の刺激は軸索を通り脳に伝わるが、その前にその情報は嗅球とよばれる器官に集約される。興味深いことに、同じ嗅覚受容体を発現する

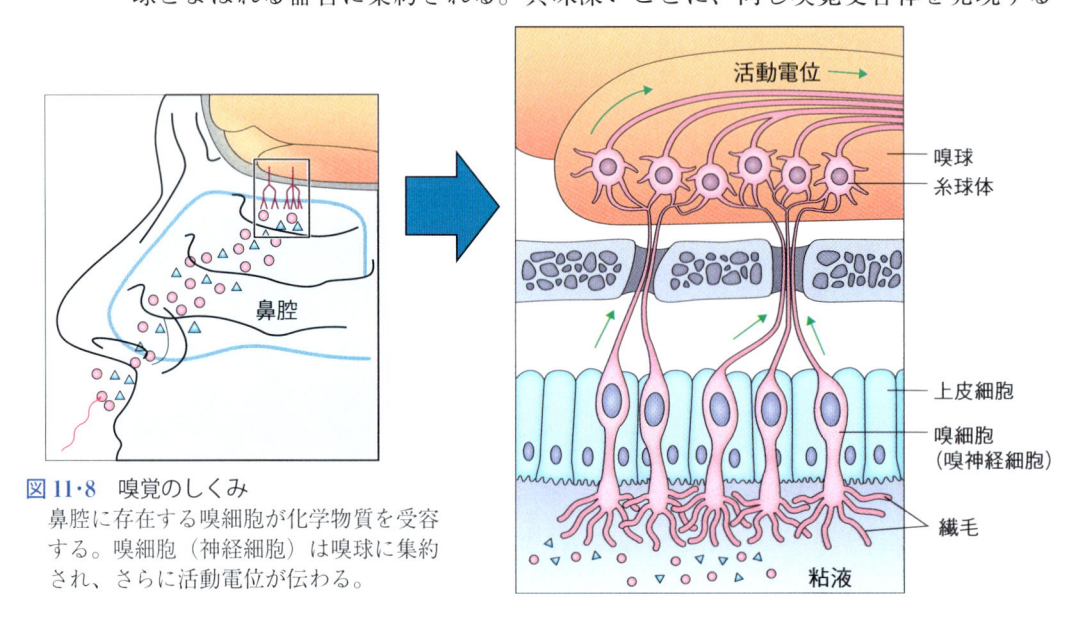

図 11·8　嗅覚のしくみ
鼻腔に存在する嗅細胞が化学物質を受容する。嗅細胞（神経細胞）は嗅球に集約され、さらに活動電位が伝わる。

嗅細胞の軸索は、嗅球内にある同じ「糸球体[*11-1]」と呼ばれる場所に投射される。嗅球からは脳の中枢に向け次のニューロンが伸びている（図 11·8）。

11·3·4 味 覚

味覚もまた、私たちの日常になじみの深い感覚である。ご存じのようにヒトは味を「舌」で感知する。舌には**味蕾**（みらい）とよばれる構造があり、ここに存在する味細胞が舌に到達したさまざまな化学物質を受容する（図 11·9 a）。味蕾は舌の全体にまんべんなくあるかというと、実は違う。舌には 4 種類の乳頭という構造があるが、舌の奥側にある有郭乳頭や側面にある**葉状乳頭・茸状乳頭**（じ）にだけ味蕾があり、舌のど真ん中にあって数が最も多い**糸状乳頭**には味蕾はない（図 11·9 b）。つまり、舌の真ん中では味がわからない。

さて、味蕾にある味細胞にも嗅細胞と同様、受容体タンパク質が存在する。ご存じのように味の種類はさまざまであるが、大まかに分けると、甘さ、しょっぱさ（塩味）、すっぱさ、うまさ、苦さとなる。これらの感覚を与える実体は何か。しょっぱさは Na^+、すっぱさは H^+、うまさは主にアミノ酸、苦さはいろいろな物質がその根拠となっている。これらを受け止める受容体として、Na^+ の感知は上皮型の Na^+ チャネルが担う。うまさ・甘さ・苦さは、嗅細胞でも登場した GPCR（G タンパク質共役受容体）が担当している。GPCR は体のさまざまな部分で機能し、種類も多い。味覚でも複数種類の GPCR が関わる。例えば甘み

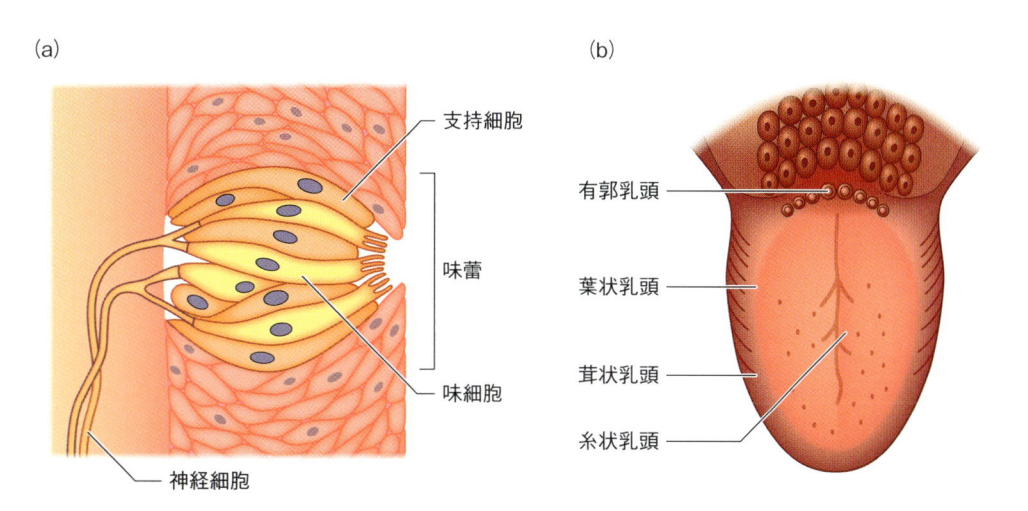

(a) (b)

図 **11·9** 味覚の感知
(a) 舌にある味蕾。味蕾は乳頭に存在する。(b) 舌にある乳頭の分布。乳頭は 4 種類あるが、舌の中央部に位置する糸状乳頭には味蕾が存在しない。

[*11-1] もちろん腎臓の糸球体とは異なる。

は TIR2 と T1R3 という GPCR、うまみは T1R1 と T1R3、といった具合である。すっぱさ（酸味）については TRP（transient receptor potential）チャネルという別の膜タンパク質が担当する。TRP チャネルも実は非常に種類が多く、舌においても酸味を感知する TRP チャネルに加え、辛さや高温などを検知する別の TRP チャネルが関わっている。

11·3·5　聴　覚

　ヒトに限らず、多くの動物ではいろいろな音を聞き分けることができる。ヒトにおける聴覚感知の仕組みは以下のとおりである。ご存じのように音とは空気の振動であり、この振動は外耳道を通って**中耳**にある**鼓膜**に到達する。すると鼓膜が震えるのだが、その振動は鼓膜のすぐ奥にある耳小骨に伝わり、次いで内耳にある**蝸牛**（うずまき管）の**卵円窓**という部分を震わせる（図 11·10 a）。次に、卵円窓の振動は蝸牛の中にある**基底膜**という部分に伝わる。基底膜は蝸牛の手前側と奥で幅と硬さが違っていて、音の高低（周波数）に応じて違う場所が振動する（図 11·10 b）。基底膜に沿って感覚細胞が位置していて、それぞれの場所にある感覚細胞が刺激を受け止める。われわれが音の高低を聞き分けることができるのは、この仕組みによる。

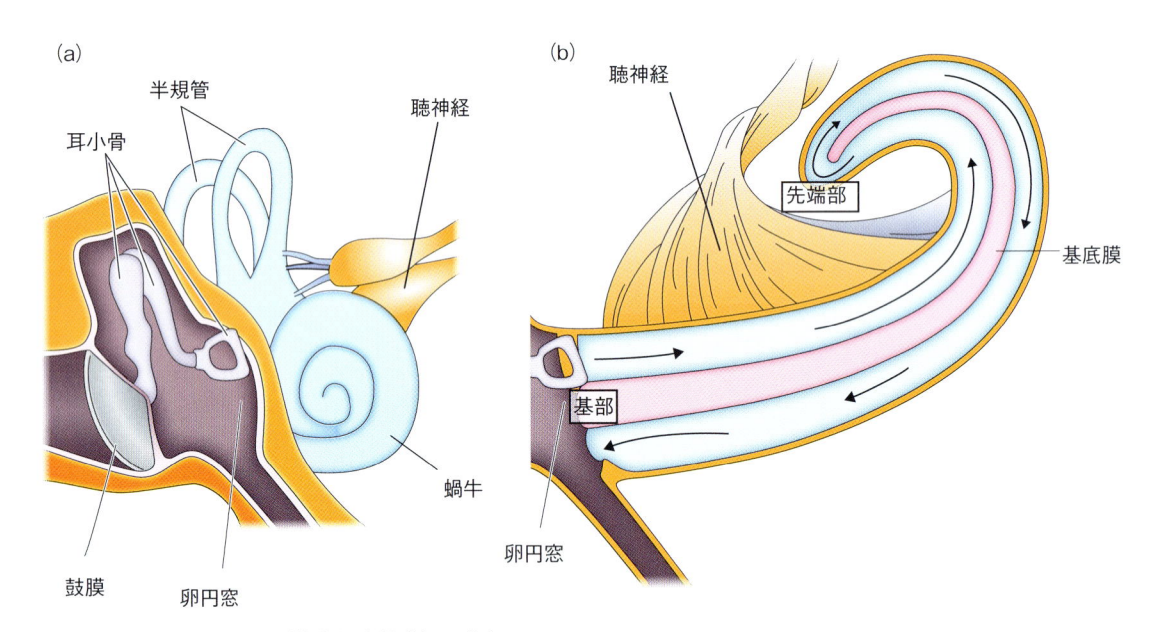

図 11·10　耳の構造と聴覚感知の仕組み
　(a) 鼓膜の内側に三つの耳小骨があり、卵円窓に接続している。(b) この図では、わかりやすさのため蝸牛を伸ばして示している。蝸牛の中に基底膜があり、基部と先端部で幅と硬さが異なっている。このため、音の周波数によって振動する場所が変わる。

11・3・6 体性感覚

　われわれは、さまざまな体の動きを感知することができる。一つは、体の「傾き（平衡感覚）」、もう一つは体の「加速度」である。平衡感覚は**卵形嚢**と**球形嚢**という構造が、加速度は三つの**半規管**（三半規管は聞いたことがあるだろう）がそれぞれ担う（図11・11a）。

　体の傾きはどのような仕組みで感知できるのだろう。卵形嚢・球形嚢の中には、図11・11b に示すような構造がある。**有毛細胞**（感覚細胞）の上にゼリー状の物質が載っており、その中には**平衡石**という石のようなものが含まれている。体を傾けると重力に従って平衡石が動くため、その下にある有毛細胞の**感覚毛**が曲がり、それを有毛細胞が感知してその情報をそばにある神経細胞に伝える。もう一つの体の動きである「加速度」についてのわかりやすい例は、回転椅子に座りぐるぐる回ったときの感覚である。半規管の中はリンパ液で満たされており、体が動くと**リンパ液**も流動する。すると、半規管の中にある「ひれ」のような構造（**クプラ**とよばれる）が流れに押されて曲がる（図11・11c）。クプラの中にも有毛細胞があり、感覚毛が曲がると、有毛細胞はその情報をそばの神経細胞に伝える。

(a)

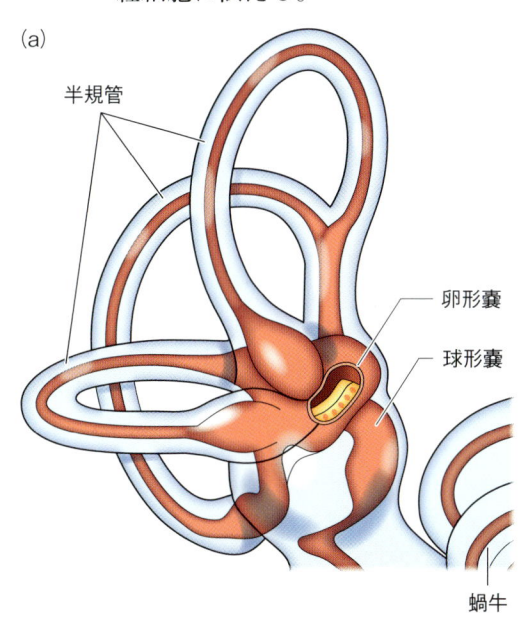

半規管

卵形嚢

球形嚢

蝸牛

(b)

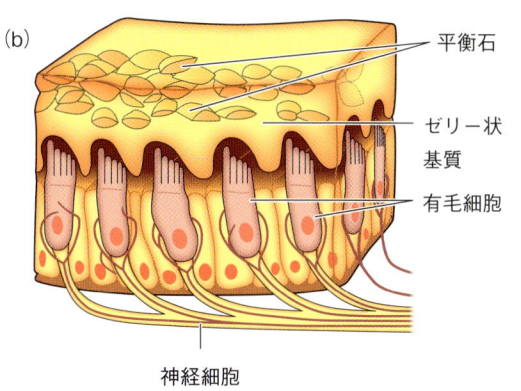

平衡石

ゼリー状基質

有毛細胞

神経細胞

(c)

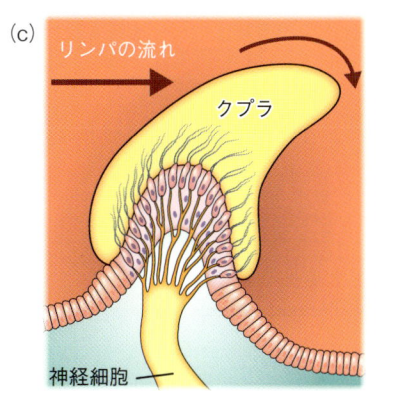

リンパの流れ

クプラ

神経細胞

図11・11　平衡感覚と加速度検知
(a) 平衡感覚は卵形嚢と球形嚢が、加速度は3つの半規管がそれぞれ担う。(b) 卵形嚢・球形嚢の中の構造。体が傾くと平衡石の位置がずれ、有毛細胞の感覚毛が曲がって傾きを検知する。(c) 半規管の下側内部にクプラという構造があり、体が動くとリンパ液の流れが生じてクプラが曲がり、その刺激を神経細胞に伝える。

11・3・7　視　覚

　視覚は、ヒトが認識できる感覚の中で最も情報量が多い。目が受ける光の情報はどのようにして受け止めることができるのだろうか。ご存じのように**眼球**は球状の構造で、内部表面には内側から**網膜**、**脈絡膜**、**強膜**があり、眼球内の一番奥では**視神経**が脳に向けて伸びている（図 11·12 a）。視神経が集まる部分は光を受容する細胞がなく、**盲斑**とよばれる。光の情報は**水晶体**（いわゆるレンズ）、ついで眼球の内部を満たすゼリー状の組織である**硝子体**（ガラス体ともいう）を経て網膜に投射される。網膜の一番奥には**色素上皮層**があり、光はここを反射したのち、そのレンズ側にある 2 種類の**光受容細胞**によって感知される。その情報は**双極細胞**を経て、脳に軸索を伸ばす**視神経**へと伝達される（図 11·12 b）。視神経はヒトの場合、片目に約 100 万本あると言われている。このことは、ヒトの片目の解像度が 100 万であることを意味している。

　さて、次に 2 種類の光受容細胞、**錐体細胞**と**桿体細胞**について説明する。錐体細胞は細い円錐状の細胞で、色を識別することができる。ヒトには赤・緑・青を認識する 3 種類の錐体細胞がある。桿体細胞は色を識別することができないが、錐体細胞よりも感度が高く、暗いときの視覚に役立つ。錐体細胞は眼球あたり約 300 万個、桿体細胞は眼球あたり約 1 億個存在する。これらの細胞の中には感光色素が存在していて、光を検知すると構造が変化し、細胞膜の Na^+ チャネルを閉じ、細胞は過分極の状態となる。実は光受容細胞では、光が入っていないときには Na^+ チャネルが開いていて、脱分極の状態という、通常の神経細胞とは逆の膜電位を示す。

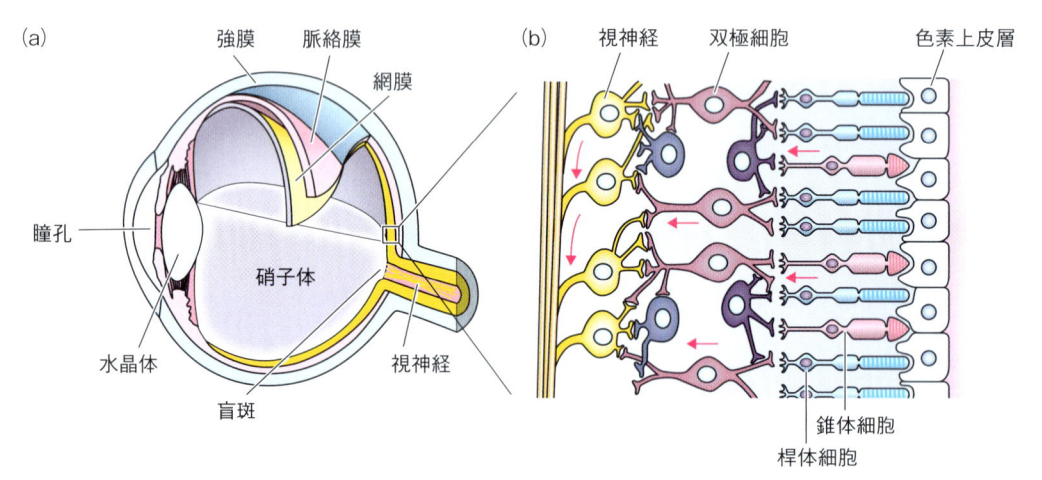

図 11·12　眼球と網膜の構造
　(a) 眼球の構造。(b) 網膜の構造。名前を示した細胞以外に、双極細胞同士の情報のやりとりをする水平細胞・アマクリン細胞がある。

- 神経組織はニューロンとグリアから構成される。また、神経細胞には有髄神経と無髄神経がある。

- ニューロンの情報伝達は膜電位の伝播で行われる。膜電位はイオンポンプに起因する細胞内外のイオン濃度の違いによって生み出され、静止膜電位はマイナスである。

- 神経細胞が情報を感知すると Na^+ チャネルが開き、膜電位が上昇する。これを活動電位という。その後 Na^+ チャネルは閉じ、K^+ チャネルが開いて膜電位はマイナスに戻る。

- 神経細胞の活動電位が末端に到達すると、神経伝達物質を放出して近接する別の細胞にそのシグナルを化学的に伝える。

- 神経は中枢神経と末梢神経に分けられ、さらに中枢神経は脳と脊髄に分類できる。自律神経は交感神経と副交感神経に分けられ、体の自律的な機能をコントロールする。

- 体の感覚は感覚器が受容する。感覚器は、神経細胞でもあるもの、自らは神経細胞ではないものに分類される。

- 皮膚感覚は、力・温度などを受容するそれぞれの受容器が担っている。

- 嗅覚は、鼻に存在する、それぞれ1種類の嗅覚受容体をもつ嗅細胞の集合体によって感知されている。

- 味覚は舌の一部にある味蕾に存在する味細胞が感知する。酸っぱさや甘さなどの味の感知は、それぞれ異なる受容体が担当する。

- 聴覚は、蝸牛にある基底膜の振動により感知する。基底膜は場所により硬さや幅が異なっており、これにより異なる音程を聞き分けることができる。

- 体の平衡感覚は卵形嚢と球形嚢が、加速度の感知は三半規管が担っている。

- 網膜には錐体細胞と桿体細胞が存在する。錐体細胞は3種類あり色の感知を、桿体細胞は感度が高く、弱い光の感知をそれぞれ担っている。

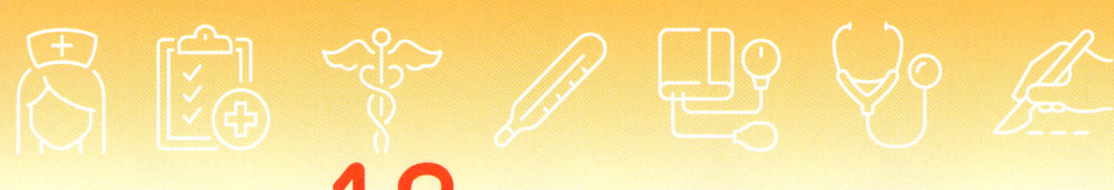

12章 生殖と発生

　37兆個、200種類以上といわれる人間のすべての細胞は、卵から作り出される。卵は一細胞であり、単に細胞の数を増やしただけでは、単なる細胞のかたまりができてしまう。これまで説明してきたように、われわれの体にはさまざまな機能を備えたさまざまな臓器・器官が存在している。そもそも、これらはいったいどのようにして作り上げられるのか、そしてそのもととなる卵・精子はどのようにして作られるのかについて説明したい。

12·1　生殖の様式

　生物全体をみると、**生殖**には無性生殖と有性生殖がある。**無性生殖**には<u>出芽</u>や<u>分裂</u>がある。また、生物によっては同じ個体が無性生殖を行う世代と有性生殖を行う世代の両方をもつものもいる。クラゲの一種では、まず配偶子が受精

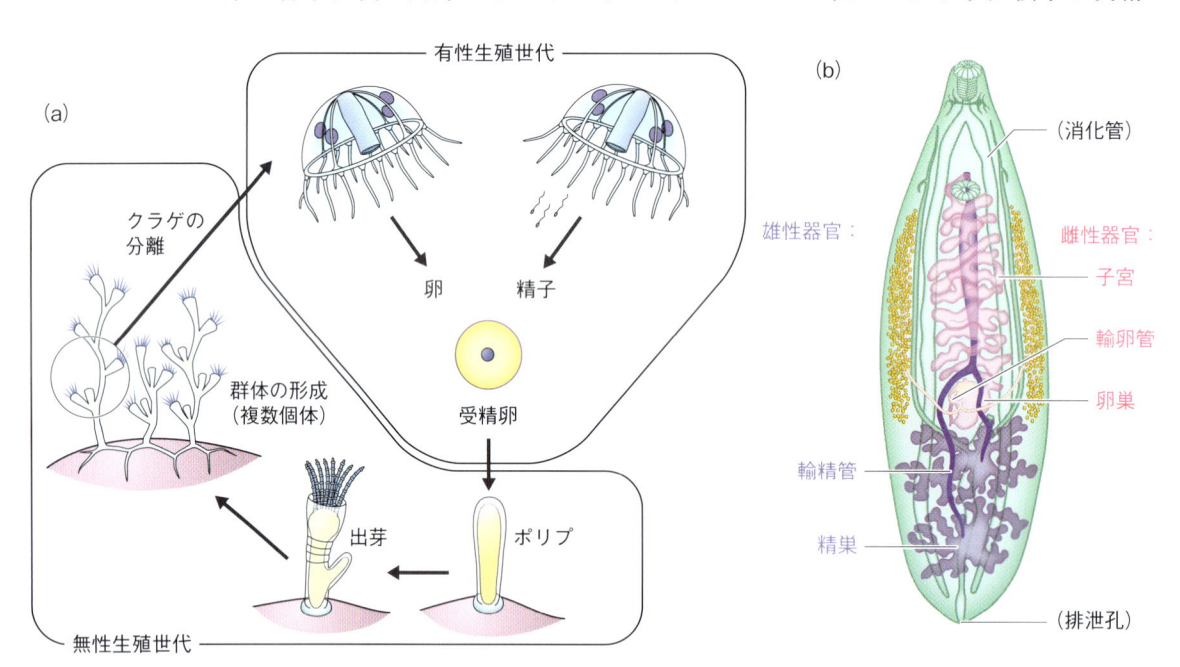

図 12·1　さまざまな生殖の様式
(a) 無性生殖と有性生殖を両方行うヒドロ虫。(b) 雄性生殖器官（紫）と雌性生殖器官（ピンク）の両方をもつヒラムシの仲間。

して成長した個体が出芽を繰り返し、無性生殖により増殖していく（図 12·1a）。このような（原則として）固着性の個体はポリプとよばれる。ヒドロ虫では、ポリプから配偶子をもつクラゲが分裂（無性生殖）により発生し、有性生殖によって新たな個体を作る。以上のように特殊な生殖様式をもつものもいるが、動物の多くは**有性生殖**によって個体を増やす。配偶子には**卵**と**精子**があり、卵を形成する個体が雌、精子を形成する個体が雄である。これも動物においては例外があり、例えばヒラムシの中には一個体の中に卵を形成する器官と精子を形成する器官の両方をもつものがおり（図 12·1b）、また魚のベラの一種は、最初すべての個体が雌として生まれてくるが、成長が進んだのちに体サイズの大きい個体が雄に性転換する[*12-1]。このように生殖の様式もさまざまである。

💗 12·2　配偶子形成

　用語をここで整理しておく。配偶子を形成する器官は**生殖腺**とよばれる。卵形成を担うのが**卵巣**、精子形成を担うのは**精巣**である。卵と精子は併せて**生殖細胞**とよばれる。これらはいずれも、個体が発生する比較的初期に出現し（これを**始原生殖細胞**という）、個体の成長とともに成熟が進む。ここで、卵形成と精子形成を順番に見ていく。

12·2·1　卵 形 成

卵巣には多くの**卵胞**が詰まっている。これらは始原生殖細胞が体細胞分裂により増殖することで生み出される（**卵原細胞**という）。一つ一つの卵胞の中には、卵原細胞が成長してできた**一次卵母細胞**が存在する。卵母細胞は**減数分裂**を始めるが、第一減数分裂の前期でいったん停止する。卵巣中の卵母細胞は、その周りを補助細胞が取り囲んでいる（図 12·2a）。さらにその外側には支持細胞が存在する。支持細胞は、ホルモンの分泌や卵殻を形成する（鳥類の場合）などの役割がある。一次卵母細胞は減数分裂を進め、第二減数分裂の中期で再度停止して受精に備える（図 12·2b）。卵形成の特徴は、分裂の「不均等性」である。第一減数分裂が起こるとき、染色体は卵の端に存在するため細胞分裂の場所は著しく片寄る。ごく小さい方の細胞は第一極体となり、その後消失する。第二減数分裂でも同じことが起こる。結果として、一つの一次卵母細胞は2回の減数分裂を経て、四つではなく一つの卵となる。

---

* 12-1　逆にすべてが雄として生まれ、体サイズの大きい個体が雌になる種もある。

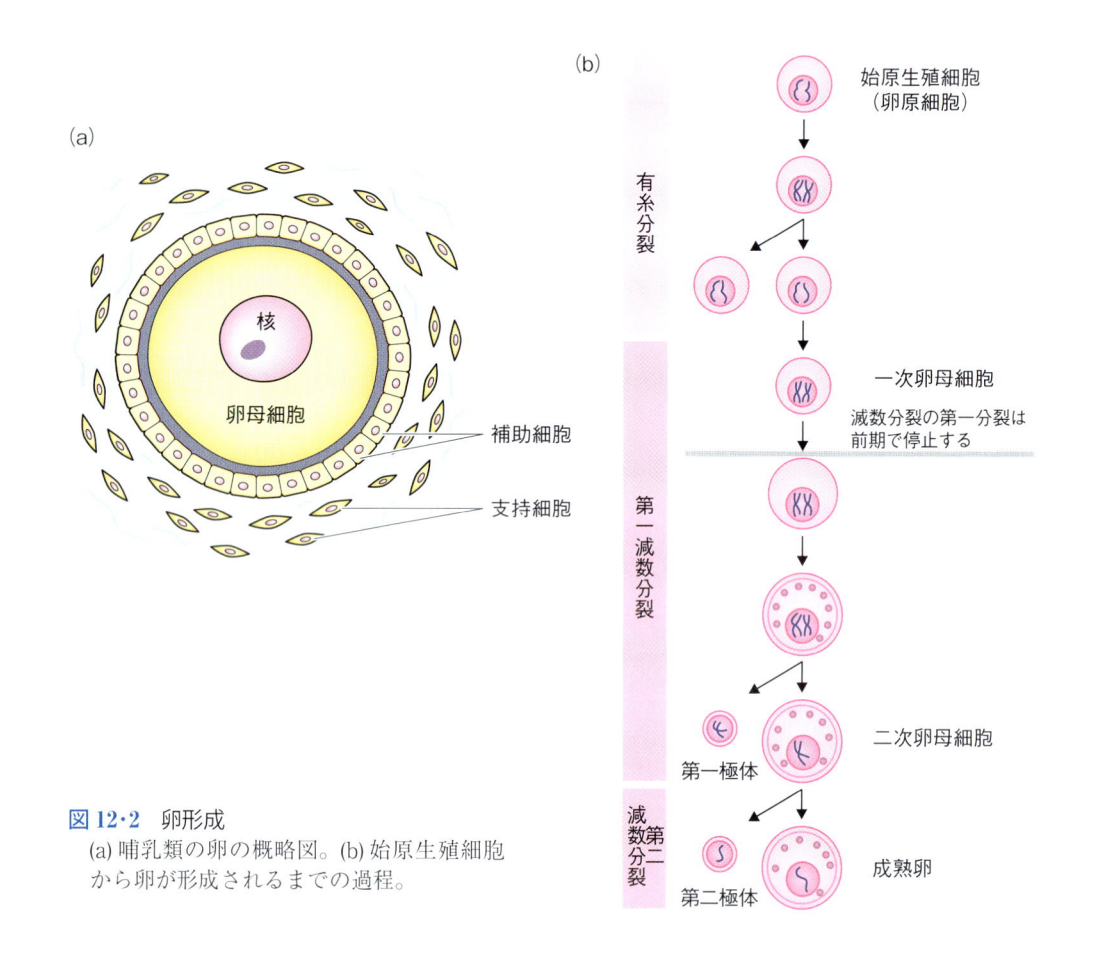

図 12·2　卵形成
(a) 哺乳類の卵の概略図。(b) 始原生殖細胞
から卵が形成されるまでの過程。

以上は、脊椎動物に共通する卵形成の機構であるが、改めてヒトの卵形成の仕組みについて説明する。まず、卵細胞の数であるが、出生時に体がもつ一次卵母細胞は、二つの卵巣を併せてだいたい 100 〜 200 万個であるといわれている。出生後、一次卵母細胞の数は減少し、二次性徴を経ておよそ 30 万個程度になる。思春期になると、減数分裂の最初で止まっている一次卵母細胞が 1 か月に一つだけ選ばれ、第二減数分裂の中期まで細胞分裂が進み、再度分裂が停止する。この状態で二次卵母細胞は卵胞を出て卵管に排卵される。残った卵胞は**黄体**となる（黄体の働きについては後述）。生涯のあいだに排卵される卵母細胞の数は 400 個程度といわれている。

　このような一連の性周期は、ホルモンによって行われる（図 12·3）。まず、視床下部から**性腺刺激ホルモン放出ホルモン**が分泌され脳下垂体前葉に届くと、**卵胞刺激ホルモン**と**黄体形成ホルモン**が分泌され、血管を通して卵巣に運ばれる。両者が卵胞の成長を促すと、卵胞から**エストラジオール**（☞ 10·5 節）が分泌され、これが視床下部に戻るとさらに放出ホルモンの分泌が促進される。つ

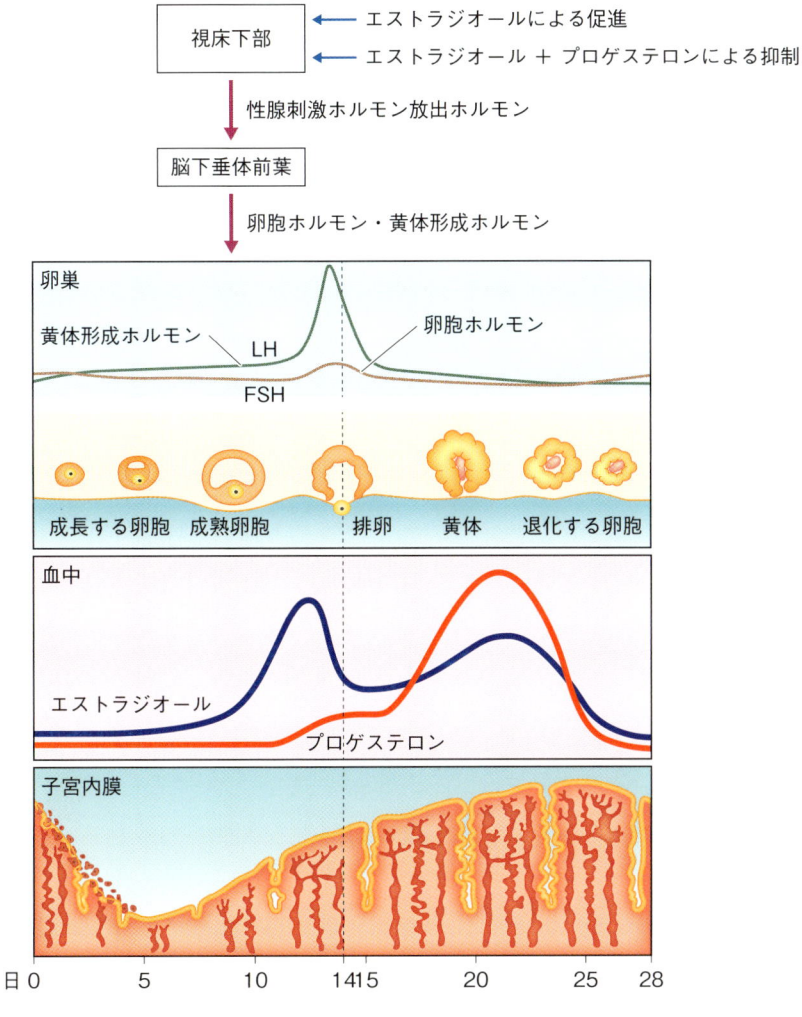

視床下部 ← エストラジオールによる促進
← エストラジオール ＋ プロゲステロンによる抑制

性腺刺激ホルモン放出ホルモン

脳下垂体前葉

卵胞ホルモン・黄体形成ホルモン

卵巣

黄体形成ホルモン　LH　　卵胞ホルモン

FSH

成長する卵胞　成熟卵胞　排卵　黄体　退化する卵胞

血中

エストラジオール

プロゲステロン

子宮内膜

日 0　　5　　10　1415　20　25　28

図 12・3　ヒトにおける、性ホルモンに依存した性周期の概要
視床下部から分泌される性腺刺激ホルモン放出ホルモンの作用により、脳下垂体前葉から卵胞ホルモン・黄体形成ホルモンが分泌され、これらが卵巣に作用する。卵巣からはエストラジオールが分泌され、これが視床下部に働くことでフィードバック調節により急激なエストラジオール増加を引き起こす。この刺激により排卵が起こる。残った卵胞は黄体となるが、受精卵が子宮に着床しない場合は退化し、子宮内膜も脱落する。

まり正のフィードバックがかかる。これが繰り返されると、やがて黄体形成ホルモンの血中量が急増する。このタイミングで**排卵**が起こる。排卵後、卵胞から形成される黄体からは、**プロゲステロン**と**エストラジオール**が分泌される。これらは、子宮内膜を厚くするなど妊娠の準備を行うが、今度は視床下部に対して放出ホルモンの分泌を抑制する。その結果、時間をおいてプロゲステロン・エストラジオールの分泌が減り、やがて黄体は退化し、子宮内膜は維持できず

脱落する。これが**月経**である。以上のように、1か月に1回の性周期は、いくつかの性ホルモンの時間変化によってもたらされている。

12·2·2　精子形成

精子形成の場は**精巣**である。精巣には多くの精細管が存在し、卵形成と同様に始原生殖細胞から生み出された**精原細胞**、そしてそこから成長した**一次精母細胞**が存在する。精原細胞も単独で成長するのではなく、補助細胞（セルトリ細胞とよぶ）の助けを借りて成長する。一次精母細胞は、まだいわゆる精子の形状をしていない。また、一次精母細胞は精細管の最も外側に位置している。興味深いことに、一次精母細胞は管の中央に移動しながら第一減数分裂、第二減数分裂を経て成熟を進め、**精細胞**となる（図 12·4a）。ここで精細胞の細胞質や多くの細胞小器官が捨てられ、逆に微小管とミトコンドリアが再編成されていわゆる**精子**の形状となり（図 12·4b）、最終的には精細管中心の管腔部に放出

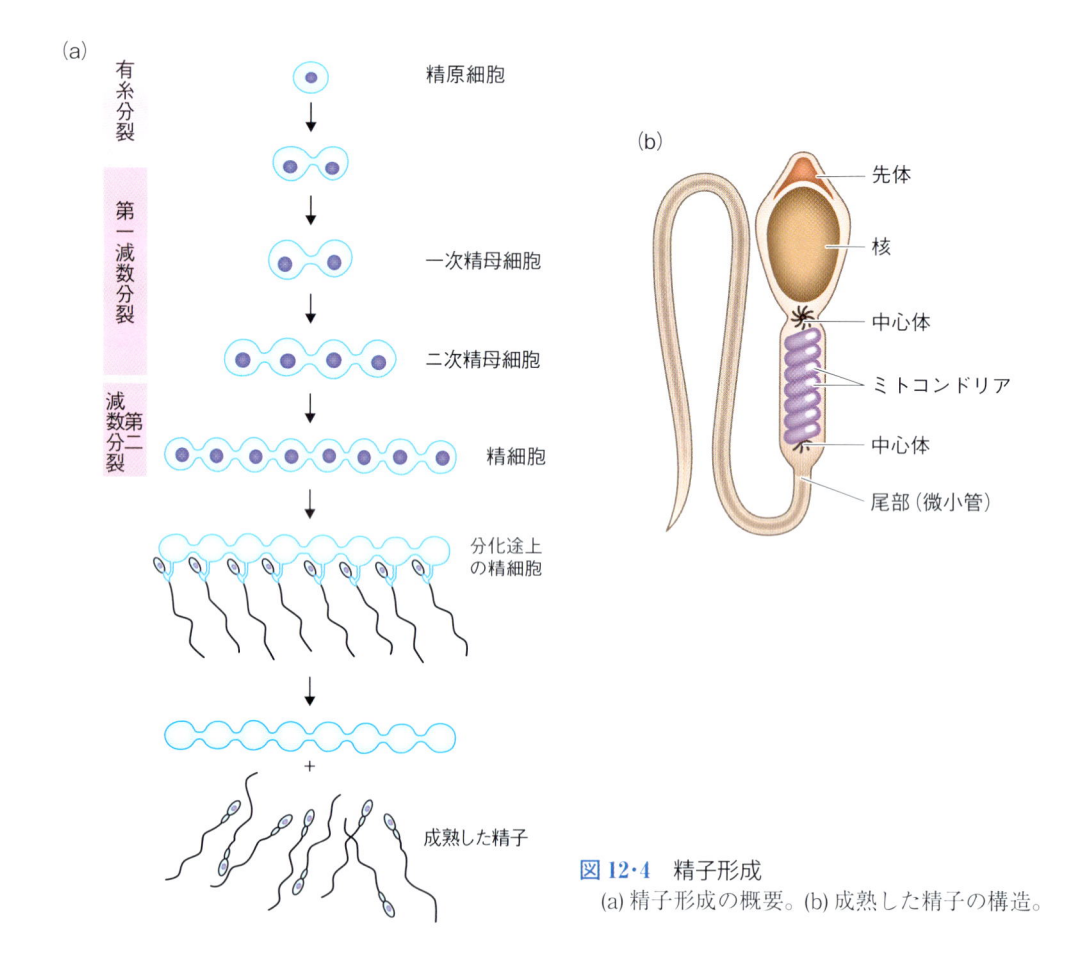

図 12·4　精子形成
(a) 精子形成の概要。(b) 成熟した精子の構造。

される。精子形成は卵形成と異なり分裂は均等で、一つの一次精母細胞から四つの精細胞が生み出される。

　ヒトにおける精子形成もまた、ホルモンによってコントロールされている。視床下部から**性腺刺激ホルモン放出ホルモン**が分泌され、脳下垂体前葉がこれを受け止めて**卵胞刺激ホルモン**と**黄体刺激ホルモン**を分泌する。これらはセルトリ細胞や同じく精巣に存在するライディッヒ細胞に作用し、さらにライディッヒ細胞から**テストステロン**が分泌されて精子形成を促進させる。なおテストステロンにも負のフィードバック機構があり、視床下部や脳下垂体前葉に作用して精子形成がコントロールされている。

💓 12・3 受 精

　通常、生殖腺で形成された卵と精子はともに半数体（ゲノムを1セットだけもつ）であり、融合することによって、もとの二倍体に戻る。受精の過程はもともとウニ卵などを用いて詳しく調べられた。ここでもウニ卵の受精を例に挙げて説明したい（図 12・5）。

　卵形成の項（12・2・1項）で説明したように、卵細胞の周りは補助細胞で囲まれているが、水中に卵を産む動物の場合は、補助細胞ではなく別の物質で囲まれている場合がある。カエルやウニにおいては、卵は**ゼリー層**に囲まれている（ヒ

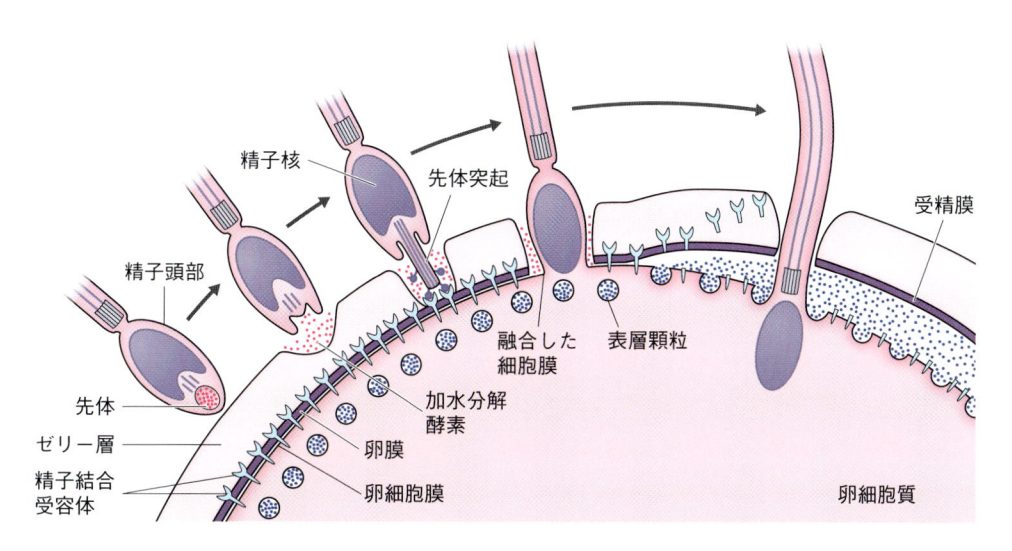

図 12・5　ウニにおける受精過程
精子が卵のゼリー層に到達すると、先体から加水分解酵素が放出されて卵膜、ついで卵細胞膜に到達する。精子から伸びた先体突起は精子結合受容体と結合すると、精子の頭部と卵細胞膜が融合し、精子核が卵内に進入する。その後、表層顆粒の内容物が卵膜と卵細胞膜の間に放出されて空間ができ、卵膜は受精膜となる。

トの場合はゼリー層はないが、そのかわり**透明帯**という構造に囲まれている）。一方、精子の先端には**先体**という構造があり、精子がゼリー層に到達すると、先体から酵素を分泌してゼリー層を溶かし、さらに卵に向かって進む。このとき、先体では<u>アクチン繊維</u>が伸びて突起状の構造を作る。この先端部には、卵細胞膜と結合するタンパク質がある（**バインディン**という）。精子が卵細胞膜に到達すると、バインディンが卵に存在する受容体と結合し、これが引き金となって精子の膜と卵細胞膜が融合し、結果として精子の中にある核が卵内に進入する。このとき、精子が進入した部分から細胞内の Ca^{2+} 濃度が増加し、さまざまな卵の活性化に働く。その一つとして、卵は表面付近にある小胞（**表層顆粒**という）を卵外に放出する。表層顆粒の中にもさまざまな酵素が入っており、<u>卵細胞膜と卵膜の癒着を剥がすとともに、卵膜を硬くする。</u>この状態の卵膜を**受精膜**とよぶ。このステップは、ひとたび一つの精子と融合した後はほかの精子が入らないようにするために重要である（**多精拒否機構**とよばれる）。進入した<u>精子核</u>は卵に存在する<u>卵核</u>と融合し、発生をスタートさせる。

💗 12·4　胚 発 生

12·4·1　卵割と初期発生

　卵は1細胞である。一方で、人間の体は約37兆個の細胞で成り立っている。このことを考えると、受精後まず卵が細胞の数を増やそうとするのは納得できる。卵が細胞数を増やすことを**卵割**という。通常の細胞分裂と最も大きく違うのは、分裂後に細胞の大きさを元に戻さないことである。実際、卵割が進むと細胞（割球）の大きさはどんどん小さくなる。もちろん、ある程度の回数分裂を繰り返したら、それ以上細胞は小さくならない。ある程度卵割が進んだ卵は<u>胚</u>とよばれる。

　胚はまず、どの場所が何になるかを決めるが、その様式は脊椎動物の中でもさまざまである。これまで胚発生の研究はショウジョウバエやカエルを用いた研究から多くの知見が得られてきたこともあって、高校の教科書でもハエやカエルの発生が主に取り上げられるが、ここではヒトと同じ哺乳類である<u>マウスの発生</u>だけに触れる。それに先立ち、多くの動物胚に共通に見られる「三胚葉」について説明する。三胚葉は、**外胚葉・中胚葉・内胚葉**から構成され、発生がある程度進んでから明確化する。三つのうち、<u>中胚葉</u>は外胚葉と内胚葉より後で生み出されることが多い。その理由は、中胚葉は**誘導**によって生じるからである（一般には外胚葉の一部が、内胚葉からの刺激を受けて中胚葉になる）。そ

れぞれの胚葉は、おおまかにどの器官に分化するかが決められている。ざっくり説明すると、<u>内胚葉</u>は消化管とその付属器官、<u>中胚葉</u>は循環器・泌尿器と皮膚のうち真皮部、<u>外胚葉</u>は皮膚の表皮部と神経に分化する（詳細は表12・1）。

　改めて、マウス胚の初期発生を説明する。卵割が進んで**胞胚**になる頃には胚の中に空洞が生じ、胚を取り囲む細胞と、その内部に位置する細胞に分かれる（図12・6）。前者は**栄養外胚葉**とよばれ、体以外の組織（胎盤など）となる。後者は**内部細胞塊**とよばれ、<u>エピブラスト</u>（胚盤葉）と<u>原始内胚葉</u>を形成し、こ

表12・1　三胚葉と派生器官
外胚葉
皮膚（表皮）
脳・神経
中胚葉
皮膚（真皮）
筋肉・骨
心臓
血管
腎臓
内胚葉
胃・腸
肝臓
膵臓
肺

れらは下に垂れ下がるように伸びる。からだになるのはほとんどが**エピブラスト**である。エピブラストの一部は原条となり、その後脊索やほかの中胚葉組織となる。そのほかの部分は外胚葉となり、表皮や神経組織に分化する。一方、**原始内胚葉**の垂れ下がった先端は**遠位臓側内胚葉**（DVE）とよばれ、発生が進むと横にずれ、エピブラストに信号を与えて将来の<u>頭部（前方外胚葉）</u>を作り出す。この後複雑な形態形成を経て、マウスの胚は胎児らしい形を作り出す（本書では詳細は省略するので、関連書籍をぜひ参考にしてほしい）。

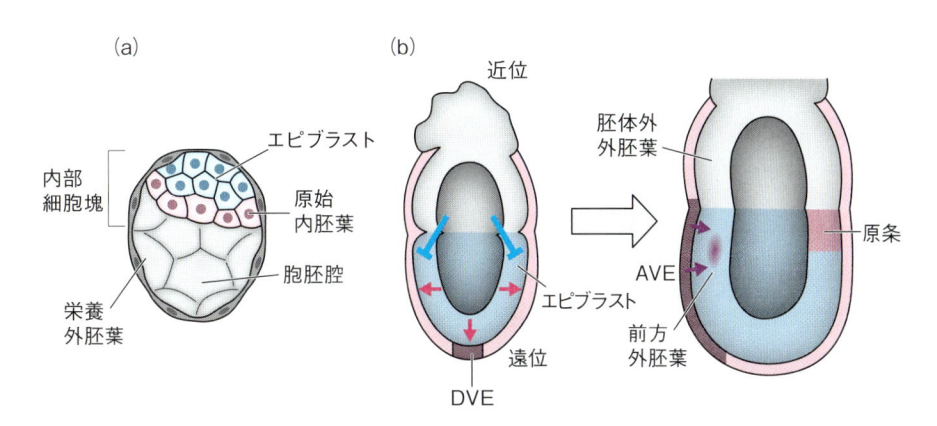

図12・6　マウス胚の初期発生
(a) 胞胚期には空洞が生じ、最も外の栄養外胚葉と内部に位置する内部細胞塊に分かれる。内部細胞塊はさらにエピブラストと原始内胚葉に分けられる。(b) 発生が進むと、内部細胞塊は下に垂れ下がるように伸び、原始内胚葉の下端に DVE ができる。この位置は横にずれて AVE となり、エピブラストと相互作用して前方外胚葉を形成する。また、逆側には原条が形成される。

12·4·2 細胞運動と形態形成

　前述したように、胚発生においては、おおまかにどこが何になるかが決められるが、単純に丸い卵の区分けだけでなく、胚の一部、あるいは全体が大きく変形する。この変形はどのようにして起こるのだろうか。まさか、親が卵を手で変形させるのではない。卵自身が自分で形を変える必要がある。その方法のヒントは、われわれの体は風船のように一区画ではなく小さな細胞の集合体であるということである。複数ある細胞の形を組織全体で同時に変えると、たとえ細胞一つ一つの変化がわずかでも、組織全体は大きく変形する。細胞の変形や動きを伴った、胚の変形を**形態形成**という。形態形成にはさまざまな種類があるが、その一例は「くぼみ」である。くぼみを細胞の変形と関連付けて説明する。まず、横一列に並んだ細胞群を考える。細胞の頂端側（表面側）が縮まると、細胞は横から見て長方形から台形に変化する。ここで、細胞同士がつながっていると細胞群はどうなるだろう。細胞の変形によって生じた力学的なひずみを解消するため、細胞の配置はくぼんだようになる（図 12·7a）。つまり細胞群のくぼみは、一つ一つの細胞における、表面側の「縮み」で説明できる。ほかにも、細胞の並びが変わることで生じる細胞群の伸びや（図 12·7b）細胞の形が平たくなることで生じる細胞群の拡大など、発生の過程ではさまざまな種類の形態形成が生じ、結果として胚の構造も胚自体の形もダイナミックに変化する。

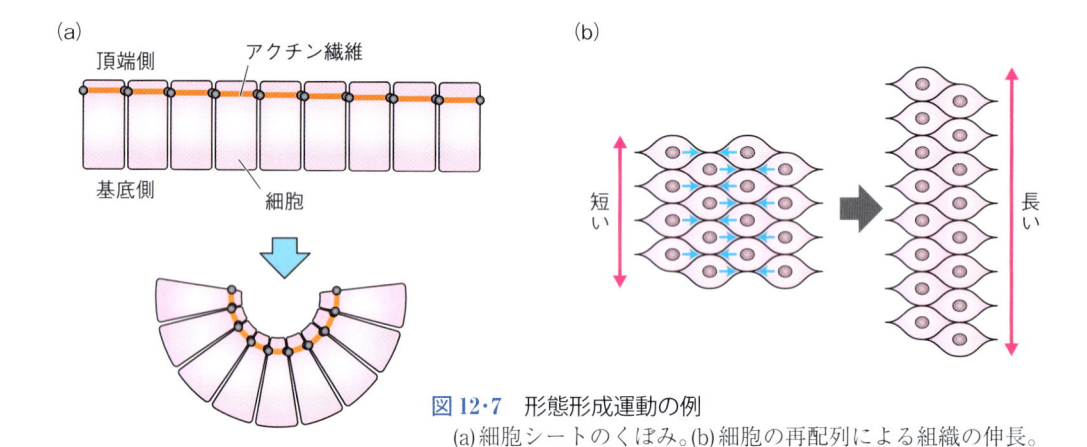

図 12·7 形態形成運動の例
(a)細胞シートのくぼみ。(b)細胞の再配列による組織の伸長。

12·4·3 細胞分化

　卵が卵割し、三胚葉を形成し、形態形成により胚の形を変化させて大まかな体の形ができる頃から、それぞれの細胞は役割を果たすためにさらに形を変えたり、その細胞ならではの構造を作ったり、物質を作り出したりする。例えば筋細胞ではアクチン・ミオシンからなるサルコメアが形成されるし、消化管で

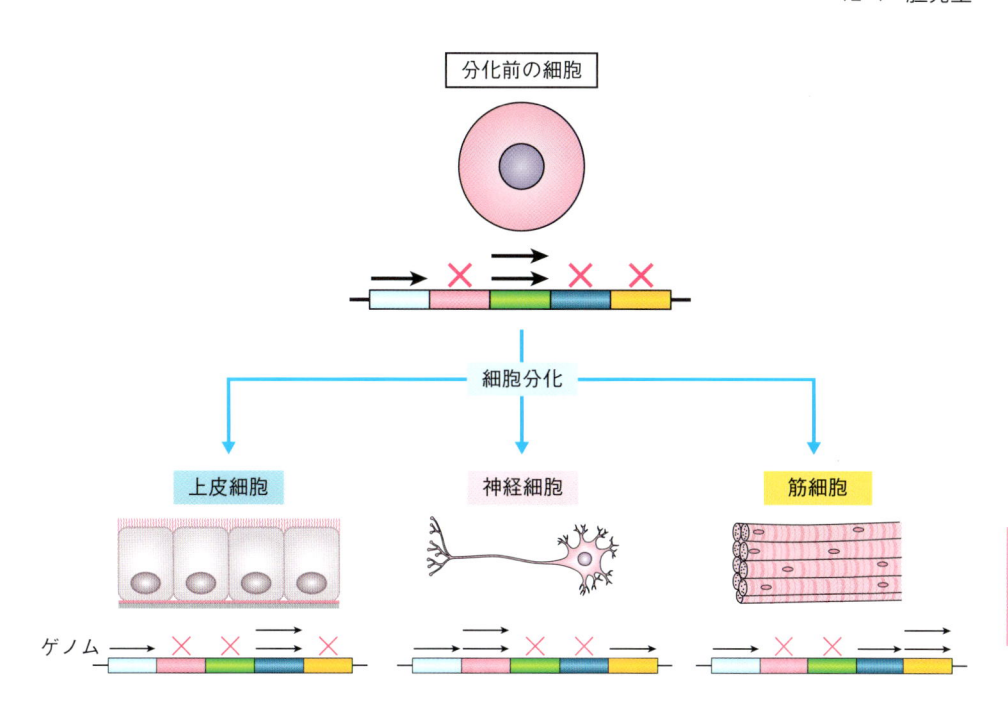

図 12・8　細胞分化
分化する細胞の種類によって働く遺伝子の種類が異なる。

幹細胞と細胞分化

受精直後の卵（＝ 一つの細胞）は、体を構成するすべての種類の細胞になり得る。それは当然である。なぜなら、卵一つから完全な個体が生み出されるからである。一方、大人の細胞は、特殊な処理をしなければ同じ種類の細胞にしかならない（例えば皮膚の細胞は分裂したとしても皮膚の細胞）。では、この中間の状態があるか、というと、答えは Yes である。これが**幹細胞**である。幹細胞は、複数の種類の細胞に分化できる、いわば分化途中の細胞である。幹細胞は以上二つの特徴（分化の途中＝可塑性、複数種の細胞になれる＝多分化性）に加え、自己増殖ができるという特徴がある。

さて、幹細胞は大きく分けて胚性幹細胞と成体幹細胞（組織幹細胞ともいう）がある。前者は、胞胚（12・4・1 項）の内部細胞塊を取り出して、分化しないように維持した（いわば人工の）細胞である。一方、成体幹細胞はわれわれの体に備わっていて、新陳代謝が必要な場所に存在する。筋肉系での筋衛星細胞、硬骨に存在する骨芽細胞も幹細胞の一つであり、そのほかにも皮膚幹細胞、神経幹細胞、造血幹細胞など、さまざまな種類の幹細胞がある。ただ、成体幹細胞は胚性幹細胞に比べ、分化できる細胞の種類は限られている。近年は幹細胞を使った治療も盛んに行われている（14・5 節で改めて触れる）。

酵素を分泌する細胞では酵素タンパク質の翻訳も盛んになる、といった具合である。このような細胞の過程を**細胞分化**とよぶ。さて、本書で説明を進めてきたように、体を構成する細胞は多種多様である。しかし、細胞がもつ遺伝情報

はどの細胞も同じなので、細胞の違いを生み出すためには、転写させる遺伝子の種類を細胞ごとに変える必要がある（図 12·8）。これは、細胞が受け止める情報（細胞外のシグナル）（☞ 3·4 節）、そして細胞内シグナル伝達機構を介した転写調節（☞ 2·5 節）によって行われる。

　以上一連の過程を経て、一つの細胞である卵から、われわれの体（や、その構成要素である組織や器官・臓器）は作り上げられる。

12 章のまとめ

- 生殖には有性生殖と無性生殖がある。生殖の様式は動物によってさまざまである。

- 卵は卵巣において、一つの卵原細胞から一つだけ作り出される。卵細胞の周りには補助細胞や支持細胞があり、卵の成長・成熟・維持に必要とされる。

- ヒトでは、卵の成熟はホルモンによって制御されており、性周期を作り出している。

- 精子は精巣において、一つの精原細胞から四つ作り出される。精原細胞は通常の形状であるが、精細胞の分化の過程で大きく変形して精子が形成される。

- 受精は、精子の先体と卵細胞膜が相互作用して両者が融合し、精子核が卵内に進入して行われる。このとき、卵細胞膜の外側にある卵膜の性質が変化し、次の精子が進入しないようにする仕組みがある。

- 卵は受精後、卵割によって細胞の数を増やす。また、三胚葉が形成される。マウス胚では、胞胚期に内部に位置する内部細胞塊が複雑な変形を繰り返し、胎児の形を作り出す。

- 胚発生の過程では、細胞の変形などにより細胞群の形がダイナミックに変化する形態形成が生じる。

- 胚発生では、胚の大まかな形が決定される頃、それぞれの細胞が役割を果たせるよう細胞分化が起こる。このとき、各細胞ではその細胞の分化に必要な遺伝子だけが転写される。これがそれぞれの細胞の違いが生み出される理由である。

第Ⅲ部
人間と社会

13章　バイオテクノロジー
14章　薬学・医学
15章　生物多様性と生態学
　　　　—自然と人間の関わり—

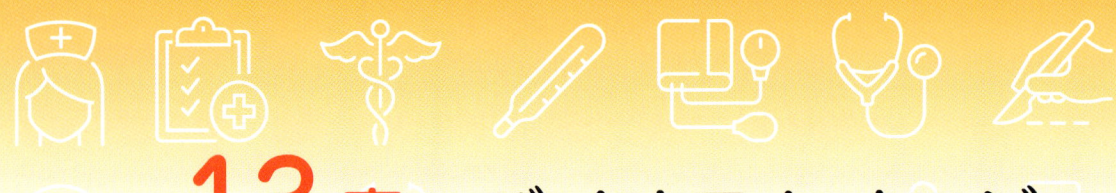

13章　バイオテクノロジー

この章では実験手法としてのバイオテクノロジーを紹介するが、多くの産業に応用されている技術の基盤でもある。生物がどのように社会で利用されているかについて、高校の生物で履修した内容もあるかもしれないが、改めて理解を深めてほしい。

13·1　DNA の操作

20世紀後半の生物学の進歩は、DNA を操作するテクニックを人間が手に入れたことによる点も大きい。具体的には、DNA を（人間が扱える状態で）準備し、望む形に改変（連結したり切断したり）し、それを増やして利用するという一連の作業が、高額の機器を使わずにできるようになったことで多くの研究者が研究に参画できるようになり、生命科学の研究や産業への応用が大きく進展した。

13·1·1　DNA の調製と可視化

まず、材料となる DNA をどう準備するかが問題である。もちろん、細胞をすりつぶして精製操作を行えば DNA という物質を得ることはできるが、それは塩基配列をまったく考慮しない、いわばごちゃ混ぜの DNA である。利用したい配列をもつ DNA 断片だけを用意するにはどうすれば良いか。これには、**プラスミド**という環状 DNA が用いられる（図 13·1a）。プラスミドは、大腸菌に取り込ませることで、大腸菌が増殖するとき一緒に増えてくれる。一つの大腸菌に取り込まれるプラスミドを一つだけになるようにすれば、一つの大腸菌を分離して（これも簡単にできる）増殖させることで、1種類のプラスミドだけを増やすことができる（図 13·1b）。つまり、利用したい DNA 断片をプラスミドに連結して大腸菌に取り込ませ、その大腸菌を増やし、最後に大腸菌からプラスミドを抽出すれば、必要な配列だけをもつ DNA を準備することができる。

さて、「利用したい DNA 断片」はどうやって得ることができるのだろう。昔は、ランダムな DNA 断片が連結されたプラスミドをもつ大腸菌（バクテリオファー

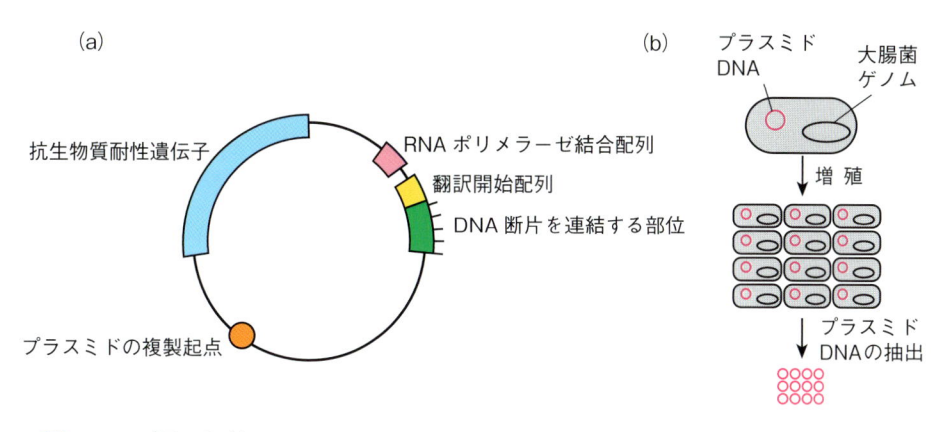

図 13・1　プラスミド
(a) 代表的なプラスミド DNA の構造。大腸菌でプラスミドを複製するための起点やプラスミドの導入を確認するための抗生物質耐性遺伝子、DNA 断片を連結する部位などを含む。(b) プラスミド DNA をもつ大腸菌を増殖させ、それらからプラスミド DNA だけを抽出すると、研究等に必要な量のプラスミド DNA を得ることができる。

ジもよく用いられたが、ここでの説明は省略）の集団を用意し、その集団から欲しい断片をもつ大腸菌を「選び出す」という方法がとられた。しかし 1980 年代に入り、画期的な DNA 断片の単離法が編み出された。それが **PCR 法**である（図 13・2）。DNA ポリメラーゼによる DNA 鎖の伸長反応には、鋳型のほかに出発点となる 10 数塩基の短い DNA 断片（**プライマー**という）が必要である。鋳型、プライマー、ポリメラーゼ、ヌクレオチドを混ぜて反応させる。まず、この反応液に高い温度をかけると鋳型の 2 本鎖 DNA が 1 本ずつに外れる（このとき DNA ポリメラーゼは働かない）。次に、温度を下げるとプライマーが鋳型上の相補的な配列と結合し、

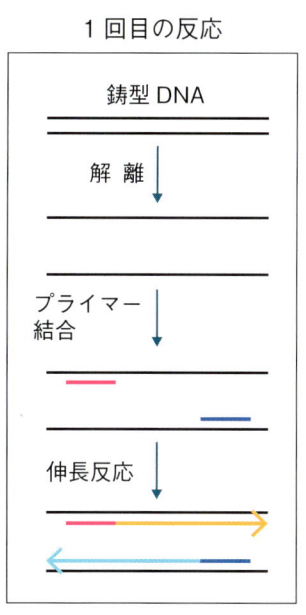
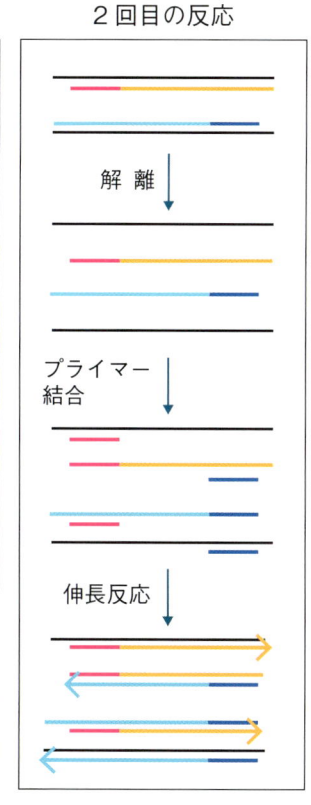

図 13・2　PCR 法
黒の線は最初の鋳型 DNA、赤・青の線はプライマー、オレンジ、水色の線は伸長した DNA 鎖を示す。1 回の反応で鎖の数が 2 倍になることがわかる。

さらに今度は少しだけ温度を上げると、それぞれの鎖が鋳型となり DNA ポリメラーゼによる伸長反応が始まる[13-1]。このステップ 1 回で DNA 鎖の数が倍になるので、数十回も繰り返せば、きわめて大量に DNA 断片を増やすことができる。現在では、この繰り返し操作は機械で自動的に行われる。PCR 法の特徴は、望む DNA 断片[13-2]だけを増幅できる（ただし、伸長できる長さは通常数千塩基対と限られる）ことと、上記のとおり少量の鋳型から大量に増幅できることである。

　このようにして得られた DNA をどのように可視化するか。これには**電気泳動**という方法が用いられる（図 13·3）。寒天などのゲル（ゼリー状の物質を指す）の端に穴をあけ、DNA 溶液を流し込む。次に、このゲルに電気を流すと、DNA は陰電荷をもつため陰極から陽極に引きつけられるように移動する。ただ、このゲルは網目状の構造で、DNA 鎖が長ければ長いほど、編み目に引っかかって移動速度が遅くなる。この原理を使い、泳動距離の長さで DNA の長さを決めることができる。また、DNA を染める色素もあるため、DNA を電気泳動して色素で染色すれば、用いる DNA 鎖がどれくらいの塩基数かを目で見て推測することができる。

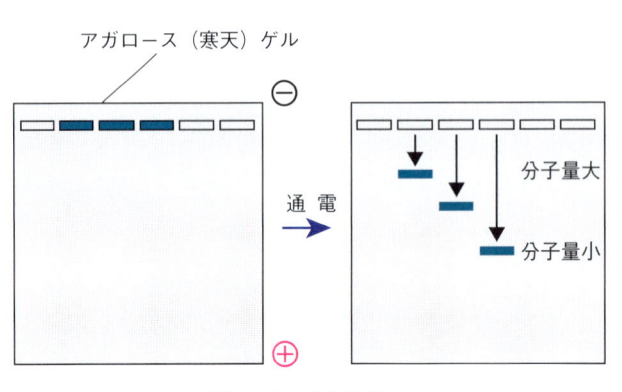

図 13·3　電気泳動

13·1·2　DNA の切り貼り

　次に、DNA の「切り貼り」について説明する。遺伝子を人工的に発現させたいとき、望む遺伝子配列を含む DNA 断片をプラスミドに連結することによって

[13-1]　プライマーの結合と伸長反応は、同じ温度でまとめて一つのステップとする場合もある。

[13-2]　なぜ望む DNA 鎖だけを得ることができるかというと、これは、プライマーの塩基配列の独自性による。例えばプライマーの長さを 20 塩基とすると、その塩基配列の種類は 4^{20}、つまり 1 兆とおり（塩基は 4 種類なので、$4 \times 4 \times \cdots \times 4$）、となる。ヒトゲノムは 30 億塩基対しかないことを考えると、一つ決めたプライマーの配列がゲノム上のまったく違う部分から偶然見いだされる可能性は非常に低い。したがって、用意したプライマーは、ゲノム上の 1 か所だけに結合すると考えてよいわけである。

行う。さて、連結はどうするのか。また、連結する前に、プラスミドはどうやって切断するのか。まず切断の方であるが、これは**制限酵素**という酵素を利用する（図 13・4a）。制限酵素の特徴は、DNA のある特定の配列（多くは 4 ～ 8 塩基）にきわめて正確に結合して 2 本鎖を切断することができることである。制限酵素はさまざまな細菌がもっているのだが、大事な点は、細菌の種類によって制限酵素が切断する配列が異なることである。つまり、いろいろな細菌からそれぞれ制限酵素を精製すると、いろいろな種類の配列を切断することができるのである。制限酵素の発見により、2 本鎖 DNA を望む場所で切断することができるようになった。次に連結する方であるが、これも **DNA リガーゼ**という酵素によって可能である。これらの酵素を用い、プラスミド DNA を切断し、連結したい断片を DNA リガーゼでつなぐことで、望む遺伝子を大腸菌や培養細胞で発現させるためのプラスミド DNA を人工的に作ることが可能になった（図 13・4b）。

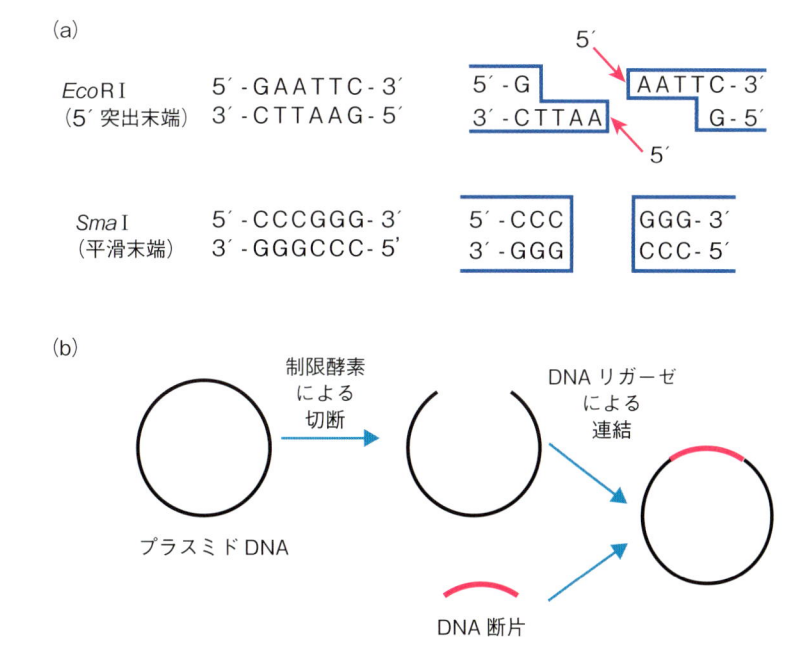

図 13・4　制限酵素による切断と DNA リガーゼによる連結
(a) 制限酵素。異なる認識配列をもつさまざまな酵素があり、二本鎖が切断される。(b) プラスミド DNA を制限酵素で切断したあと、DNA 断片を DNA リガーゼで連結することができる。

13・1・3　塩基配列を調べる

もう 1 点、バイオテクノロジーの進展に貢献した技術が DNA の塩基配列決定技術である。2 章でも説明したように、DNA の塩基配列は生物の遺伝情報その

ものである。ただ、4種類の塩基をどうやったら可視化できるであろうか。ヌクレオチドの糖についた塩基の違いを直接区別するのは至難の業である。しかし、あるアイデアに基づき、比較的簡便に同定できる画期的な方法が編み出されたことで（コラム参照）、1980年代にはさまざまな遺伝子の塩基配列が同定されていった。その後、その操作を自動化するなどの技術革新が進み（その機械は**DNAシーケンサー**とよばれる）、お金（3000億円ともいわれる）と時間（約10年）をかけ、<u>2003年には30億塩基からなるヒトゲノムの塩基配列がおおむね決定された</u>。さらに2010年頃からは、新たな塩基配列決定技術にもとづく「次世代シーケンサー」が登場し、大量かつ迅速な塩基配列の決定が可能になった。現在では、ヒト1人分、つまり30億塩基のゲノム配列は、1日、数万円で決定できるとされている。

DNAの塩基配列決定の変遷

　塩基配列を決めるというのは、四つの異なる塩基をもつヌクレオチドの順番を決めるということなので、普通であれば塩基を区別する必要があると考える。実際、塩基の違いを捉えて配列を決定する方法もなくはないが、技術的に難しい。そこでまったく別の、しかも非常に「うまい」やり方で塩基配列を決める方法をある科学者が編み出した。そのポイントは、鋳型をもとにした複製反応と、「ジデオキシヌクレオチド」の利用である。2·2節で説明したように、ヌクレオチドは糖の5′位のリン酸基と3′位のヒドロキシ基が連結することで鎖を形成する。このヒドロキシ基が水素原子に置き換わったジデオキシヌクレオチドが連結されると、次のヌクレオチドが連結できなくなってしまう。例えば、グアニンがつながったジデオキシヌクレオチドを使ってDNAの複製反応を行うと、グアニンを連結したところで伸長反応が停止する。これでどうやって塩基配列が決まるか。ここで、反応液に普通の（グアニンがつながった）ヌクレオチドも入れておけば、グアニンのところで伸長が止まるもの、止まらないものが混在するので、結果としていろいろな長さのDNA鎖が作り出される。複製のスタートポイントをすべて揃えておき、4種類の反応液（グアニンのジデオキシヌクレオチドと4種類のデオキシヌクレオチドが入った溶液、アデニンのジデオキシヌクレオチドと4種類のデオキシヌクレオチドが入った

溶液……といった具合）を用意すると、図のようなDNAが作り出される（コラム図13·1）。最後のポイントは、1ヌクレオチドの長さの違いを示せるかどうかである。これは、アクリルアミドゲルを用いた電気泳動によって可能である。また、DNA鎖の可視化のためには、<u>蛍光色素や放射性物質</u>（リンの同位元素）が用いられる。このようにして、1研究室のレベルで塩基配列が決定できるようになり、分子生物学が一気に進歩した。

　ジデオキシ法による塩基配列決定は、現在も用いられている方法であるが、やはり一日に決定できる塩基配列数は限られている（一回の反応ではせいぜい1000塩基程度）。本文で紹介した次世代シーケンサーは、いくつかのメーカーから発売されており、それぞれ原理も少しずつ異なる。その一つを簡単に説明すると、平面に並んだ多くの鋳型に蛍光標識された4種のヌクレオチド（3′位がキャップされ2個つながらないよう工夫されている）を一つだけ取り込ませ、蛍光を撮影すれば、どのヌクレオチドがつながったかがわかる。次に蛍光標識とキャップを外し、次のヌクレオチドを取り込ませ、蛍光を撮影する。これを順番にやっていくと、取り込まれたヌクレオチドの順番がわかる。ポイントは、平面にどれだけ鋳型が並ぶかであるが、およそ数千万個が並ぶ。一つの鋳型でわかる配列の長さはせいぜい数百であるが、合計はすさまじい数（数千万×数百＝数十億）になる。これが一日でできるので、大量の塩基配列が読める、ということになる。

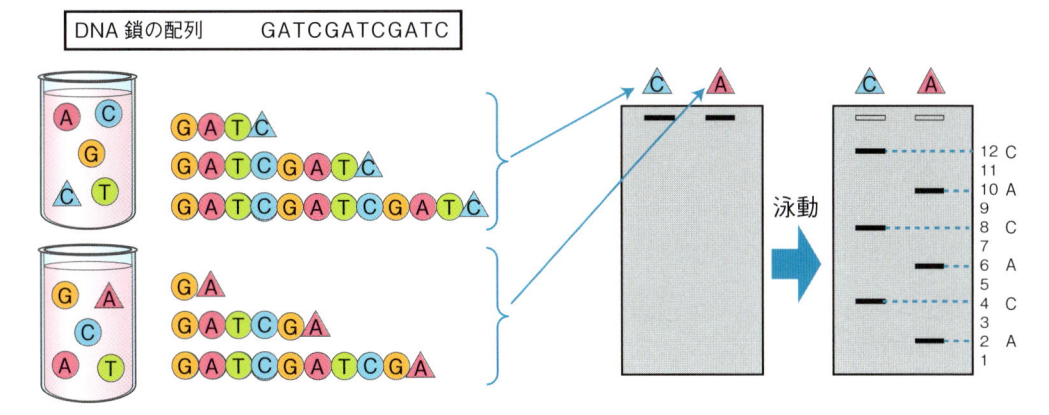

コラム図 13·1 塩基配列決定法 (ジデオキシ法) の原理
△のヌクレオチドがジデオキシヌクレオチドで、取り込まれると次のヌクレオチドをつなげることができなくなる。C、A のジデオキシヌクレオチドをそれぞれ加えて反応させ、その反応液を泳動すると、それぞれの長さの DNA 鎖のバンドが現れる。これを順に追っていくと塩基配列がわかる。

♡ 13·2 遺伝子の人為的な発現と可視化

13·2·1 遺伝子の人為的な発現

　遺伝子は転写・翻訳を経てタンパク質を作り出す。13·1 節で説明したように、遺伝子を含む DNA 断片を連結したプラスミドは、さまざまな用途に使われる。その一つが人為的な遺伝子の発現である。遺伝子を発現させるために使うプラスミドについて、断片をつなぐ部分のすぐ横に**プロモーター領域**（☞ 2·3 節）、さらには**転写開始点**、場合によっては**翻訳開始領域**を配置し、ここに遺伝子を連結して大腸菌や培養細胞に導入すると、細胞や個体の力を借りて mRNA、あるいはタンパク質を人為的に合成することができる。社会に有用なさまざまなタンパク質は、このようにして大量生産することが可能となっている。

13·2·2 遺伝子発現の可視化

　12·4·3 項で説明したように、一つの遺伝子は細胞によって発現したり発現していなかったりしており、これが細胞の機能の差を生み出している。つまり、細胞の機能を調べるためには遺伝子の発現を知ることがとても重要である。DNA そのものではなく、遺伝子の「発現」を可視化する技術をいくつか紹介する。mRNA を検出する技術としては、mRNA と相補的な、人工的に合成した 1 本鎖 DNA または RNA を利用する方法がある（図 13·5a）。この人工核酸を蛍光色素などで標識した上で調べたい組織と反応させると、人工核酸は着目する遺伝子の mRNA だけと相補鎖を形成するので、その mRNA が組織中にあるかどうか

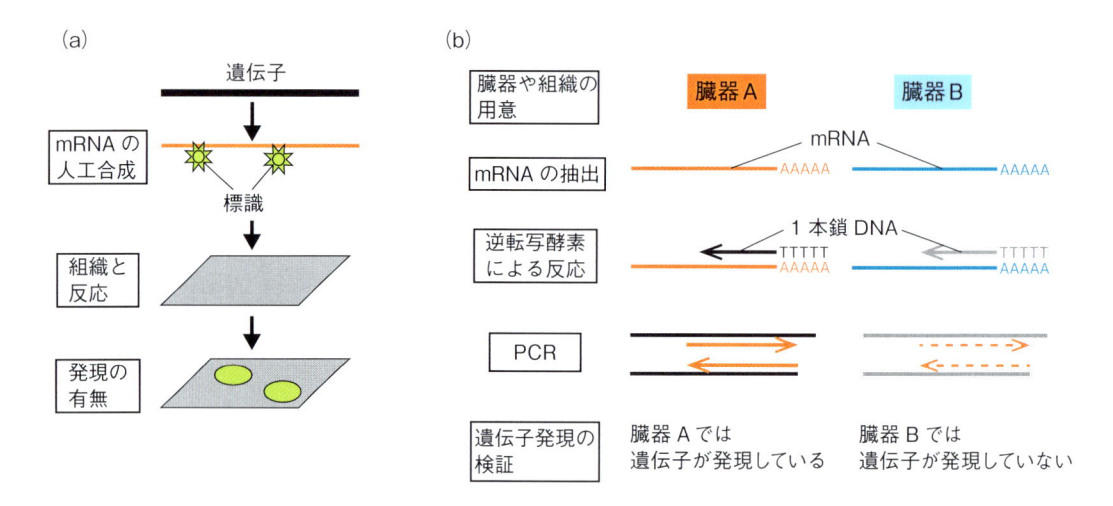

図 13·5　遺伝子の発現を可視化する

(a) 標識 RNA による発現の可視化。標識 RNA を人工合成して調べたい組織と反応させると、蛍光の有無で発現細胞を特定できる。(b) 逆転写酵素による遺伝子発現の可視化。臓器から mRNA を抽出して逆転写反応をすると、臓器に含まれるさまざまな種類の mRNA が 1 本鎖 DNA に置き換わる。これを鋳型にして、着目する遺伝子に対する PCR を行い、増幅の有無を調べることで、その臓器で遺伝子が発現しているかどうかがわかる。

が蛍光の有無でわかる。この方法により、遺伝子が発現する組織（つまり場所）を知ることができる。

　発現の「量」を調べるには、「逆転写」の原理が利用される（図 13·5b）。逆転写は mRNA から DNA を合成する方法で、これにはウイルスがもつ**逆転写酵素**が用いられる。なぜ、わざわざ mRNA を DNA に変換するかというと、これは続いて行う PCR と関係がある。実は mRNA は熱に弱いので、PCR の鋳型には使えない。しかし、DNA に変換することで鋳型にできる。細胞から mRNA を抽出し、逆転写して得られた DNA（原理上、得られた mRNA の多くが逆転写される）を使って PCR を行って増幅の有無を調べれば、その細胞に mRNA が存在するかどうかがわかる。タンパク質を検出することで遺伝子の発現を調べることもできるが、それについては 13·4·2 項で説明する。

　別の発想で遺伝子発現を可視化することもできる。それは、**蛍光タンパク質**の利用である。**GFP（緑色蛍光タンパク質）** の最も大きな利点は、これが化合物ではなくタンパク質であること、つまり、緑色蛍光を転写・翻訳によって作り出せるということである。GFP の利用で重要なもう一つの要素は転写調節領域である。2 章で説明したように、遺伝子の転写そのものはプロモーター（☞ 2·3 節）が、細胞特異的な転写はエンハンサー（☞ 2·5 節）がそれぞれ制御している。つまり、エンハンサーやプロモーターに GFP 遺伝子を連結し、それを細胞に導入することによって、そのエンハンサーやプロモーターがもともと制御

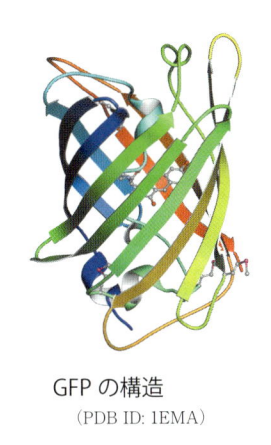

GFP の構造
(PDB ID: 1EMA)

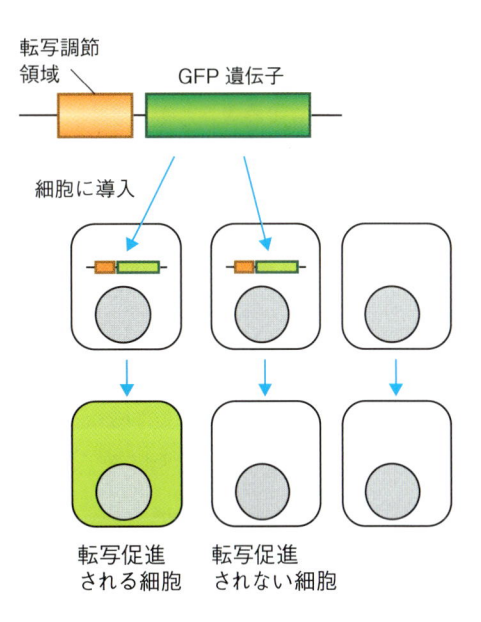

転写調節
領域

GFP 遺伝子

細胞に導入

転写促進
される細胞

転写促進
されない細胞

図 13·6　GFP を用いた遺伝子発現の可視化
転写調節領域の横に GFP 遺伝子を連結し
て細胞に導入すると、転写調節を受ける（図
では転写促進される）細胞でだけ GFP 遺
伝子が発現する。

していた遺伝子の転写翻訳の状況を蛍光の強度として可視化できるのである（図 13·6）。

13·3　ゲノムの改変技術

　次に、もともと細胞がもつゲノム配列を改変する技術を二つ紹介する。遺伝子の役割を調べるため、胚のゲノムがもつ遺伝子に変異を入れ、その結果生じる表現型を調べる研究がよく行われる。マウスで行われる実験手法が**ノックアウトマウス**である（図 13·7a）。胚性幹細胞（☞ 14·5·2 項）に欠損した遺伝子を含む断片を導入すると、ある頻度で相同組換えが起こり、細胞のゲノム上にある本来の遺伝子配列が導入された（この場合は遺伝子が欠損した）配列に置き換わる。次にこの細胞を胞胚に戻して発生を進めると、マウスの一部の細胞で、遺伝子が欠損した状態を作ることができる。欠損した細胞は生殖細胞も含むので、何回か交配を繰り返すと、体全体の細胞において、（操作した）遺伝子が欠損したマウスを得ることができる。これがノックアウトマウスである。

　もう一つは最近注目されている**ゲノム編集技術**である（図 13·7b）。**CRISPR-Cas9 システム**はもともと、細菌が外来生物の侵入に対抗するためにもっている DNA 切断の仕組みで、これをゲノム編集技術に応用している。crRNA という短い RNA 断片が DNA に結合すると、Cas9 という酵素の働きによって、結合部分近くの 2 本鎖 DNA が切断されるが、この修復（☞ 2 章 p.15 のコラム）が不完全な場合、配列の欠損・挿入・置換が起こる。これを利用し、欠損させた

13章

バイオテクノロジー

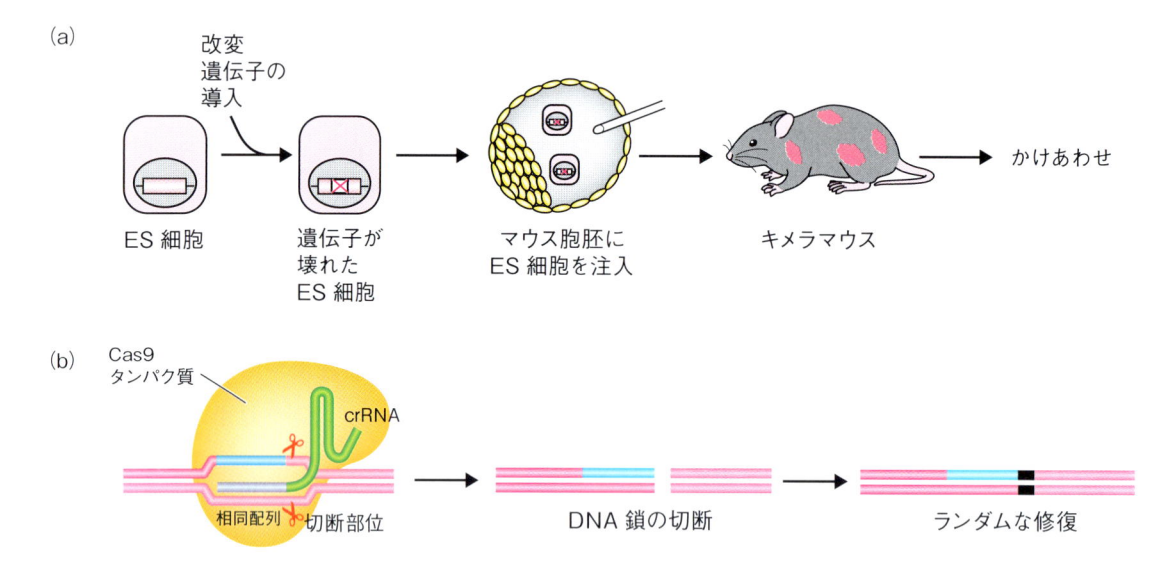

(a)

改変
遺伝子の
導入

ES 細胞 → 遺伝子が
壊れた
ES 細胞 → マウス胚胚に
ES 細胞を注入 → キメラマウス → かけあわせ

(b)

Cas9
タンパク質

crRNA

相同配列　切断部位 → DNA 鎖の切断 → ランダムな修復

図 13·7　ゲノム改変技術

(a) ノックアウトマウス。胚性幹細胞（ES 細胞）に改変遺伝子を入れることで、ES 細胞がもつ遺伝子を破壊する。この細胞を胚に戻すと、個体の一部の細胞の遺伝子が壊れた状態になる。このマウスを交配し、体全体の細胞の遺伝子が壊れた個体を作り出す。(b) CRISPR-Cas9 システム。Cas9 タンパク質と crRNA を細胞に添加すると、DNA 鎖が切断される。切断の修復はランダムに起こるため、遺伝子配列が書き換わる。

い遺伝子の配列をもつ crRNA と Cas9 タンパク質を細胞や胚に導入することで、遺伝子の欠損を生じさせることができる。

13·4　タンパク質を研究する手法

次に、タンパク質の研究手法のいくつかを説明する。

13·4·1　タンパク質の精製

物質としての DNA は、4 種類のヌクレオチドが連結されているだけなので、その化学的性質は比較的均一であるが、タンパク質は物質としても非常に多様性に富むため、単離するためには若干の工夫が必要である。13·1·2 項で述べたように、プラスミドに遺伝子を連結して大腸菌や培養細胞に導入すればタンパク質を得ることができるが、細胞の中にはほかにも多くのタンパク質があるので、必要とするタンパク質（例えば細胞で人為的に発現させたタンパク質）だけを得るのは難しい。工夫の例が、「タグ」の利用である。簡単に言うと、遺伝子の翻訳領域に人工的なアミノ酸配列（**タグ配列**）を連結しておくと、一緒に翻訳されてタンパク質の一部となる（このようなタンパク質を一般に**融合タンパク質**という）。次に、このタグ配列を認識する**抗体**を使うことで（後述）、タ

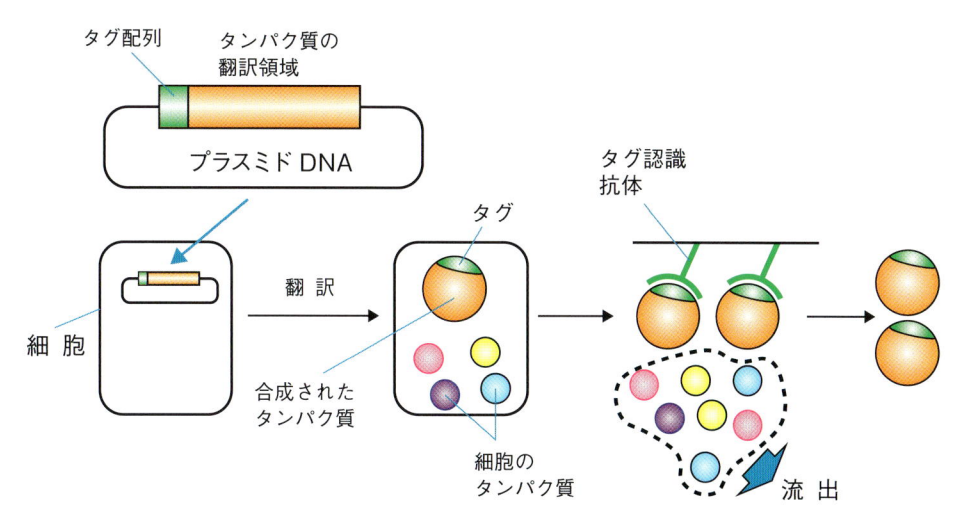

図 13・8　タンパク質の精製の例
遺伝子にタグ配列を結合させておき、細胞で翻訳させるとタグ付きのタンパク質ができる。細胞を壊し、タグを認識する抗体と結合させた後に洗浄すると、抗体に結合していないタンパク質は洗い流され、必要なタンパク質だけを得ることができる。

ンパク質を精製することができる（図 13・8）。一方、通常の組織からなるべく単一な天然のタンパク質を得るためには、さまざまな方法がとられる。その代表例は遠心分離とカラムの利用である。**遠心分離**は、分子量の違いや溶媒に溶けるかどうかなどによって沈殿するかしないか、あるいは遠心チューブのどの位置に存在するかを指標に、タンパク質のある程度の分離が可能となる。一方カラムにおいては、分子量の違いやタンパク質の性質の違い（どのような電荷を帯びているかなど）で分離が可能である。遠心分離と異なり、流出してくるまでの時間の違いを利用し、より細かい分離ができる。この原理を用いた装置が、**高速液体クロマトグラフィー（HPLC）**である。

　以上のようなタンパク質の発現と精製は、もちろん研究目的でよく行われるが、何百リットルという大腸菌や培養細胞の溶液を用いて大量にタンパク質を得るといった工業的生産も世界中で行われている。タンパク質を材料とする医薬品はまさにこの典型的な例であるといえる。

13・4・2　タンパク質の可視化と抗体

　得られたタンパク質を評価するためには、これもまた可視化することが必要である。分子量に応じた分画の方法としては、核酸同様に電気泳動が用いられる。アクリルアミドゲルの端にタンパク質を置いて、電流を流すと、タンパク質が移動するが、核酸と違って必ずしも負に帯電しているとは限らない。そこでタンパク質に負の電荷をもつ SDS（ラウリル硫酸ナトリウム）を結合させた状態

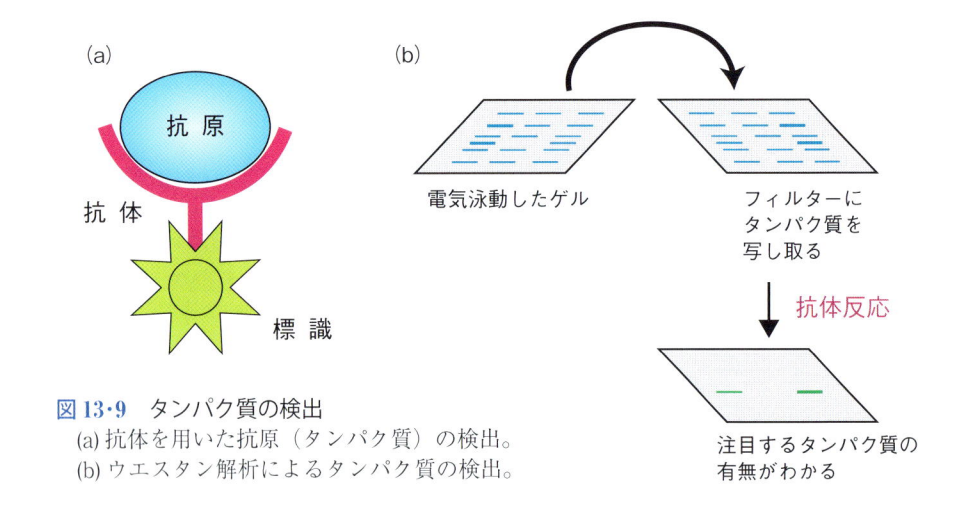

図 13・9　タンパク質の検出
(a) 抗体を用いた抗原（タンパク質）の検出。
(b) ウエスタン解析によるタンパク質の検出。

で電気泳動を行う（**SDS-PAGE** という）ことで、核酸同様に分子量の大小で分画することができる。

　次に、タンパク質の同定方法であるが、ここでも抗体が利用される（図13・9a）。着目するタンパク質に結合する抗体にあらかじめ蛍光色素などを結合させておけば、タンパク質の有無を蛍光の有無で可視化することができる。例えば、SDS-PAGE を行ったゲルから<u>タンパク質を写し取ったフィルターに蛍光標識された抗体を作用させて蛍光を調べることで、着目するタンパク質がどこにあるかを調べることができる</u>。これは**ウエスタン解析**とよばれる（図13・9b）。また、核酸同様、ホルマリン固定した組織に対して抗体を作用させることもできる。この場合は、組織（あるいは細胞）のどの場所に、着目するタンパク質があるかを調べることができる。以上のように、抗体を用いたタンパク質検出法は生命科学における多くの研究で用いられており、さまざまな試薬メーカーからおびただしい種類の抗体が販売されている。

　もう一点は、すでに何度か出てきた、<u>融合タンパク質の利用</u>である。タンパク質の精製のところで触れた「タグ配列」や、13・2・2項で触れた GFP の翻訳領域と、着目するタンパク質の翻訳領域をつなぎ合わせて翻訳させることで、着目するタンパク質の振る舞いを可視化することができる。

　さらに21世紀に入ると、細胞抽出液のなかにどのようなタンパク質が含まれているかを網羅的に調べる方法も開発された。同じアミノ酸の数をもつタンパク質でも、20種類のアミノ酸の割合が違うと、微妙に分子量が異なる。このことを利用し、<u>非常に精度の高い分子量の測定を行って、抽出液中のタンパク質の種類やその存在量を知ることができる</u>（**質量分析法**、あるいは**マススペクトル解析**などとよばれる。なお、この解析ではアミノ酸の割合しかわからないので、

既知のアミノ酸配列が登録されたデータベースの利用が必須である）。

13・4・3　タンパク質の活性測定

　3章でも説明したように、タンパク質はさまざまな機能をもつ。例えば本書でもたびたび登場する酵素には基質から生成物を生み出す活性があり、これを調べることはタンパク質の研究を行う上で必須である。酵素活性の測定法は多岐にわたるのでここでは詳細は割愛するが、基本的には反応生成物をそのまま測定するか、もしくは基質を工夫することで可視化しやすいようにする。例えば**アルカリフォスファターゼ**では、酵素反応によって薄黄色から濃青色に変化する基質を使い、色の濃さで酵素活性を測定する手法が用いられる。また、動きを伴うタンパク質であれば、タンパク質そのものに蛍光物質を修飾させ、蛍光を顕微鏡下で追跡することによってタンパク質の運動活性を測定することが可能となる。

13章のまとめ

- 遺伝子を扱うには、プラスミド DNA が用いられる。プラスミド DNA に必要な DNA 断片を連結し、大腸菌で増幅させて利用できる量に増やす。なお、DNA 断片の増幅には PCR 法などが用いられる。

- DNA 鎖の切断には制限酵素が、連結には DNA リガーゼが用いられる。

- 得られたプラスミド DNA を培養細胞やタンパク質などに導入することで、望むタンパク質を大量に生産することが可能となる。

- 遺伝子の発現を可視化する方法としては、蛍光色素などが結合した相補的な 1 本鎖核酸を用いる方法、細胞から抽出した RNA を逆転写する方法、蛍光タンパク質を用いる方法などがある。

- 個体のゲノムを改変する方法として、ノックアウトマウスの作製や、ゲノム編集を用いる方法が知られている。

- タンパク質の検出には抗体が用いられる。人為的に発現させたタンパク質の精製には、タグ配列が用いられる。

- タンパク質の活性測定としては、反応生成物を可視化する方法がとられる。

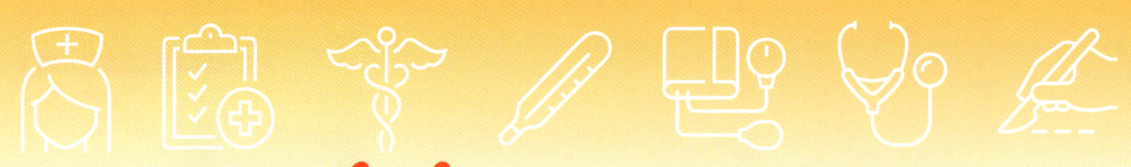

14章　薬学・医学

　第Ⅱ部ではヒトの体の仕組みを随所に取り入れながら説明してきたので、その中には医学に関連する内容も含まれていた。この章では、あくまで生命科学の観点からではあるが、薬学・医学に関する、ここまで触れてこなかった内容について説明したい。

14·1　創薬と生命科学

　薬という言葉を聞いてまず思い浮かべるのは、病気の治療だろう。もちろん病気を治す手段の一つとして薬が用いられることはいうまでもない。ただ、「薬」そのものは生命科学の研究にも多用されているし、それが結果として治療に応用される場合ももちろんある。

　化学合成による創薬の歴史はせいぜい百数十年しかないが、薬そのものには長い歴史がある。「漢方」という名でもなじみがあるし、現在は日頃の食卓で普通に食するニンジン、ダイコン、ショウガ、ネギなども、薬効があるという点では広い意味で薬かもしれない。化学合成による、いわゆる合成薬が最初に作られたのはアセチルサリチル酸（アスピリンという商品名が有名）で、解熱・鎮痛剤として現在でも用いられている。またペニシリンは抗生物質として最初に発見された物質である。ペニシリンは、細菌の外を覆う細胞壁の合成を阻害することで、増殖の阻害や溶菌（細胞壁が薄くなり破れる現象）をひき起こす。ペニシリンの発見は、ブドウ球菌の培養の際にたまたま青カビが混入したことでブドウ球菌の増殖が抑えられたことによる。こうして見つかったペニシリンであるが、精製と大量生産ができるまでにはさらに10年ほどを要した。

　さて、このような合成薬は、現代ではどのようにして見つけ出すのだろう。上記のようにペニシリンは偶然の産物だし、アスピリンも、もともとヤナギの樹皮に解熱作用があることが知られていて、それをヒントに見いだされた。このように薬は、もととなる現象の原因を探ることによって発見されることが多かった。しかしこのやり方だと、はじめに物質—薬効の関係がわかっている必要があるため、新薬を発見する上では効率が悪い。そこで次に行われたのが「ス

クリーニング」である。簡単にいうと、現象（例えば細菌を殺すなど）を引き起こす物質を探すため、化学物質を片っ端から試すということである。<u>ストレプトマイシン</u>や<u>クロラムフェニコール</u>など、生物学の分野で有名な抗生物質はスクリーニングによって得られた。**創薬スクリーニング**は、規模の大小はあるものの、現在でも創薬の主力の手段と言って過言ではない。

　現代の創薬スクリーニングについて補足する。さまざまな薬効成分を調べるために、多くの製薬企業では「化合物ライブラリー」というものをもっている。これは、さまざまな化学反応を行うことで作製した膨大な種類の化合物からなる、いわばカタログのようなものである。これらの物質のそれぞれにどのような薬効あるいは作用があるかは、調べてみないとわからない。そこで、「○○の作用があるかどうか」という観点で、ライブラリーをかたっぱしから検証することで、作用未知の化合物から新たに作用をもつ化合物を明らかにすることができる（図14・1）。これがまさにスクリーニングである。いかに他と違い、他よりも多いライブラリーを所有するかが、それぞれの製薬企業における新薬の開発にとってどれほど重要かはすぐにおわかりだろう。なお現在では、作用機序から化合物の構造をデザインする「**合理的設計（医薬品設計ともいう）**」も行われている。これであれば、外れを引く可能性が低くなり、またスクリーニング数を大幅に減らすことができる点でより効率的であるといえる。

14章

薬学・医学

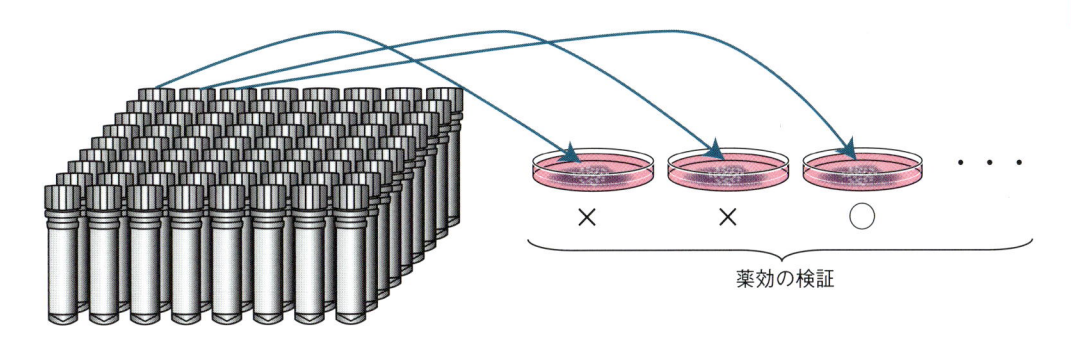

化合物ライブラリー

図14・1　創薬スクリーニング
事前に準備された化合物ライブラリーから一つずつ薬効を検証し、効果があるものを選抜する。

　創薬では、希望する薬効を示す新しい化合物の発見がもちろん重要であるが、それがすぐに薬として商品化されるかというとそうではない。むしろ、薬の発見は新薬開発の最初のステップと言っても過言ではない。ここから商品化するまでには多くの段階を通過する必要がある（図14・2）。前述した、新薬候補の発見の段階は<u>基礎研究</u>と位置づけられるが、次に、その薬効について客観的なデー

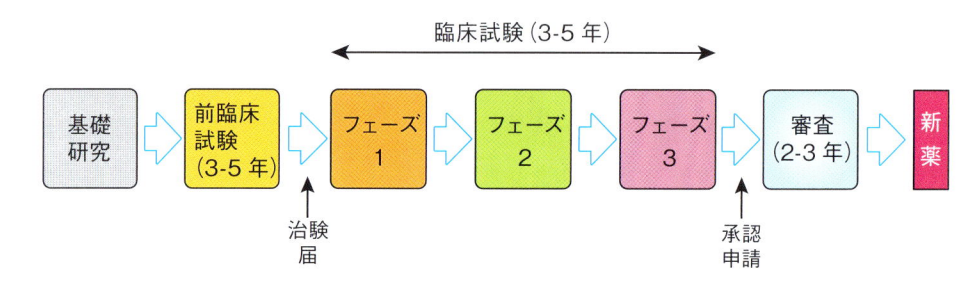

図 **14·2**　新薬が製品化されるまで

タを蓄積する必要がある。これが**前臨床試験（非臨床試験）**である。薬物の有効性はもちろんのこと、体に対する安全性も確認する必要があり、それを培養細胞あるいは動物に投与することによって検証する。ここまで来たところで次に**臨床試験**に入る。臨床試験はさらに 3 つの段階(フェーズ 1、フェーズ 2、フェーズ 3) に分けられる。フェーズ 1 では健康な人、つまりその薬で治療する必要がない人を対象に薬を投与し、主に安全性の検証を行う。またこの時、投与された薬がどのように吸収され排出されるかも調べられる。そこで安全性や薬の動きに関するデータが得られると、臨床試験はフェーズ 2 に進む。ここでは、少数の患者に対してさまざまな条件で薬を投与し、薬効や副作用も調べることで、どのような用法（使用量、使用頻度、使用期間など）が最も適切かが決定される。そしてフェーズ 3 では、多くの患者に薬を投与し、その効果・安全性を統計的に調べる。これらの結果をもとに医薬品としての適合性の審査が行われ、承認が下りると、ようやく**新薬**として販売することが可能になる。一般に、以上のステップは 10 年以上の期間が必要であるとされており、開発費用もかかる。それが薬の価格に上乗せされる（薬の価格は原材料費だけではない）ことから、薬はどうしても高価なものとなってしまう。現在では、最新の薬ではないが類似の薬効を示す安価な薬（ジェネリック医薬品）の使用も増えている。安価であることは、単に患者の負担が減るだけでなく、保険適用の場合には国の費用負担も減る（＝つまり使われる税金が減る）という点できわめて重要である。

14·2　さまざまな疾患とその治療

　いわずもがなであるが、病気の種類はさまざまである。そのような治療はどのように行うのだろう。上記のように、投薬は治療の最も主要な手段である。ところで、私たちは投薬されることでどのような効果を得ているのだろうか（図 14·3a)。例えば抗生物質は細菌の増殖を抑えたり殺したりする。しかし、治療

(a)

病原菌の殺菌・
増殖抑制

体の状態の
調節

(b)

不具合のある
組織・臓器の
修復

腫瘍などの
摘出

組織・臓器の
交換

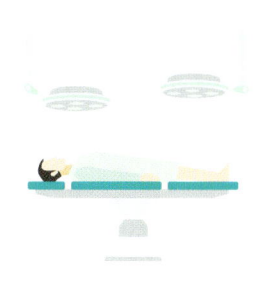

図 14・3　投薬・手術の目的
(a) 投薬の目的。病原菌の殺菌や増殖の抑制だけでなく、体の機能を調節することによって病気を
回復させる場合もある。顕在化した症状に対する治療は対症療法とよばれる。(b) 手術の目的。カテー
テル治療のような修復、腫瘍の治療のような摘出、そして臓器の交換などが挙げられる。

薬はほかにもいろいろある。例えば風邪の鼻づまりを抑える薬は、自分自身の
粘液の分泌を抑えるという薬効を利用している。また解熱剤の一つであるアセ
トアミノフェンは、脳の温度中枢に働きかけて発汗や血管拡張を促すという薬
効により、結果として体温を下げている。これらの場合、薬は何かを殺すので
はなく、自分の体の状態を調節するために作用する。麻酔薬もその一例だろう。
このように、投薬治療もさまざまな目的がある。

　一方、投薬では治癒しない疾患もある。この場合に行うのが**手術**ということ
になる。では、手術でどのようなことを治すのだろう。よく考えてみると、手
術にもいくつかの目的がある（図 14・3b）。例えば外傷を負った場合や骨折した
場合、あるいは血管のつまりを治すといった場合では、体の一部を修理するこ
とが目的である。一方がんや腫瘍の場合は、異物や不適切な組織を除去（摘出）
することが手術の目的となる。さらに、臓器移植のように、不具合が生じた臓
器の修理が不可能な場合に、取り替える手術によって病気を治療することもあ
る。以上のように、病気の治療と一口にいっても、その目的や方法はさまざま
である。

14・3　細菌・ウイルスがもたらす感染症

　感染症は有史以来現代に至るまで、人間がずっと戦い続けてきた病気である。
感染症をひき起こす原因は主に細菌とウイルスである（図 14・4）。細菌の感染は
人体にどのような影響を与えるのだろう。わかりやすい例は、細菌がもつ**毒素**
である。毒素には外毒素と内毒素の 2 種類がある。**外毒素**は、感染した細菌自
身が細胞の外に分泌する毒素であり、多くはタンパク質（またはポリペプチド）

14章

薬学・医学

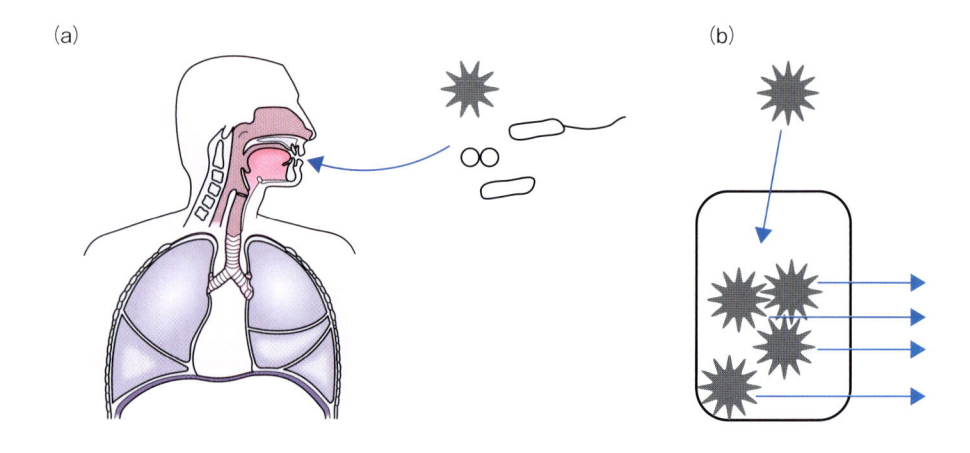

(a)　　　　　　　　　　　　　　　　　　　　　(b)

図 14·4　感染症
(a) 細菌の多くは体内でそのまま増殖する。(b) ウイルスは体内、さらに細胞内に侵入して増殖した後、細胞外に放出されて個体数を増やす。

である。例えば黄色ブドウ球菌が細胞外に排出するエンテロトキシンは、下痢や嘔吐の原因となる。またコレラ菌も、コレラトキシンを産生・排出して下痢や脱水症状をひき起こす。一方、**内毒素**（エンドトキシン）は、感染した細菌が細胞の中（例えば細胞壁）にもつ毒素で、細菌が破壊されることで毒性を発揮する。例えばサルモネラ菌の細胞壁の外膜に存在するリポ多糖には毒性があるが、通常は積極的に排出されず、菌の物理的な破壊によってはじめて遊離し、発熱などをひき起こす原因となる。

　以上は細菌による感染症の例であるが、ウイルスもまた感染症をひき起こす原因となる。ウイルスの場合は、ウイルスそのものが毒素をだすのではなく、ウイルス感染した細胞がダメージをうけて病原性を発揮する。例えば6·2節で説明したように、COVID-19もウイルスが毒を出すのではなく、肺胞細胞に感染することで細胞の機能が失われ、重篤な呼吸障害をひき起こす。また、インフルエンザウイルスも呼吸器などの細胞に感染して増殖し高熱をひき起こすが、これもウイルスが毒を出すのではなく、ウイルスに感染した細胞を排除すべく自身の免疫システムが発動する結果である（9章も参照）。

♥ 14·4　が　ん

　がん（癌）は、恐れられている疾患の筆頭かもしれない。この病気について、大学の学びとして改めて考えたい。まず、がんの形成は三つの段階から考えることができる（図 14·5a）。はじめに起こるのは、細胞の変異である。放射線、

紫外線、化学物質などさまざまな要因によって、ある頻度で細胞のゲノム DNA が損傷をうける。通常であればゲノムが修復されるか、ゲノムの修復が難しい場合には細胞周期における細胞周期チェックポイント機構（☞ 1·3·2 項）が作用して細胞が死滅するが、例えば変異の箇所が細胞周期の調節そのものに関わる遺伝子であった場合、細胞は死滅せず、むしろ異常な増殖につながる。この状態が**腫瘍**である。ただ、単に増殖した細胞のかたまりであれば、除去してしまえば問題は解決する。なお、手術のように外科的に除去するだけでなく、私たち自身にも腫瘍細胞を取り除く仕組みをもっている。細胞性免疫（☞ 9·4·2 項）では、ウイルス感染細胞だけでなく、腫瘍細胞にも働くことで、生じた腫瘍細胞は普段から（まさに人知れず）取り除かれている。いわゆるがんはそのさらに先、つまり異常な細胞が免疫で取り除けないほどに増え、それらが運動能をもって本来の位置から離れ（**浸潤**）、さらには血管に侵入してほかの場所に移動し、さらにその場所で増殖を続ける（**転移**）状態を指す。このようになると、がん細胞を体から完全に取り除くことができなくなる。なお現在では、以上の過程は一つの遺伝子ではなく複数の遺伝子に変異が入ることによって進行する、

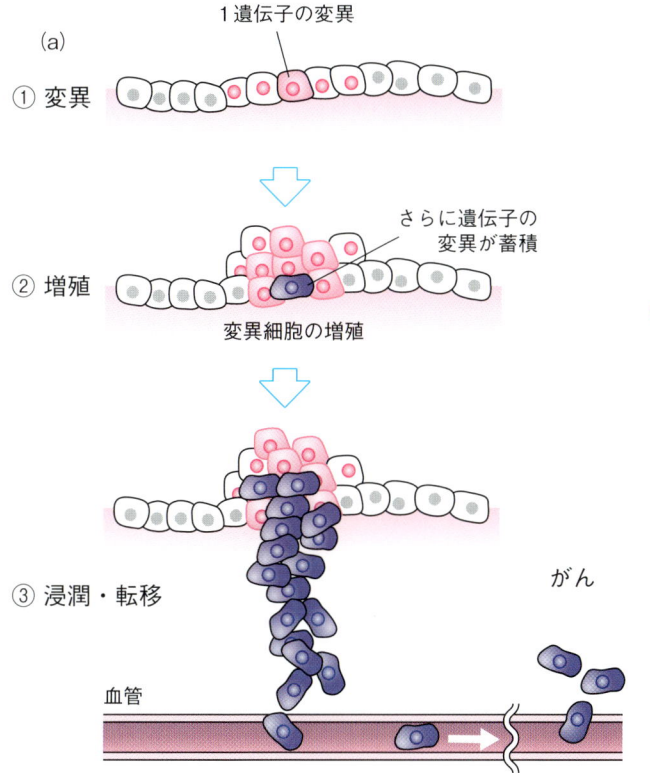

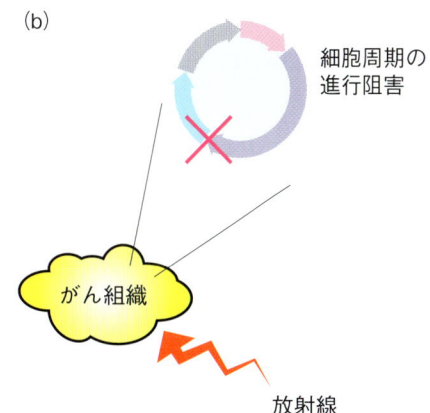

図 14·5　がんの発症メカニズムと増殖を止める方法
(a) がん形成の三つの過程。細胞の、ある遺伝子に変異が入ると細胞は異常増殖する。さらに変異が入ると、細胞に移動能が付与され浸潤し、さらには血流に乗りがん細胞が転移する。(b) がん細胞を除去する方法。一つはがん細胞の細胞周期の進行を阻害して増殖を止める方法である。また、放射線照射によりがん細胞を死滅させる方法もある。

つまりがん化は複数の遺伝子変異の蓄積によると考えられている。

さて、人間はがんにかかるとなぜ死ぬのか。実は、がん細胞そのものが毒を出したりするのではなく、ある細胞の近くで異常に増殖すると、その細胞の本来の働きができなくなったり、細胞の栄養が枯渇したりすることによる。つまり、もちろんがん細胞がひき起こしているのではあるが、直接の死因は臓器不全、ということになる。

以上のようながんの形成メカニズムを考えると、その治療は細胞の増殖、あるいは転移を防ぐことが有効そうである。実際、細胞周期を進める遺伝子の阻害剤は重要ながんの治療薬になる（図 14·5b）。また細胞増殖は細胞外からの分子シグナル（☞ 3·4 節）でコントロールされているので、細胞増殖に関わる分子シグナルを阻害する物質もやはり治療薬として用いられる。さらには、細胞運動を担う、細胞骨格やモータータンパク質の働きを阻害する薬剤も抗がん剤になりうる。ただ、治療薬全般の問題点は「特異性」である。このような治療薬をそのまま使用すると、私たちがもつ正常な細胞にも影響を与えてしまうため、体に強いダメージが与えられる。これがいわゆる抗がん剤の副作用である。また、放射線治療もがん細胞を殺す目的で用いられる治療法として知られる。これもさまざまな工夫がなされているものの、がん細胞だけを正確に標的とするためには、方法のさらなる改良が必要であろう。

14·5　幹細胞と再生医療

14·5·1　移植治療

すでに述べたように、臓器に重篤な不具合が生じたり外傷によって損傷を受けたりした場合には、臓器の「取り替え」、つまり**臓器移植**が必要となる。臓器移植において、移植臓器を提供する人をドナー、移植される人はレシピエントという。どのような人がドナーになるかであるが、以前は心臓死後の臓器提供が多かったが、近年では脳死下での提供が多く、それに伴って移植件数も増加傾向にある（現在、併せて年間 300 ～ 400 件程度が行われている）。その理由は、心臓停止後に提供可能な臓器は腎臓・膵臓・眼球だけであるのに対し、脳死下で提供可能な臓器には肺・肝臓・心臓・小腸の四つが加わるからである（図14·6a）。また生体移植、つまり生きている方からの移植も行われている。特に腎臓移植では、2021 年の脳死下・心臓死後移植数が 125 に対し、生体移植は1648 件と非常に多い（図 14·6b）。なお、どのような臓器の移植が多いかというと、やはり腎臓が一番多く行われており、次いで肝臓、肺、心臓、膵臓とつづく。

(a)

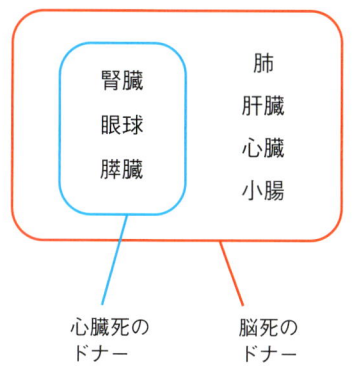

腎臓
眼球
膵臓

肺
肝臓
心臓
小腸

心臓死の
ドナー

脳死の
ドナー

(b)

	脳死	心臓死	生体	総数
腎臓	106 (124)	19 (17)	1,648 (1,570)	1,773 (1,711)
肝臓	60 (63)	0 (0)	361 (317)	421 (380)
心臓	59 (68)	0 (0)	0 (0)	59 (68)
肺	74 (58)	0 (0)	19 (17)	93 (75)
膵臓	23 (28)	0 (0)	0 (0)	23 (28)
小腸	2 (3)	0 (0)	0 (0)	2 (3)
全臓器	324 (344)	19 (17)	2,028 (1,904)	2,371 (2,265)

（https://www.asas.or.jp/jst/general/number/）

図 14·6　移植治療
(a) 脳死状態、心臓死後に提供可能な臓器。(b)2021 年における臓器移植の実施数。
括弧内は 2020 年度（日本移植学会 HP より）。

　さて、このように書くと、十分に移植用の臓器が提供されているように聞こえるかもしれないが、希望者に対して実際に移植ができている割合はきわめて低い。例えば 2021 年における心臓移植の希望者数は約 900 人（実施数は 59）、腎臓移植では希望者数約 1 万 4 千人（実施数は 1773）である（日本臓器移植ネットワーク https://www.jotnw.or.jp/data/02.php）。そのため、移植を希望してから移植を受けることができるまでの期間は、心臓で 4 年弱、腎臓では 14 年以上と長く、移植治療における大きな問題となっている。

14 章
薬学・医学

14·5·2　幹細胞と再生医療

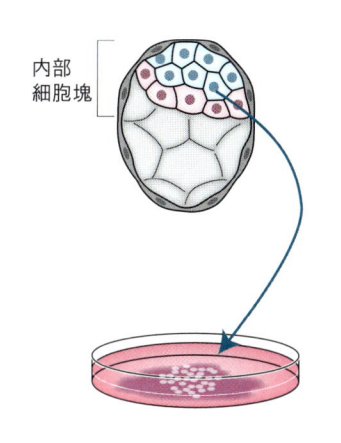

内部
細胞塊

図 14·7　ES 細胞の樹立
マウス胞胚の内部細胞塊を取り出し、ある物質を含む培地で培養すると、未分化性を保ちつつ増殖できる細胞を得ることができる。

　移植治療における提供臓器数の絶対的な不足を解決する方法の一つとして、臓器を人工的に作り、それを移植するという、いわゆる「再生医療」が着目されている。その材料となるのが**幹細胞**である。幹細胞についてはすでに 12 章のコラムで説明したが、ここではもう少し詳細に説明する。**胚性幹細胞（ES 細胞）**は、胞胚期の内部細胞塊（☞ 12·4·1 項）を単離し、未分化性を維持しながら増殖が可能な状態にした細胞で（図 14·7）、体を構成するほぼすべての種類の細胞に分化することができる。ただ、通常はほかの人の胚から作られた ES 細胞を用いて細胞分化を行うため、免疫反応により移植した臓器に対する攻撃が起こる点が問題である。もっとも、これは通常の臓器移植でも起こることであり、免疫抑制剤の投与などによっ

て問題は回避できる。また、ES細胞を作出する際に、受精卵を用いる必要がある点も問題となる。そこで新たに用いられているのが **iPS細胞** である。iPS細胞は、*Sox2* や *Oct4* などの遺伝子を分化細胞に導入することで、細胞を脱分化（初期化）させて作られる。iPS細胞はES細胞ときわめて性質が似ており、ES細胞と同じ技術によって細胞分化を促すことができる。また、iPS細胞は患者自身の細胞から作製すれば、免疫拒絶が生じない臓器を作ることができる。以上の胚性幹細胞に加え、成体幹細胞（☞ 12章 p.149 コラム）もまた再生医療に用いられる。

　幹細胞から人工的に臓器を作製して移植治療に用いるための基礎研究は、21世紀に入り国内外の研究者によって続けられている。実際、これまでにES細胞・iPS細胞・成体幹細胞を用い、肝臓、網膜、心筋、血液、神経、膵臓、消化管、あるいは軟骨などさまざまな細胞への分化法が開発され、その一部については移植治療の実用化に近いところまで到達している。

　さて、ここで改めて再生医療における細胞分化について説明する。通常は胚発生の過程で細胞分化は進行していくが、未分化な状態のままで維持された幹細胞はどのようにして分化させることができるのだろう。その答えは、培養液へのさまざまな薬剤の添加である。胚発生の過程では、ある決められた遺伝子だけが活性化し、それが連鎖的に起こることで細胞分化が進行する。その状態を模倣するため、培養している幹細胞に、細胞分化に関わる遺伝子の発現を活性化するような薬剤を順番に添加していくことによって、望む分化細胞を作り

---

iPS細胞の実用化における問題点

　iPS細胞は日本で発見された手法であるため、iPS細胞を用いた再生医療も大きく注目され、多額の国家予算が投入されている。ただ、いくつかの問題点もある。まず、iPS細胞のメリットの一つはES細胞と異なり受精卵を壊す必要がない点だと説明されてきたが、ES細胞も、いったん株が樹立されてしまえば新たに受精卵を壊す必要はない。また、患者由来の細胞が使える点もiPS細胞のメリットとして挙げられるが、実際に患者由来の細胞を使う場合、それが安全であるかどうかを検証する必要があり、14·1節で示したような臨床試験が必要となる。つまり、製品化に非常に時間がかかる（注：iPS細胞の樹立そのものは比較的短期間で可能）。この点を克服するため、現在は細胞分化に用いるさまざまな種類のiPS細胞を保管するバンクが運用されている。ただ、通常の臓器移植の技術が進み、免疫抑制剤を併用した臓器移植の問題が少なくなった場合は、免疫拒絶の問題そのものが払拭される。また、iPS細胞には外来の遺伝子が導入され、当初はこのことによる細胞のがん化が懸念されたが、近年は導入した遺伝子がなくなるような方法がとられ、この点についてのリスクも低下している。

　以上のように、実はiPS細胞の実用化には考慮すべき点がいくつかある。一方で、遺伝子を数個導入するだけで分化細胞が初期化するという現象そのものは、（動物）細胞のこれまでの概念を覆すもので、この研究の革新性・重要性は疑う余地もない。上記に挙げた問題点が克服され、今後も再生医療に貢献することが期待される。

出す（図14·8）。当然、その遺伝子の組み合わせは分化させる細胞の種類によって異なる。つまり、加える薬剤も細胞の種類によって異なる。逆に言えば、作用させる薬剤を変えてやれば、望む種類の細胞、ひいては臓器を作り出すことができるのである。このような再生医療は移植治療の切り札であり、特に心筋や皮膚、軟骨などの移植はすでに治療実績がある。一方、複雑な構造をもつ臓器を作り出すにはまだまだ課題が多く、これからの研究の発展が待たれる。

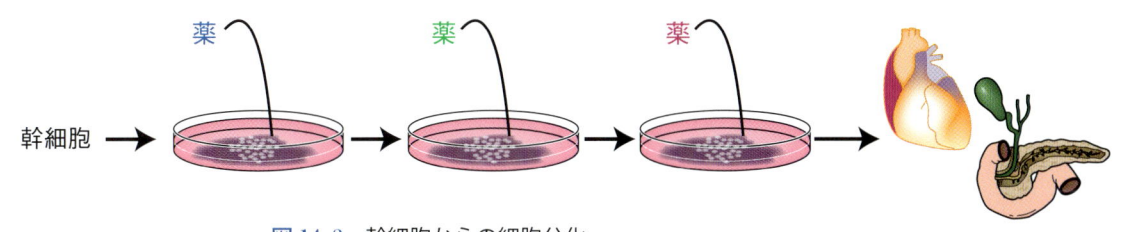

図14·8　幹細胞からの細胞分化
幹細胞から順番に薬を添加して望む種類の細胞への分化を促す。

14章のまとめ

- 現代における薬の開発は、薬効を示す化合物を一つずつ調べていくという、スクリーニングという手法が一般的である。

- 新薬の開発は、基礎研究、前臨床試験、三つのフェーズの臨床試験を経て承認申請を行い、審査の後に承認されて市販される。

- 薬の薬効は、細菌の増殖抑制や殺菌に働くものに加え、解熱のように体の状態を変化させることによって発揮されるものがある。薬で治療が難しい疾患は、手術によって治療が行われる。手術も、不具合がある臓器の修復、がん細胞などの除去に加え、不具合がある臓器の置換などの目的に分類される。

- 細菌の毒素は、内毒素と外毒素に分類される。また感染症は、細菌に加えウイルスによってもひき起こされる。

- がんは、変異、増殖、浸潤、転移の過程を経て重篤化する。これらの過程は遺伝子変異の蓄積により進行する。がん細胞の治療は、細胞周期の進行や細胞増殖を抑制する薬の使用や、放射線によるがん細胞の破壊などによって行われる。

- 移植治療は、提供臓器数の少なさが問題である。これを克服する方法が、幹細胞から望む細胞を分化させ移植する再生医療である。

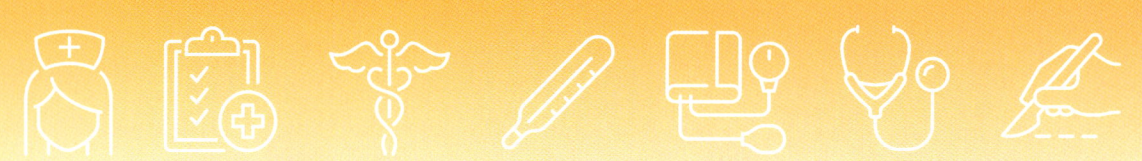

15章 生物多様性と生態学
―自然と人間の関わり―

　本書は医療に関わる職を目指す方が手に取ることを想定しており、その意味では生態学や生物の多様性は一見関係ないかもしれない。ただ、人間生活の中では地球環境を無視することはできないし、地球上に生息するさまざまな生物が人間に与える影響は、巡り巡って医療関係のことに帰着するのは間違いない。こういった理由から、本書の最後の章として生物多様性・生態学を取り上げた。生態学は高校の生物基礎でも学習する内容ではあるが、本書における位置づけに留意しながら説明していきたいと思う。

15・1　生物の多様性

15・1・1　生物の分類

　生物は約 40 億年前に誕生したとされる。現在地球上に存在する生物種は、同定されているものだけで約 200 万種といわれているが、未同定のものを含めると、はるかに多くの生物種が存在すると考えられている。ただこれらの中には、まったく違うもの、非常に似たものが混在している。これをわかりやすく分類したのが系統である。系統はいくつかの階層があり、大きいものから順に**ドメイン・界・門・綱・目・科・属・種**となる（表 15・1）。

　まず、すべての生物は三つの<u>ドメイン</u>、**真正細菌、古細菌（アーキア）、真核生物**に分けられる。<u>真正細菌と古細菌はともに**原核生物**で、細胞に核が存在しない。古細菌は高温や高圧、偏った pH といった極限環境で生息する細菌であり、かつては最も原始的な生物であるとされたが、近年のゲノム解析から、実は真正細菌よりも真核生物に近いことがわかっている。真正細菌はいわゆる細菌の仲間で、おおまかに分

表 15・1　生物種を分類する上での階層

階層	ヒトの例	スルメイカの例
ドメイン	真核生物ドメイン	真核生物ドメイン
界	動物界	動物界
門	脊索動物門	軟体動物門
綱	哺乳綱	頭足綱
目	ヒト目	開眼目
科	ヒト科	アカイカ科
属	ヒト属	スルメイカ属
種	ヒト	スルメイカ

類するとプロテオバクテリア、クラミジア、スピロヘータ、シアノバクテリア、グラム陽性菌となる。ここでは詳しく説明しないが、胃潰瘍の原因になるピロリ菌、病原体であるサルモネラ菌やコレラ菌はプロテオバクテリア、ブドウ球菌や乳酸菌はグラム陽性菌に属する。またシアノバクテリア（藍藻）は光合成を行う真正細菌の一群である。

真核生物はかつて、原生生物、植物、菌、動物の四つに分類され、真正細菌・古細菌を加えた六つがそれぞれ界というカテゴリーでよばれていた。しかし、真核生物4界のうち原生生物の多様性は非常に大きく、現在は原生生物のいくつかのまとまりのなかに植物・菌・動物が含まれるように分類される。動物以外の種について、本書では詳しい説明は省略するが、是非いろいろな教科書で知識を補完してほしい。

15·1·2 動物の分類①：無脊椎動物の分類

動物の起源は約7億年前とされている。その後、約5億年前ごろに種数が一気に増加した（これがいわゆる**カンブリア爆発**である）。動物は非常に多様性に富み、名前に反して"動かない"動物もあるので、動物すべてがもつ特徴は、多細胞であること、細胞壁をもたないこと、従属栄養生物であること、くらいである。「多くの」動物がもつ特徴、と条件を緩めた場合は、生殖により個体を増やすことや、組織をもつことも特徴に挙げることができる。動物をおおまかに分類すると図15·1のようになる。

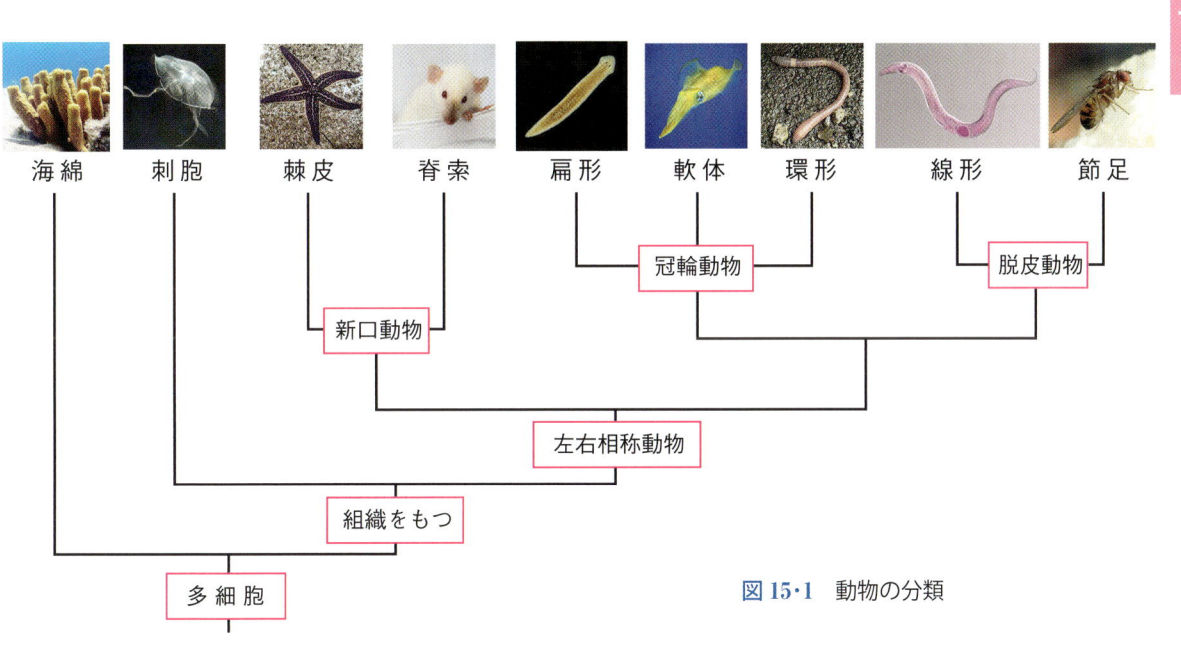

図15·1 動物の分類

　現在動物は約 36 [15-1] の門に分けられているが、ここでは代表的なものだけを取り上げる。①**海綿動物門**は組織をもたないものの、体腔をもち、取り込んだ水から栄養を細胞に吸収する。②イソギンチャクやクラゲを含む**刺胞動物門**においては明確な組織をもち、細胞外で分解した食物を取り込む機能を有するようになる。③**軟体動物門**では、消化器が中胚葉組織で包まれ、かつ体の表面との間に隙間を有することで、食物の消化を効率よく行えるようになっている（真体腔という）。プラナリアなどの扁形動物、ミミズなどの環形動物と併せ、冠輪動物とよばれる。④**節足動物門**では、動物の中で最も多くの種が同定されている。なじみの深い昆虫、海中でくらすエビやカニも節足動物門に属する。センチュウなどの線形動物と併せ、脱皮動物とよばれる。⑤**棘皮動物門**に属する生物は、これまでに説明した種と異なり、胚発生において最初にくぼんだ部分が口ではなく肛門となる（後口動物、または新口動物という）。棘皮動物門にはヒトデやウニが含まれる。

15·1·3　動物の分類②：哺乳類を除く脊椎動物の分類

　脊椎動物は、実は**脊索動物門**に含まれる。脊索動物には脊椎動物のほか、ホヤやナメクジウオなどが含まれる。その特徴は、脊索をもつことである。脊索は、胚発生の初期、前後に長い体を物理的に支える役割をもつ。実はわれわれ人間も胎児の時には脊索をもっているが、そのあと脊柱骨が形成されるにつれ消滅する。

　脊椎動物については、魚類・両生類・爬虫類・鳥類、そして哺乳類と分類されてきたが、これも 15·1·1 項で紹介した生物全体の分類と同様、多様性に大き

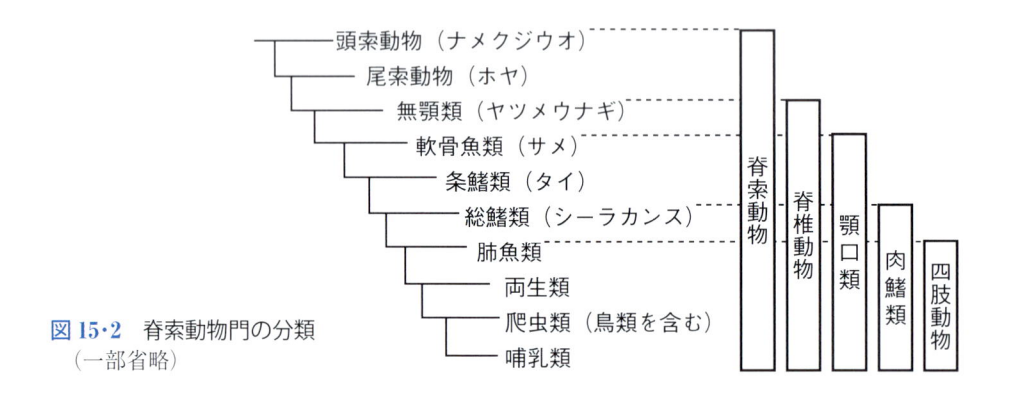

図 15·2　脊索動物門の分類
（一部省略）

＊15-1　33、34、35 とする考え方もあり、今後の動物分類学の進展でまた変化する可能性があるので、この数は目安として考えてほしい。

な違いがあり、**無顎類**（ヤツメウナギ）、**軟骨魚類**（サメ）、**条鰭類**（タイ）、**総鰭類**（シーラカンス）、**肺魚類、四肢動物**（ここに<u>両生類・爬虫類・鳥類・哺乳類</u>が含まれる）とすべきである（図 15・2）。また鳥類は、分類上爬虫類から完全に切り離すことは難しいため、爬虫類に含めてしまうことが多い。脊椎動物、特に四肢動物はこれまでもさまざまな教科書で学習していると思うので、本書では詳細な説明は省略する。

15・1・4　動物の分類③：哺乳類の分類

最後に哺乳類の分類について説明する。まず、哺乳類の特徴としては、内温動物（代謝熱などにより、体温を自分で生み出す動物）であること、有性生殖を行うこと、乳腺をもつこと、胎生であること、などが挙げられる。大まかに哺乳類はどのように分けることができるかであるが、簡単には**単孔類**（カモノハシ）、**有袋類**（カンガルー）、**真獣類**に分けられ、真獣類はさらにゾウ・ジュゴン、ウマ・ウシ・ネコ、そしてネズミ・ウサギ・ヒトなどに分類される（図 15・3）。

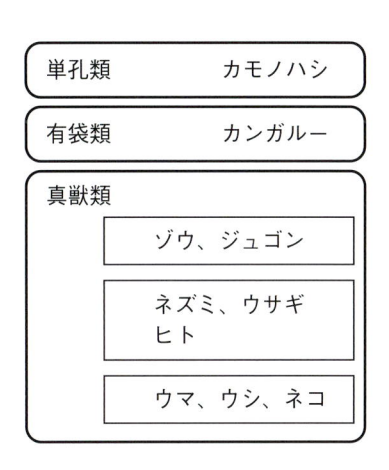

図 15・3　哺乳類の分類

🫀 15・2　種の多様性の維持

以上、ごく簡単に生物（特に動物）の分類とその多様性について説明した。改めて、地球上ではさまざまな生物が「共存」している。しかし、この共存は当然の結果なのだろうか。例えば、飼育している動物の飼育槽に餌となる動物を入れると、餌はすぐになくなってしまう。言い換えると、飼育槽という環境において、餌となる動物は「絶滅」したことになる。こういったことが、規模の大小は別にして地球上のさまざまな場所で起こっている。にもかかわらず種の多様性が維持されているのはなぜだろう。

まず、同じ生育場所に存在する、さまざまな生物の集団を**生物群集**とよぶ。生物群集の中では、それぞれの生物が互いに関係性をもつ（図 15・4a）。例えば、上記のように**食う・食われる（捕食・被食）**の関係がある。同じ餌を争う関係もあり、これは**競争**である。一方、餌が違う生物同士は捕食・被食の関係が成り立たず、**共生**の関係にある。以上はすべて 1 対 1 の関係であるが、生物群集

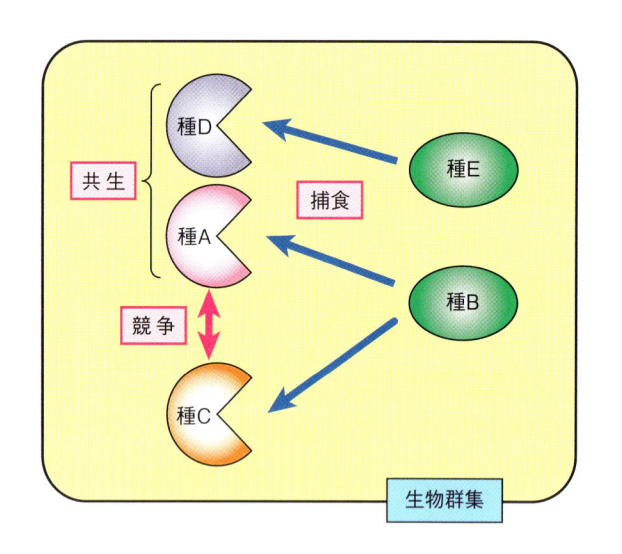

図 15·4a　生物群集における捕食・競争・共生の関係

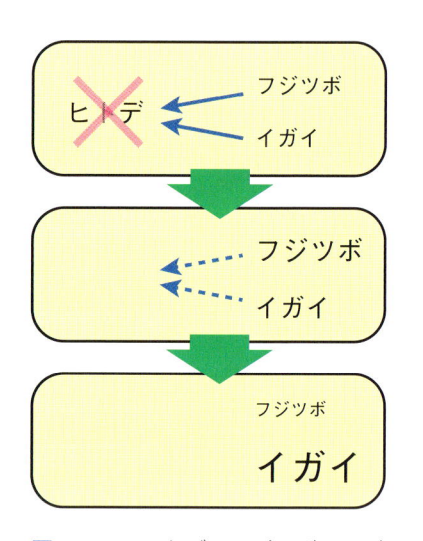

図 15·4b　ヒトデ・フジツボ・イガイの関係
三者の共生は、ヒトデの除去により大きく崩れ、種数を減らす。

は多数の生物種で成り立っており、もう少し複雑な関係が生み出される。生物群集が変化せず維持される概念として、ニッチ分化説と非平衡共存説の二つがある。**ニッチ分化説**は、生息場所と捕食する対象物が十分にある（つまりニッチを分けている）場合、そもそも競争が起こらない、あるいは捕食される種も絶滅するほどには減らないため、生物群集が維持される。一方、**非平衡共存説**は、捕食と競争が生じるが、結果的に種数が維持されるとする考え方である。その一例が、ヒトデ・フジツボ・イガイの個体数変化に関する調査で示された（図15·4b）。三者が共存する海域においてヒトデを除去し続けると、ヒトデが減るだけでなくフジツボやイガイの個体数が増加し、さらにその後にはフジツボが減ってイガイの個体数が増加した。これは、フジツボやイガイを捕食するヒトデがいなくなったため両者が増加したが、イガイとフジツボの競争でフジツボが負け、結果的にイガイだけが増えた、と説明できる。つまり、三者（の個体数）がバランス良く存在したためすべてが生息しており、そのバランスが崩れると種数も減少したといえる。以上のように、生物群集は、種間・個体間の相互作用の上に成り立っている。

15·3　人間生活と生態系への影響

上記のように、一つの生物種がほかの生物種に影響を与えるが、それは人間とて同じである。大気や水質の汚染はもちろん生態系に大きな影響を与えるが、

富栄養化　　　　　森林破壊　　　　　酸性雨

大きい魚

生物濃縮　　　　　　　温暖化

図 15·5　人間生活が生態系に与えるさまざまな影響

外来生物

15 章

生物多様性と生態学

それ以外にもさまざまな要因がある。以下に具体例を挙げる（図 15·5）。

・**富栄養化**：人間が出す排水が海や湖沼に流入すると、もちろん生物に対して毒性の高いものの場合水質汚染を招くが、それが栄養分を含んでいる場合も環境に大きな影響を与える（富栄養化）。富栄養化によってプランクトンが異常に繁殖すると、水中の酸素濃度が減少して既存の生物種の生存に大きな影響を与える。

・**生物濃縮**：排水に有害な化学物質が含まれていると、それを取り込んだ生物に化学物質が蓄積する場合がある。この生物を捕食する生物もまたその化学物質を蓄積するが、捕食は繰り返されるので、結果として食物連鎖の上位にいる生物にはより多くの化学物質が蓄積することになる。これが生物濃縮である。食物連鎖の最も上位にある生物種は、生物濃縮によって生存に関わるような大きな影響を受けることになる。

・**森林破壊**：人間活動によって生じた大きな環境変化の一つが森林破壊である。

人間は、自らの生息場所を作るだけでなく耕作地を広げるため、森林伐採を繰り返してきた。森林破壊は、そこにすむ生物種の減少を招くだけでなく、酸素生産量や二酸化炭素の吸収量を減らすことで、地球全体の環境変化に影響を与える。

・**温暖化と酸性雨**：人間活動が増えることで、大気中の二酸化炭素の量が増える。二酸化炭素は大気における温室効果をもたらし、結果として地球全体の<u>平均気温の上昇</u>をひき起こすと考えられている。気温の上昇は環境にさまざまな影響を与える。例えば降水量が増えると豪雨や洪水の原因になるし、逆に降水量が減ると干ばつなどの原因になる。また極地の氷が溶け、海面水位の上昇につながる。このような変化は、さまざまな生物の生息地域を変化させる。もちろん生息地域の縮小は問題だが、生息地域の拡大もほかの生物種に影響を与える（15·2 節で説明したとおりである）という点で大きな問題となる。

　<u>酸性雨</u>も、大気における二酸化炭素量の増加と関係がある。簡単にいうと酸性雨はより多くの二酸化炭素を含み、以前よりさらに酸性になった雨（炭酸水は酸性）である。ただ、人為的要因だけでなく、火山活動によって発生する硫黄酸化物も酸性雨の原因となる。酸性雨は湖沼の pH を下げ、魚類など水生生物に影響を与えたり、植物への影響（立ち枯れなど）をもたらす。

・**外来生物の侵入**：本来生息していた場所ではない場所で繁殖する生物は、<u>外来生物</u>とよばれる。その原因の一つは、人間による生物の持ち込みである。食料増産などの目的で意図して持ち込まれる場合もあるが、船底や足の裏などに付着した個体や卵・種^{たね}などが意図せず持ち込まれる場合もある。いずれの場合も、在来種との生存競争に打ち勝つと、どんどん生息数を増やすことになり、結果として環境にダメージを与える。

💗 15·4　生態系の保全

　以上のように、人間生活による生態系への影響は年々深刻になってきているものの、手をこまねいて見ているだけではなく、環境保全の取り組みは、実は昔から行われてきた。その一つは「里山」の考え方である (図 15·6)。古来から日本では、単に自然を利用するだけでなく、例えば森林を伐採した後に樹木を植林し、下草を刈り、水質の保全に努めたりしてきたおかげで、適度に撹乱が生じつつその状態が長年維持され、結果として生息する生物種の数が多い状態が作られてきた。

　そうは言っても、近年の人間の生産活動の増加は大規模な生態系の変化を招

図 15・6　里山の例

き、結果としてさまざまな生態系への影響をひき起こしている。このような状態を避けるための主な手段は、人間活動そのもののコントロールである。具体的には、世界でのさまざまな条約や取り決めである。生態系に関する重要な取り決めの一つとして、**生物の多様性に関する条約**が挙げられる。この条約により、<u>外来生物の移動や繁殖</u>などが規制されているほか、生物実験における<u>遺伝子組換え生物の作出</u>についても規制がなされている。もう一つの重要な条約は**気候変動に関する国際連合枠組条約**である。これは気候変動を抑制する目的で制定され、特に<u>温室効果ガスの排出</u>に関する取り決めは人間活動に直結する問題であるため、毎年国際会議（**締結国会議、COP** とよばれる）が開催され、履行について継続的な議論が行われている。近年さまざまなメディアで取り上げられる **SDGs**（Sustainable Development Goals; **持続可能な開発目標**）もまた、国連で採択された国際目標である。SDGs では 17 の目標と、それぞれに対する 169 の達成基準が定められている（**表 15・2**）。この中には、「すべての人に健康と福祉を」（目標 3）といった、医療と直接関係するものも含まれている。もちろんほかの目標も人間生活と密接に関係すること

表 15・2　SDGs が定める 17 の目標

目標 1：貧困をなくそう
目標 2：飢餓をゼロに
目標 3：すべての人に健康と福祉を
目標 4：質の高い教育をみんなに
目標 5：ジェンダー平等を実現しよう
目標 6：安全な水とトイレを世界中に
目標 7：エネルギーをみんなに、そしてクリーンに
目標 8：働きがいも経済成長も
目標 9：産業と技術革新の基盤をつくろう
目標 10：人や国の不平等をなくそう
目標 11：住み続けられるまちづくりを
目標 12：つくる責任　つかう責任
目標 13：気候変動に具体的な対策を
目標 14：海の豊かさを守ろう
目標 15：陸の豊かさも守ろう
目標 16：平和と公正をすべての人に
目標 17：パートナーシップで目標を達成しよう

15 章

生物多様性と生態学

であり、私たちが自分たちだけでなく将来の社会に向けて、さまざまな観点で努力をすることが必要であることを教えてくれている。

15章のまとめ

- 地球上の生物は、真正細菌・古細菌（アーキア）・真核生物の各ドメインに分類され、真核生物ドメインには原生生物、植物、菌、動物が含まれる。

- 動物は、海綿動物、刺胞動物、軟体動物、節足動物、棘皮動物、脊索動物などを含み、脊索動物のなかに脊椎動物が、さらに脊椎動物の中には、きわめて多様性に富む魚類に加え、両生類、鳥類を含む爬虫類、哺乳類がある。

- ある環境における生物の総体を生物群集とよぶ。生物群集を成立させる要因として捕食（と被食）、共生、競争の関係がある。生物群集が維持される理由として、ニッチ分化説と非平衡共存説が考えられる。

- 人間生活は、富栄養化、生物濃縮、森林破壊、温暖化と酸性雨、外来生物の侵入などの要因を介して、生態系に大きな影響を与える。

- 生態系の保全はこれからの人間生活を維持していくためには必須である。里山のような実際の活動に加え、さまざまな条約などの取り決めによる人間活動のコントロールもまた、生態系を保全するための取り組みの一つである。

参 考 書

　さらに学習できるように、以下の参考書を挙げる。また本書の中のいくつかの図表を作成するに当たり、これらの書籍を参考にさせて頂いた。

『キャンベル生物学　原書11版』（池内昌彦・伊藤元己・箸本春樹・道上達男 監訳、丸善出版、2018 年）

『レーヴン／ジョンソン生物学　原書第7版（上・下）』（R/J Biology 翻訳委員会 監訳、培風館、2007 年）

『ジュンケイラ組織学　第6版』（坂井建雄・川上速人・竹田 扇 監訳、丸善出版、2024 年）

『細胞の分子生物学　第6版』（Alberts ら 著、中村桂子・松原謙一 監訳、ニュートンプレス、2017 年）

『理系総合のための生命科学－分子・細胞・個体から知る"生命"のしくみ－　第5版』（東京大学生命科学教科書編集委員会 編、羊土社、2020 年）

『動物生理学－環境への適応－　原書第5版』（クヌート シュミット＝ニールセン 著、沼田英治・中嶋康裕 監訳、東京大学出版会、2007 年）

『ヒトを理解するための生物学　改訂版』（八杉貞雄 著、裳華房、2021 年）

写真・イラスト

図 4·3　(a) Rattiya Thongdumhyu/Shutterstock.com、(b) Jose Luis Calvo/Shutterstock.com、(c) Jose Luis Calvo/Shutterstock.com

図 4·4　(a) Jose Luis Calvo/Shutterstock.com、(b) Choksawatdikorn/Shutterstock.com、(c) Jose Luis Calvo/Shutterstock.com、(d) Choksawatdikorn/Shutterstock.com、(e) David A. Litman/Shutterstock.com、(f) S.Toey/Shutterstock.com

図 5·5　写真 AC

図 6·1、図 6·7　P. レーヴンほか、2007 より改変

図 7·2　ゼブラフィッシュ：topimages/Shutterstock.com、アフリカツメガエル：Kazakov Maksim/Shutterstock.com、チンパンジー：Eric Isselee/Shutterstock.com、カメ：写真 AC、ニワトリ：Valentina_S/Shutterstock.com

図 7·3、図 7·5　P. レーヴンほか、2007 より改変

コラム図 7·1　kenonl/Shutterstock.com

図 8·1　(a) Jose Luis Calvo/Shutterstock.com

図 8·6　(a) Choksawatdikorn/Shutterstock.com

図 9·1　イラスト AC

図 11·11　P. レーヴンほか、2007 より改変

図 14·3　(a) 写真 AC、(b) イラスト AC

図 15·1　（左 か ら）Vojce/Shutterstock.com、写 真 AC、写 真 AC、milatiger/Shutterstock.com、Ernie Cooper/Shutterstock.com、写真 AC、写真 AC、Hussmann/Shutterstock.com、Ant Cooper/Shutterstock.com

図 15·6　写真 AC

カバー・編扉・章タイトルイラスト　davooda/Shutterstock.com

索　引

数字

1 型糖尿病　115, 124
2 型糖尿病　124

アルファベット

ACE2 受容体　68
ADP　94
ATP　3, 5, 31, 36, 94, 103
ATP 合成酵素　32
B 細胞　107-109, 111, 112, 115, 116
Ca^{2+}　95, 146
Ca^{2+} チャネル　95, 129
Cas9 タンパク質　159, 160
CD4　108
CD8　116
CDK　9
COP　181
COVID-19　68, 114, 168
CRISPR-Cas9 システム　159, 160
crRNA　159, 160
DNA　12, 22, 152, 155, 157-159, 163
DNA 鑑定　19
DNA 鎖　154
DNA シーケンサー　156
DNA の塩基配列決定技術　155
DNA の損傷と修復　15
DNA ポリメラーゼ　14, 153, 154
DNA リガーゼ　155, 163
DVE　147
ES 細胞　160, 171, 172
$FADH_2$　31
G_0 期　7
G_1 期　7
G_2 期　7
GABA　130
GFP　158, 159, 162
GLP　123
GPCR　134, 135
G タンパク質共役受容体　134, 135
H^+　135

HPLC　161
Ig　109
IgE　111, 113
IgG　111
IgM　111
IL-1　108
IL-2　108
in situ ハイブリダイゼーション法　39
iPS 細胞　172
K^+　127
K^+ チャネル　139
LDL コレステロール　124
MHC　108, 115, 116
mRNA　17, 157, 158
mRNA 前駆体　17
mRNA ワクチン　114, 115
M 期　7
M 線　92, 93
Na^+-K^+ ポンプ　127
Na^+　127, 135
Na^+ チャネル　128-130, 135, 139
NADH　31
NADPH　36
NK 細胞　106, 107, 116
PCR 法　153, 154, 158, 163
pH　79, 105
RNA　16, 22, 157, 163
RNA ポリメラーゼ　17
rRNA　18
SARS-CoV-2　68, 114
SDGs　181
SDS-PAGE　162
STR　19
S 期　7
TCR　108, 109
tRNA　18, 22
TRP チャネル　136
T 管　95
T 細胞　107, 109, 112

T 細胞受容体　108
Z 線　92, 93
Z 帯　92

あ

アーキア　174, 182
アクアポリン　89
アクチン　93-95, 97, 103, 148
アクチン繊維　4, 92, 95
アザン染色　39
アスピリン　164
アセチル CoA　31
アセチルコリン　130
アセチルサリチル酸　164
アセトアミノフェン　167
アデニン　13, 17
アデノシン三リン酸　31
アドレナリン　121, 124, 125, 130
アナフィラキシー　113
アナフィラキシーショック　130
アナボリックステロイド　123
アベリー　11
アポトーシス　108, 109
アポリポタンパク質　45
アマクリン細胞　138
アミノ酸　36, 59
アミノペプチダーゼ　59
アミラーゼ　52, 57, 59
アミン　118, 121
アリザリン染色　39
アルカリフォスファターゼ　163
アルコール発酵　34
アルドステロン　122
アルブミン　45
アレルギー反応　113
アロステリック酵素　29
アンチコドン　18
アンドロゲン　122, 125
暗反応　36
アンモニア　85, 91, 121

い

胃　53, 55, 64
胃液　58
イオン　91
イオンポンプ　139
胃潰瘍　55
鋳型　153
胃酸　105
移植　170
移植治療　170, 171
一次構造　23
一次精母細胞　144
一次卵母細胞　141
遺伝　10
遺伝子　10, 22, 163
遺伝子組換え生物　181
遺伝子検査　19
遺伝子変異　170
遺伝情報　10
イムノグロブリン　109
医薬品設計　165
インスリン　115, 123-125
インスリン抵抗性　124
インターロイキン1　108
インターロイキン2　108
インテグリン　7
イントロン　17
インフルエンザ　168

う

ウイルス　105, 106, 167, 168, 173
ウエスタン解析　162
うずまき管　136
ウニ　145
ウロビリノーゲン　62
ウロビリン　62, 85
運動神経　126, 132
運動ニューロン　132

え

栄養外胚葉　147
エストラジオール　122, 142, 143
エストロゲン　122, 125
エピブラスト　147
エフェクター細胞　112
エフェクター分子　29

鰓　65, 66, 81, 84
遠位臓側内胚葉　147
遠位尿細管　87, 88, 90, 91
塩基　12
炎症反応　106
遠心分離　161
延髄　130, 131
エンテロトキシン　168
エンドトキシン　168
エンハンサー　21, 22, 158

お

横隔膜　68, 69, 81
横行管　94, 95
黄色ブドウ球菌　168
黄体　122, 142, 143
黄体形成ホルモン　142, 143
黄体刺激ホルモン　145
横紋　103
横紋筋　92
オキシトシン　120
温暖化　180, 182
温度　133

か

科　174
界　174
外温動物　48
外骨格　102, 103
介在神経　132
介在タンパク質　21
介在ニューロン　132
介在板　96, 103
開始コドン　18
海水　83
海水動物　84
解糖　31
解糖系　36
外毒素　167, 173
外胚葉　146, 147
海綿質　43, 49
海綿動物門　176, 182
外来生物　180, 182
化学物質　133
蝸牛　136, 139
核　3, 9

核移行シグナル　27
覚醒剤　129
獲得免疫　104, 107, 109, 116
核膜孔複合体　3
下行脚　89
化合物ライブラリー　165
下垂体　118, 119, 125, 130, 131
下垂体後葉　120, 125
下垂体前葉　119, 125
加水分解酵素　3
ガストリン　58, 124, 125
加速度　139
加速度検知　137
活性酸素　124
活性部位　28, 29
活動電位　95, 103, 127, 129, 139
滑膜　100
滑面小胞体　3
括約筋　72
カテーテル　97
カテーテル治療　167
可動関節　100, 101
カドヘリン　6
カフ　75
花粉症　113
可変領域　110, 111
鎌状赤血球症　19
体　49
体サイズ　49
体の大きさ　48
体の形　48
カルビン・ベンソン回路　36
カルモジュリン　98
がん　19, 168-170, 173
がん化　15
感覚器　126, 133, 139
感覚受容器　133, 134
感覚神経　126, 131, 132
感覚ニューロン　131
感覚毛　137
間期　7, 9
肝機能障害　123
眼球　138
環境保全　180

眼筋　99
環形動物門　175
幹細胞　102, 149, 171, 173
がん細胞　109
肝静脈　63
肝小葉　63
関節　100, 101, 103
関節リウマチ　115
感染症　167, 173
肝臓　57, 63, 64
桿体細胞　138, 139
冠動脈　76, 97
間脳　130, 131
カンブリア爆発　175
肝門脈　73
肝類洞　63

き
記憶細胞　112
器官　38, 49
気管（節足動物の）　66
器官系　38, 49
気管支　67
気胸　69
気候変動に関する国際連合枠組条約　181
基質　28
基質特異性　28, 36
基礎研究　173
拮抗筋　98
基底膜　136, 139
キナーゼ　28
基本転写因子　17, 21
ギムザ染色　39
逆転写酵素　158
ギャップ結合　6, 96, 103
キャップ構造　17
丘　131
嗅覚　134, 139
嗅覚受容器　134
嗅覚受容体　134, 139
嗅球　135
球形嚢　137, 139
嗅細胞　134
臼歯　51

吸収　64
嗅神経細胞　134
橋　130, 131
強縮　100
狭心症　76
共生　177, 182
胸腺　107
競争　177, 182
胸膜　69
強膜　138
棘皮動物門　175, 176, 182
魚類　85
キラー T 細胞　107, 108, 116
キロミクロン　60, 61
菌　182
近位尿細管　87-89, 91
筋衛星細胞　93, 94, 149
筋芽細胞　93
筋原繊維　92, 93, 96, 103
筋細胞　93
筋収縮　103
筋小胞体　103
筋繊維束　92, 93, 103
筋層　58
筋組織　49
筋肉増強作用　123
筋肉組織　103
筋肉の運動単位　98

く
グアニン　13
食う・食われる　177
クエン酸回路　31, 36
薬　164, 173
口　51, 64, 105
屈筋　98
クプラ　137
クラス I MHC　115, 116
グラム陽性菌　175
グリア　139
グリア細胞　126
グリコーゲン　64
グリコサミノグリカン　6, 41
クリステ　3, 31
グリセロール　33

グリフィス　11
グルカゴン　123-125
グルカゴン様ペプチド　123
グルコース　31, 36, 64
グルタミン酸　130
クレアチニン　85
グレリン　125
クローン選択説　111, 112
クロマチン　20, 22
クロラムフェニコール　165

け
蛍光色素　156, 157, 163
蛍光タンパク質　158
蛍光物質　163
軽鎖　109, 116
形質　10
形質細胞　112
形態形成　148, 150
血圧　75, 81
血圧測定　75
血液　42, 45, 49, 76
血液凝固　80
血液凝固物質　81
血液空気関門　67
血液透析　90
血管　80, 81
血球　45
月経　144
結合組織　49
血漿　45, 76, 79, 81
血小板　76, 81
血栓　80, 97
結腸　60
血餅　80
血友病　80, 81
ゲノム　12, 22, 145, 154, 169
ゲノム編集　15, 163
ゲノム編集技術　159
ケラチン　105
腱　93
原核生物　174
犬歯　51
原始内胚葉　147
原条　147

減数分裂　141
原生生物　182
原尿　88-90

こ

網　174
抗がん剤　170
交感神経　132, 139
交感神経節　132
後期　9
後気嚢　69, 70
口腔　105
抗原　107, 110, 116
膠原繊維　41
抗原提示　107, 108, 116
抗原提示細胞　107
光合成　34, 36
硬骨　42, 49, 100
甲状腺　118
甲状腺刺激ホルモン　119, 120, 125
甲状腺刺激ホルモン放出ホルモン
　119
甲状腺ホルモン　119, 120
抗生物質　164, 166
抗生物質耐性遺伝子　153
酵素　28, 36
酵素活性　29
高速液体クロマトグラフィー　161
抗体　109, 116, 160, 163
好中球　106, 107, 116
後天性血友病　81
喉頭蓋　53
後脳　130, 131
肛門括約筋　62
後葉　131
合理的設計　165
抗利尿ホルモン　120
誤嚥　53
呼吸　65, 69, 70
呼吸器　65
呼吸色素　77
古細菌　174, 182
個体　39, 49
骨格筋　92, 93, 98, 103
骨格筋細胞　92, 93, 95, 103

骨格系　102
骨芽細胞　43, 44, 49, 149
骨細胞　49
骨髄　107
骨粗鬆症　45
骨単位　44
骨軟化症　45
骨肉腫　45
骨皮質　43, 49
コドン　18
鼓膜　136
コラーゲン　5, 49, 101
コラーゲン繊維　41
ゴルジ染色　39
ゴルジ体　3, 9
コルチゾル　121, 124, 125
コレステロール　3, 61, 121
コレラ菌　168
コレラトキシン　168
コンドロイチン硫酸　6

さ

細気管支　67
細菌　105, 106, 164, 167, 173
再生医療　171-173
サイトケラチン　5
再分極　127
細胞　38, 49
細胞外マトリックス　5, 9, 41, 49, 105
細胞呼吸　31, 36
細胞骨格　4, 9, 105, 170
細胞死　107
細胞質　2, 9
細胞質基質　2, 9, 82
細胞周期　7, 9, 169, 170, 173
細胞周期チェックポイント機構　9,
　169
細胞小器官　2
細胞性免疫　107, 116, 169
細胞増殖　170
細胞内シグナル伝達　30
細胞分化　149, 150, 172
細胞壁　164
細胞膜　2, 9, 128
細網繊維　41

里山　180, 182
砂嚢　56
左右相称　48
サルコメア　92, 93, 95, 103, 148
サルモネラ菌　168
三叉神経　131
三次構造　23
酸性雨　180, 182
酸素解離曲線　78
酸素分圧　78
酸素飽和度　78
三胚葉　146, 150
三半規管　137, 139

し

シアノバクテリア　175
シアン化水素　130
シート状構造　23
ジェネリック医薬品　166
視覚　130, 138
弛緩期血圧　75, 76
色素上皮層　138
子宮　122, 143
糸球体　87, 91, 135
軸索　126
始原生殖細胞　141, 144
自己免疫疾患　115, 116
支持細胞　141, 150
脂質　33, 36
四肢動物　177
視床下部　47, 119, 125, 130, 131, 142,
　143, 145
糸状乳頭　135
茸状乳頭　135
視神経　132, 138
雌性生殖器官　140
次世代シーケンサー　156
自然免疫　104-106, 116
持続可能な開発目標　181
質量分析法　162
ジデオキシヌクレオチド　156, 157
ジデオキシ法　156, 157
シトシン　13
脂肪　59
脂肪酸　33, 59

脂肪組織　42, 43, 49
刺胞動物門　175, 176, 182
種　174
終期　9
集合管　90, 91
重鎖　109, 116
収縮環　8
収縮期血圧　75, 76
重層上皮　41, 49
重層扁平上皮　40, 41
十二指腸　56, 58, 64
主細胞　54
手術　167, 173
樹状細胞　106-108, 110, 116
樹状突起　126
受精　145, 150
受精膜　145, 146
受精卵　172
出芽　140
腫瘍　45, 169
受容器　133
腫瘍形成　15
受容体　27
受容体タンパク質　26
シュワン細胞　126
循環器　65
消化　64
消化酵素　105
条鰭類　177
上行脚　89
硝子体　138
脂溶性ホルモン　118, 119
小腸　58, 59, 64
焦点接着斑　7
小脳　130, 131
上皮細胞　105
上皮組織　40, 49
小胞　3
小胞体　3, 9
静脈　71, 72, 81
静脈弁　71
上腕三頭筋　98
上腕二頭筋　98
初期　9

初期化　172
食作用　106, 110
食道　52, 64
食道括約筋　52
植物　182
食物繊維　62
食物連鎖　179
女性ホルモン　122
自律神経　132, 139
腎盂　87, 88
真核生物　174, 175, 182
伸筋　98
心筋　96, 103
心筋梗塞　76, 97
神経幹細胞　149
神経系　117
神経細胞　126, 128, 139
神経組織　49, 126, 139
神経伝達物質　95, 129, 139
神経毒　130
神経分泌細胞　119, 125
人工核酸　157
人工透析　90
心室　73, 74
真獣類　177
浸潤　169, 173
腎髄質　87
真正細菌　174, 182
心臓　73, 74, 81, 96
腎臓　77, 86, 87, 90, 91
腎臓移植　170, 171
靱帯　100-103
心電図　75, 76
浸透圧　82, 83, 91
浸透圧順応型動物　83
浸透圧調節型動物　84
心拍数　76
腎皮質　87
心房　73, 74
新薬　166, 173
森林破壊　180, 182

す

膵液　58
膵管　56

髄鞘　127
水晶体　138
膵臓　57, 64, 118, 123
錐体細胞　138, 139
膵島　57, 123, 125
水分量　82
水平細胞　138
水溶性ホルモン　118
スクラーゼ　59
スクリーニング　164, 173
ステルコビリン　62
ステロイド　118, 121
ステロイドホルモン　122, 123
ストレプトマイシン　165
スパイクタンパク質　68, 114
スポーツ選手　123

せ

制限酵素　155, 163
精原細胞　144, 150
精細管　144
精細胞　144
精子　123, 141, 145, 146, 150
静止膜電位　128, 139
性周期　150
成熟 mRNA　17
生殖　140
生殖器官　118
生殖細胞　141
生殖腺　122, 141
生成物　28
性腺刺激ホルモン　120, 122, 125
性腺刺激ホルモン放出ホルモン　122,
　142, 143, 145
精巣　122, 141, 144, 150
生体移植　170
生態学　174
成体幹細胞　149, 172
生態系　180, 182
生態系の保全　182
生体防御　104, 105, 116
生体膜　2
成長ホルモン　124
生物群集　177, 182
生物多様性　174

生物濃縮 179, 182
生物の多様性に関する条約 181
性ホルモン 120, 122, 125
声門 53, 67
脊索 147
脊索動物門 175, 176, 182
脊髄 130, 131, 139
脊椎動物 176, 182
セクレチン 58, 124, 125
赤血球 76, 81
切菌 51
摂取 64
節足動物門 175, 176, 182
接着結合 6
ゼリー層 145, 146
セルトリ細胞 144, 145
セルラーゼ 55
セルロース 55
セロトニン 130
前気嚢 69, 70
線形動物門 175
腺細胞 54
染色体 3, 7, 9, 10, 20
全身性エリテマトーデス 115
先体 145, 146, 150
蠕動運動 55
前脳 130, 131
腺房 57
前葉 131
前臨床試験 166, 173

そ

臓器移植 115, 167, 170
双極細胞 138
総鰭類 177
造血幹細胞 81, 149
増殖 173
総胆管 56
相同組換え 159
相同染色体 12
相補的 13
創薬 164
創薬スクリーニング 165
属 174
足突起 87

組織 38, 39, 49
組織幹細胞 149
咀嚼 56
疎性結合組織 41, 42, 49
速筋 98
嗉嚢 56
ソマトスタチン 123
粗面小胞体 3

た

第一減数分裂 141
体液性免疫 107, 109, 116
体温 49
対向流交換 66, 67
代謝 30
体性感覚 137
体性神経 132
大腿四頭筋 98
大腿二頭筋 98
大腸 60, 64
大腸菌 62, 152, 153
第二減数分裂 141, 142
大脳 130, 131
大麻 129
タグ配列 160, 162, 163
多精拒否機構 146
脱分極 127
多様性（免疫グロブリン遺伝子の）
　111
単孔類 177
炭酸水素イオン 71, 79, 81
胆汁 57
淡水 83
炭水化物 34
淡水動物 84
弾性繊維 41
男性ホルモン 122
単層円柱上皮 40, 41, 49
単層上皮 40, 49
単層扁平上皮 40, 49
単糖 59
胆嚢 57, 64
タンパク質 17, 23, 33, 36, 157, 163,
　167
タンパク質の精製 160

ち

チェイス 11
力 133
遅筋 98
窒素化合物 85
チミン 13
着床 143
チャネル 27
チャネルタンパク質 26
中間径フィラメント 4, 105
中期 9
中耳 136
中心静脈 63
中心体 8
中枢神経 130, 139
中枢神経系 131
中性脂肪 43
中脳 130, 131
中胚葉 146, 147
チューブリン 4
聴覚 130, 139
長骨 49
腸絨毛 58
腸内細菌 62, 64
腸内細菌叢 62
腸内フローラ 62
鳥類 85, 177
直接拡散 66
直腸 60
チラコイド膜 35
チロキシン 119

て

締結国会議 181
定常領域 109-111
デオキシリボ核酸 12
テストステロン 121-123, 145
デスモソーム 6, 96
テトロドトキシン 130
転移 169, 170, 173
電位依存性 Na^+ チャネル 127
電荷 23
電気泳動 154, 156, 161
電子伝達系 32, 36
電磁波 133

転写　150
転写開始点　157
転写制御　21
転写制御因子　22
転写調節因子　21

と

糖　12, 34, 36
動原体　8
糖タンパク質　5, 118
糖尿病　124
動物　182
洞房結節　74, 75, 96
動脈　71, 72, 81
動脈硬化　76, 124
透明帯　146
ドーパミン　130
ドーピング　123
毒素　167
ドナー　170
トミー・ジョン手術　102
ドメイン　25, 28, 174
トランスファー RNA　18
トランスポーター　59
トリグリセリド　59
トリプシン　57, 59
トロポニン　95
トロポミオシン　95
トロンビン　80

な

ナイーブ細胞　112, 113
内温動物　48
内骨格　102, 103
内毒素　168, 173
内胚葉　146, 147
内部細胞塊　147, 149, 150, 171
内分泌系　117, 118, 125
ナチュラルキラー細胞　106
軟骨　42, 44, 49, 100
軟骨魚類　177
軟骨組織　101
軟体動物門　175, 176, 182

に

二酸化炭素　79
二次構造　23

二次性徴　122
ニッチ　178
ニッチ分化説　178, 182
二倍体　145
乳化　57
乳酸菌　62
乳酸発酵　34
乳腺　122
乳頭　135
ニューロン　98, 99, 126, 139
尿　82, 84, 85
尿管　87
尿酸　85, 91
尿素　85, 91

ぬ

ヌクレオソーム　20
ヌクレオソーム構造　22
ヌクレオチド　12, 22, 153, 156, 157

ね

ネガティブフィードバック　120
ネフロン　87, 88, 91
ネルンストの式　128
粘膜　58
粘膜下層　58

の

脳　126, 130, 131, 139
脳下垂体　119, 130
脳下垂体前葉　142, 143, 145
脳梗塞　76, 124
能動輸送　31, 84
ノックアウトマウス　159, 160, 163

は

歯　51, 64
ハーシー　11
ハーバース系　44, 49
パーフォリン　109
パーフォリン小孔　108
肺　67, 70, 81
胚　146
肺炎双球菌　11
バイオテクノロジー　152, 155
肺魚類　177
配偶子　141
肺サーファクタント　67, 68

肺静脈　72
胚性幹細胞　149, 159, 171, 172
排泄　64
肺動脈　72
胚発生　146, 150
胚盤葉　147
肺胞　66, 68, 79, 81
肺胞上皮細胞　67
培養細胞　157
排卵　142, 143
バインディン　146
ハウスダスト　113
バクテリオファージ　11
破骨細胞　43, 44
バソプレシン　120, 125
ハチ毒　130
爬虫類　85, 177
白血球　76, 81
白血病　81
発酵　34
発熱　106
パワーストローク　94
半関節　100, 101
半規管　137
半月板　101, 102
反射　132
反芻　56
半数体　145
半透膜　83, 128
反応特異性　28, 36

ひ

光化学系　36
光受容細胞　138
皮鰓　66
皮質ネフロン　91
微小管　4
被食　177, 182
ヒスタミン　113
ヒストン　20, 22
ヒトゲノム　154, 156
ヒトデ　178
ヒドロキシアパタイト　43
ヒドロキシ基　16
泌尿器　82

泌尿器官　91
泌尿器系　86
皮膚　81, 105
ビフィズス菌　62
皮膚感覚　133, 139
皮膚幹細胞　149
腓腹筋　99
皮膚呼吸　66
非平衡共存説　178, 182
非翻訳領域　16
肥満細胞　113
病原菌　105
病原体　106
標識 RNA　158
表層顆粒　146
ヒラメ筋　99
ビリルビン　62
非臨床試験　166
ピルビン酸　31
ピロリ菌　55
貧血　80

ふ

ファラデー定数　128
フィードバック制御　120
フィードバック調節　29
フィブリノーゲン　80
フィブリン　80
富栄養化　179, 182
副交感神経　132, 139
副腎　118, 120
副腎髄質　120, 125
副腎皮質　121, 125
副腎皮質刺激ホルモン　120, 121
複製　13
腹膜透析　90
不随意筋　96, 97
物理的・化学的な防御　105, 116
不動関節　100, 101
ブドウ球菌　62, 164
負のフィードバック　145
プライマー　153, 154
プラスミド　152, 153, 155, 157, 163
プラナリア　86
プレ mRNA　17

プロゲステロン　122, 125, 143
プロテオグリカン　41
プロテオソーム　28
プロテオバクテリア　174
プロトロンビン　80
プロモーター　17, 21, 157, 158
分解　50
ブンガロトキシン　130
分子生物学　156
噴門　53
分裂　140
分裂期　9

へ

平滑筋　97, 103
平衡感覚　137, 139
平衡石　137
壁細胞　54
ペニシリン　164
ペプシノーゲン　54
ペプシン　54
ヘマトキシリン・エオシン（HE）
　染色　39
ヘミデスモソーム　7
ヘム　62, 77
ヘモグロビン　62, 77, 79
ヘモシアニン　77, 78
ヘリックス構造　23
ヘルパー T 細胞　107, 108, 116
便　62, 82
変異　173
扁形動物門　175
扁平骨　44, 49
扁平重層上皮　106
扁平肺胞上皮細胞　67
片葉小節葉　131
ヘンレのループ　87-89, 91

ほ

傍気管支　69, 70
膀胱　87
傍細胞　54
房室結節　74, 75, 96
放射性物質　156
放射線　173
放射線照射　169

放射線治療　170
放射相称　48
傍髄質ネフロン　91
紡錘体　8
ボーア効果　79
ボーマン腔　88
ボーマン嚢　87-89, 91
捕食　177, 182
補助細胞　141, 144, 145, 150
補体　110
哺乳類　85, 177
ホメオスタシス　49
ポリ A　17
ポリプ　141
ポリペプチド　118
ホルモン　117, 118, 123, 125, 142, 150
ポンプ　27
翻訳開始領域　157
翻訳領域　16

ま

膜タンパク質　26, 118
膜電位　127, 139
マクロファージ　106, 108, 110, 116
麻酔薬　167
マススペクトル解析　162
マスト細胞　113
末梢器官　126
末梢神経　131, 132, 139
末梢組織　81, 117
マトリックス　31
麻薬　129
マラリア　19
マルターゼ　59
マルピーギ管　86

み

ミエリン鞘　127
ミオグロビン　77, 78
ミオシン　5, 92-95, 97, 103, 148
ミオシン軽鎖キナーゼ　98
味覚　139
水　32, 82, 91
水・イオンの再吸収　91
水と塩の収支　84
密性結合組織　41, 42, 49

密着結合　6
ミトコンドリア　3, 9, 31, 36, 96
ミミズ　86
脈絡膜　138
味蕾　135, 139

む

無顎類　177
無髄神経　126, 127, 139
無性生殖　140, 150

め

明反応　35
メッセンジャー RNA　17
メモリー B 細胞　114, 115
メモリー細胞　112
免疫　112
免疫寛容　115
免疫記憶　112, 113
免疫拒絶　116, 172
免疫グロブリン　45, 109-111, 113, 116
免疫グロブリン遺伝子　112
免疫系　104, 116
免疫染色法　39
免疫抑制剤　116

も

毛細血管　71, 72, 81, 91
盲斑　138
網膜　138, 139
モーガン　11
モータータンパク質　5, 9, 170
目　174
モノグリセリド　59
門　174
門脈　72, 73, 81, 119, 125

や・ゆ

野　130

有郭乳頭　135
融合タンパク質　160, 162
有髄神経　126, 127, 139
有性生殖　140, 141, 150
雄性生殖器官　140
有袋類　177
誘導　146
有毛細胞　137
幽門　53
輸送体　59
輸送タンパク質　27
輸尿管　87
ユビキチン　28

よ

葉状乳頭　135
溶媒　83
葉緑体　35, 36
四次構造　25

ら

ライディッヒ細胞　145
ラウリル硫酸ナトリウム　161
ラクターゼ　59
卵　141, 150
卵円窓　136
卵割　146
卵形成　142
卵形嚢　137, 139
ランゲルハンス島　57, 115, 123
卵原細胞　141, 150
卵細胞膜　145, 146, 150
卵巣　122, 141, 142, 150
ランビエ絞輪　126
卵胞　141-143
卵胞刺激ホルモン　142, 145
卵胞ホルモン　143

卵母細胞　142
卵膜　145, 146, 150

り

リガンド　27
陸上動物　84
リソソーム　3
リゾチーム　52
立体構造　23
立方上皮　41
リノール酸　50
リパーゼ　57, 59
リブロース 1,5- ビスリン酸　36
リボソーム　17, 22
リボソーム RNA　18
リポタンパク質　61
流体静力学的骨格　102, 103
流動性　2
両生類　85, 177
緑色蛍光タンパク質　158
リン酸　12, 94
リン酸カルシウム　43, 49
リン脂質　2
臨床試験　166, 173
リンパ液　137
リンパ管　60
リンパ球　106

れ

レシピエント　170
レプチン　125
レンサ球菌　62

ろ・わ

漏洩チャネル　127, 128
肋骨筋　68
ワクチン　113-115

著者略歴

みち　うえ　たつ　お
道 上 達 男

1967 年　和歌山県に生まれる
1990 年　東京大学理学部生物化学科卒業
1995 年　東京大学大学院理学系研究科修了（博士（理学））
1996 年　東京大学大学院理学系研究科　助手
1999 年　科学技術振興機構　研究員
2005 年　東京大学大学院総合文化研究科　助手
2006 年　産業技術総合研究所　主任研究員
2008 年　東京大学大学院総合文化研究科　准教授
2015 年　東京大学大学院総合文化研究科　教授
（2022 年より国際生物学オリンピック日本委員会 委員長）

主な著書・訳書

『キャンベル生物学　原書 11 版』（丸善，2018，監訳）
『生物学入門　第 3 版』（東京化学同人，2019，共著）
『基礎からスタート 大学の生物学』（裳華房，2019，単著）
『発生生物学』（裳華房，2022，単著）

メディカルスタッフのための 生物学

2024 年 10 月 20 日　第 1 版 1 刷発行

検 印
省 略

定価はカバーに表
示してあります．

著作者	道 上 達 男
発行者	吉 野 和 浩
発行所	東京都千代田区四番町 8-1 電　話　03-3262-9166（代） 郵便番号 102-0081 株式会社 裳 華 房
印刷所	株式会社 真 興 社
製本所	牧製本印刷株式会社

ヒトを理解するための**生物学**（改訂版）

八杉貞雄 著　Ｂ５判／３色刷／168頁／定価 2420円（税込）

　本書の前半では生物に共通する細胞や分子について学び，後半ではヒトの体や病気との闘い，そしてヒトの特性について考える．本書には，『ワークブック　ヒトの生物学』という姉妹書があり，それとともに学習するとより理解が深まる.

【目次】1. 生物学とはどのような学問か　2. 生命とはなにか，生物とはどのようなものか　3. 細胞とはどのようなものか　4. 体をつくる分子にはどのようなものがあるか　5. 体の中で物質はどのように変化するか　6. 遺伝子と遺伝はどのように関係しているか　7. ヒトの体はどのようにできているか　8. エネルギーはどのように獲得されるか　9. ヒトはどのように運動するか　10. 体の恒常性はどのように維持されるか　11. ヒトは病原体とどのようにたたかうか　12. ヒトはどのように次の世代を残すか　13. ヒトはどのように進化してきたか　14. ヒトをとりまく環境はどのようになっているか　15. ヒトはどのような生き物か

医療・看護系のための**生物学**（改訂版）

田村隆明 著　Ｂ５判／４色刷／192頁／定価 2970円（税込）

　生物学が扱う幅広い領域の中でも，医療系に必須の「生物の原則」基礎生物学と「ヒトに関する基本」基礎医学を大きな柱として解説．４色刷の図表を豊富に用意し，コラム，解説，疾患ノート等の囲み記事で生物学や医療・疾患にかかわる事項を説明，最新の話題を紹介する.

【目次】1. 生物学の基礎　2. 細胞　3. 生物を構成する物質　4. 栄養と代謝　5. 遺伝とDNA　6. 遺伝情報の発現　7. 細胞の増殖と死　8. 生殖，発生，分化　9. 動物の組織　10. 動物の器官　11. ホルモンと生体調節　12. 神経系　13. 免疫　14. 微生物と感染症　15. 生命システムの破綻：癌と老化　16. バイオテクノロジーと医療

医薬系のための**生物学**

丸山　敬・松岡耕二 共著　Ｂ５判／３色刷／232頁／定価 3300円（税込）

　医学系，薬学系，看護系など医療系に必須な生物学の基礎知識と応用力の習得を目的とし，豊富な図表と具体的な薬の名称や働きを織り交ぜながら，平易に解説．また，学生の意欲を喚起するために，最先端の「薬学ノート」「コラム」「トピックス」など適宜織り込み，さらに章の最後に演習問題と巻末にその解答を掲載した.

【目次】1. 生命とタンパク質　2. 酵素と酵素阻害薬　3. DNAと放射線障害　4. RNAと細胞の構造　5. 生体膜と細胞小器官　6. シグナル伝達　7. ホルモン　8. 糖質代謝と糖尿病　9. 脂質　10. ウイルス・細菌・植物　11. 細胞運動・細胞分裂・幹細胞　12. 免疫　13. 癌　14. 脳と神経　15. 薬物と臓器

医学系のための**生化学**

石崎泰樹 編著　Ｂ５判／２色刷／338頁／定価 4730円（税込）

　医師，看護師，薬剤師等を目指す学生にとって，生化学は人体の正常な機能を理解する上で，解剖学や生理学と並んで必須の学問であり，疾患，とくに代謝疾患，内分泌疾患，遺伝性疾患などを理解するために生化学的知識は欠かせないものである．本書は，医療の分野に進む学生に対して，できるだけ利用しやすい生化学の教科書を目指して執筆したものである．そのため図を多用し，細かな化学反応機構についての記載は省略した．また各章末には，理解度を確かめられる確認問題または応用的知識の自主的な獲得を促す応用問題を配置した．これらの問題は可能な限り症例を用い，bench-to-bedside 的な視点を読者に提供できるように心掛けた.

【目次】第Ⅰ部 序論／第Ⅱ部 生体高分子／第Ⅲ部 代謝／第Ⅳ部 遺伝子の複製と発現／第Ⅴ部 情報伝達系